压水堆核电厂操纵人员基础理论培训系列教材

核电厂材料

Materials for Nuclear Power Plants

阮於珍　编著

中国原子能出版社

图书在版编目(CIP)数据

核电厂材料 / 阮於珍编著. —北京:原子能出版社,
2010.12(2024.8重印)
(压水堆核电厂操纵人员基础理论培训系列教材)
ISBN 978-7-5022-4763-8

Ⅰ.①核… Ⅱ.阮… Ⅲ.反应堆材料—技术培训—材料
Ⅳ.TL34

中国版本图书馆CIP数据核字(2010)第243528号

内容简介

本书主要介绍了材料学的基础知识,核电厂材料的功能、性质和堆内及事故工况下的行为,老化管理和失效分析等。其中核岛所用材料包括核燃料、包壳材料、压力容器材料、堆内构件材料、冷却剂材料、慢化剂材料、反射材料、控制材料、屏蔽材料等,在有关章节对常规岛所用的材料也作了简单介绍。最后对核反应堆的故障和失效分析介绍了一些实例。

本书是压水堆核电厂操纵人员基础理论培训系列教材之一,也可供从事核电工程的相关技术人员及高等院校核工程专业的师生参考。

核电厂材料

策　　划　刘　朔　张　琳
出版发行　中国原子能出版社(北京市海淀区阜成路43号　100048)
责任编辑　肖　萍
技术编辑　冯莲凤
责任印制　赵　明
印　　刷　北京天恒嘉业印刷有限公司
经　　销　全国新华书店
开　　本　787 mm×1092 mm　1/16
印　　张　11.625　　**字　　数**　289千字
版　　次　2010年12月第1版　2024年8月第10次印刷
书　　号　ISBN 978-7-5022-4763-8
定　　价　**60.00元**

网址:http://www.aep.com.cn　　**E-mail:atomep123@126.com**
发行电话:010-68452845

《压水堆核电厂操纵人员基础理论培训系列教材》

编　委　会

主　任： 王乃彦

副主任： 李和香　李济民　肖　武

顾　问： 邵向业　罗璋琳　李文埮　郑福裕　浦胜娣

委　员：（按姓氏拼音顺序排列）

丁云峰　顾颖宾　郭文琪　韩延德　郝老迷

黄兴蓉　李和香　李吉根　李济民　李文埮

李泽华　刘国发　罗璋琳　浦胜娣　阮於珍

邵向业　王　略　王乃彦　夏延龄　肖　武

阎克智　俞尔俊　臧希年　赵郁森　郑福裕

周一东

编委会办公室

主　任： 肖　武

成　员： 章　超　高小林　梁超梅　周　萍　宋　慧

樊　勤　付　冉

《压水堆核电厂操纵人员基础理论培训系列教材》

校审专家

（按姓氏拼音顺序排列）

一审专家：

高秀清　高永春　李文埮　李永章　刘耕国
罗璋琳　彭木彰　浦胜娣　吴炳祥　夏益华
张培升　赵兆颐

二审专家：

陈　跃　付卫彬　黄志军　蒋祖跃　李守平
马明泽　毛正宥　潘泽飞　唐锡文　王瑞正
魏　挺　薛峻峰　杨　炜　朱晓斌

统审专家：

曹述栋　丁卫东　丁云峰　宫广臣　苟　峰
顾颖宾　郭利民　何小剑　黄世强　廖伟明
刘志勇　马明泽　毛正宥　缪亚民　戚屯锋
苏圣兵　孙光弟　王晓航　魏国良　吴　放
吴　岗　杨昭刚　俞卓平　张福宝　张志雄
周卫红

前　言

核电厂操纵人员的素质关系到核电厂的安全运营，而培训工作是保证人员素质的基本环节之一。为适应当前我国大力发展核电的形势，保证核电厂操纵人员的培训质量，使基础理论培训满足国家核安全法规与行业规定的要求，便于对培训过程实施统一规范的管理，国家主管部门决定编写一套适用于核电厂操纵人员的基础理论培训教材——《压水堆核电厂操纵人员基础理论培训系列教材》。鉴于核工业研究生部在近20年的核电基础理论培训中，积累了丰富的教学及管理经验，具有稳定的师资队伍和较完整的教材体系，故由核工业研究生部具体承担教材编写的组织工作。

为了编好操纵人员培训教材，核工业研究生部牵头组织长期从事核电培训的专家、教授进行认真分析和讨论，根据我国现有堆型的特点，从压水堆核电厂入手，由核电厂、核动力运行研究所、操纵人员资格审查委员会等单位的专家共同参与编写。这套教材共十二册，包括《核反应堆物理》、《核反应堆热工水力学》、《核电厂辐射防护》、《核电厂材料》、《核电厂通用机械设备》、《核电厂水化学》、《核电厂电气原理与设备》、《核电厂核蒸汽供应系统》、《核电厂蒸汽动力转换系统》、《核电厂仪表与控制》、《核电厂核安全》、《核电厂运行概论》。这套教材内容以核电厂相关专业的基本概念、基本原理及基础知识为主，可为操纵人员下一步培训打下良好的理论基础。

本套教材是经过充分准备、精心组织而完成的。首先，根据核电厂操纵人员的培训目标，按照《核电厂操纵人员的执照考核标准》(EJ/T 1043—2004)的相关内容和要求进行课程设置、制定教材编写原则、明确每种教材应涵盖的内容；在总结以往教学经验的基础上，充分征求各核电厂专家的意见，形成了内容完整、要求明确的教材编写大纲。其次，聘请既有较高的专业水平又有较强的实际工作能力和丰富的教学经验的专家担任本套教材的编者，并为编者提供教材编写技巧、《著作权法》等相关知识的讲座和模拟机现场观摩学习；编者根据教材编写原则和大纲编写具体内容，力求做到既符合学员的认知规律又贴近核电厂的实际。再次，请理论功底扎实、教学经验丰富的教授、专家根据教学原则对教材内容的准确性、系统性等进行审查，并广泛征求任课教师的意见；同时请实践经验丰富的核电厂专家结合实际进行审查。编者根据上述意见对教材进行认真修改后，再征求各方意见，最终由操纵人员资格审查委员会审定。

本套教材中《核电厂电气原理与设备》由江苏核电有限公司具有丰富实际工作经验的专家编写。其余的各分册由核工业研究生部多年从事核电培训教学工作、教学及实践经验丰富的教授、专家编写。

在本套教材的编审过程中，核工业研究生部的任课教师们认真参与教材的编审和研讨；江苏核电有限公司专门成立“电气教材编写专项组”，精心组织编审；各核电厂积极推荐审稿专家，提供编写教材所需资料；核电秦山联营有限公司组织一线人员与编者进行对口交流，创造条件为编者提供模拟机现场演示与讲解；各核电厂、核动力运行研究所、操纵人员资格审查委员会等单位的专家们认真审稿，提出许多宝贵意见；原子能出版社自始至终给予通力合作，提前介入指导，缩短了出版周期。

本套教材的编制出版，凝聚着编、审、校、印及组织管理人员的大量心血，同时得到各相关单位的大力支持和热情帮助，在此深表谢意！

编委会
2010年11月

编者的话

《核电厂材料》是根据核电基础理论培训教材编写大纲要求，在广泛听取核电专家意见的基础上编写的，是《压水堆核电厂操纵人员基础理论培训系列教材》之一，也可供核电厂相关人员参考。

本书根据《核动力厂运行安全规定》(HAF103)和《核电厂人员的配备、招聘、培训和授权》(HAD103/05)的要求，内容以基础理论知识、基本概念和基本原理为主，涵盖了《核电厂操纵人员的执照考核》标准(EJ/T 1043—2004)附录A.3.1～A.3.5的内容。

本书以核工业研究生部核电厂操纵人员培训讲义《核反应堆材料》为基础，结合任课老师的教学实践作了修改和补充。在编写上，尽量从原理上着重讲清楚基本概念，并注意联系实际，将这些基本概念与核电厂的运行实际相结合。在内容选择和安排上，为便于读者理解，力求做到由浅入深，尽量避免艰深的理论，做到既重点突出，又具有一定的全面性、系统性。

全书共分8章。第1章绪论；第2章介绍材料学的基本内容和研究方法；第3章叙述核材料在反应堆环境下的物理、机械、腐蚀和辐照等性能；第4章在概括介绍各种反应堆燃料后，重点介绍二氧化铀燃料的性能和堆内行为；第5章介绍锆和锆合金的性能，以及锆合金包壳事故工况下的行为；第6章重点介绍压力容器制造的关键工艺及其全寿期监督的原因和方法，还介绍了其他常用的堆内结构材料；第7章主要介绍控制材料、慢化剂材料、反射材料、冷却剂材料和屏蔽材料等；第8章简单介绍一些核部(零)件老化管理和失效分析的知识。

在编写的过程中，邵向业教授对初稿提出了建议和意见，李文埮、王瑞正等专家审校了全文，在此表示诚挚的谢意。

书中如有不妥之处，恳请批评指正。

编者

2010年11月

目　录

第1章　绪　论

我国核工业从1955年开始发展。1972年开始转民，中国政府为了资源的合理利用和环境保护，采取了积极发展核电的政策，开始筹建核电站。1981年11月由我国自行设计、施工具有自主知识产权的工程项目——秦山一期30万千瓦（300 MW）核电厂在国务院获正式批准建设。该工程于1985年开工，1991年12月15日竣工并联网发电。

1982年12月国务院又正式批准从法国引进第二代核电项目——大亚湾90万千瓦（900 MW）核电厂的建设。该工程于1987年开工，1993年8月31日竣工并联网发电，1994年2月1日和5月6日两台机组分别投入商业运行。我国的核电时代就在这样的情况下开始了。

核电厂的良好安全性和经济性以及改革开放后我国经济大发展对能源的需求增加，使我国的核电需求日益增加。到2007年底，我国的核电装机容量已达到912万千瓦，占全国发电装机总容量的1.5%，年发电量超过700亿千瓦时。

目前，一批正在建设中的核电厂，如秦山二期扩建、方家山、岭澳二期、宁德、红沿河、海南、福清、三门、海阳核电厂等，以及一批将要开建的核电厂，如台山、阳江、咸宁、桃花江等都已投入了大量的人力物力。从现在算起到2020年，每年都有2～3座大型核电厂投入建设，我国的核电事业进入了一个快速发展的阶段，形势大好。根据发展规划，到2020年，我国的核电装机总量将达到4 000万～6 000万千瓦，约占全国发电装机总容量的4%。

我国的核电事业发展从小到大，从自主设计到主要设备研制，核电厂的施工建设和运行管理，各个方面都已取得了很大的成就。但问题还是有的，比如：我国的核电厂由于各种原因，堆型较多，应用的材料、工艺各不相同，存在的材料问题也比较多；另外我国自主设计的电厂，关键设备制造还要依赖进口，问题比较复杂，其中材料问题是不可回避的；另外，我国核电厂的总造价过高，除了设备问题，建造中的工期问题也不可忽视。

纵观世界上的核电厂建造中发生工期延长的问题，大部分是由材料问题引起的，要保证按期竣工就必须克服建造中的种种材料问题。因此，我国核电系统的国产化、标准化、安全管理等还有很长的路要走。还有不少材料方面问题有待解决，材料问题不能不引起重视。

从另一方面来讲，虽然核反应堆用于发电是和平利用核能的重要手段，但核反应堆能用于发电，并获得广泛认可，必须要用尽可能低的花费来产生尽可能安全可靠的动力。其电力价格一定要有与煤、石油等化石燃料发电成本相比较的能力。

要达到这个目标从实际上考虑是不容易的，因为核反应堆的工作条件是如此的严峻，它的材料必须在高温、高压、强辐照和极大的温度梯度的条件下工作，同时还有腐蚀的影响。它所面临的条件比迄今为止我们所遇到的任何工程所面临的条件要复杂得多。核电厂的材料问题无论如何强调也不过分。

核反应堆材料在压水堆（PWR）条件下的工作温度是290～320 ℃左右，压力是15.5 MPa左右。压水堆的温度和压力的规定也与材料有关，因为作为包壳材料的锆合金的最高使用温度是400 ℃，因此冷却剂温度在290～320 ℃，为了冷却剂保持液态必须加以15.5 MPa的压力。CANDU堆冷却剂的温度是260～300 ℃，压力是10 MPa，而在快堆(FBR)条件下的工作温度是550～600 ℃，常压；由于材料暴露在辐照场内，经受α,β,γ射线，中子和裂变产物的强辐照，尤其是高能快中子的辐照对结构材料的影响极大，而裂变产物由于质量大，射程短，对燃料会产生很大的影响。

在运行条件下，燃料棒芯块中心的温度可达2 000 ℃以上，甚至熔融，而PWR冷却剂的温度是290～320 ℃，FBR冷却剂的温度是550～600 ℃，燃料材料承受的温度梯度可达2 000～4 000 ℃/cm，包壳材料所承受的温度梯度也要1 000～2 000 ℃/cm；不仅要承受大的温度梯度，同时还要承受环境中腐蚀介质的侵蚀，在堆内环境下，由于辐照分解，作为冷却介质的水也会发生分解成为腐蚀介质。

为了迅速带出热量，提高发电效率，所用的材料还要有好的热传导性能，要保持一定的机械强度，因此材料的工作环境是十分严峻的，对材料的要求也是十分苛刻的。

在这样的条件下，我们低价格、高性能的目标是不容易达到的。

最近二十五年以来，由于对核系统安全性的考虑，对材料的性能要求也越来越高，合理选材就显得越来越重要。

最早的一批核电厂陆续进入设计寿期，而人们对核电厂的要求是希望能延长使用至四十年，甚至六十年。是否能延期主要考虑的因素是反应堆部件在辐照条件下所产生的硬化、脆化和疲劳等造成的材料降级，能否可让反应堆再继续安全使用若干年。

本教材包括8章：第1章对材料课的学习内容进行概括性的介绍；第2章对材料学的基本内容、研究方法进行介绍；第3章对核材料在反应堆环境下，重要的物理性能、机械性能、腐蚀性能、辐照性能指标进行讲解，以了解这些指标的含义，以及在温度和辐照中子注量的影响下，会发生哪些变化及变化的趋势，了解材料降级的基本原因；第4章对各种核反应堆的燃料进行了介绍，重点介绍了二氧化铀燃料，介绍了二氧化铀燃料的性能和它的堆内行为；第5章对各种包壳材料进行简单介绍，重点介绍了锆及锆合金的性能，锆合金包壳的堆内行为，以及事故工况下的行为；第6章重点介绍了压力容器材料(低合金碳钢)，压力容器制造的关键工艺和压力容器进行全寿期监督的原因和方法等，也介绍了堆内常用的奥氏体不锈钢、镍基合金等的用途、存在的问题和改进的方向等，还简介了常用的碳钢、钛合金、巴氏合金等；第7章对控制材料、慢化材料、反射材料、冷却剂材料和屏蔽材料作了介绍，使学员对核反应堆主要部件所用的材料及对材料的性能要求有了基本的了解；第8章是应核电厂的要求，简单介绍一些老化管理和失效分析方面的知识，对核电厂可能发生的问题和发生问题后的应对措施、注意事项有所了解。

1.1 核电厂系统和组成

核电厂是依靠核裂变或核聚变产生的能量来发电的，因此核电厂必须有核反应堆系统，这部分称为核岛；核能不能直接用来发电，把核能以热能的形式带出，并把热能转换为电能的蒸汽转换系统，称为常规岛。因此核电厂由两大部分组成，它们分别是核岛和常规岛。核岛的核心是核反应堆。核反应堆的功能有以下几种：

1）导出核裂变释放的能量来发电（如核电厂）、供热或用作其他动力（如核潜艇）；

2）增殖、生产新的核燃料（如钍-232→铀-233，铀-238→钚-239）；

3）生产放射性同位素（如钼-锝靶件，医用同位素等）；

4）作科学研究和中子的应用（如中子衍射，中子掺杂，中子照相等）。

核反应堆的种类很多，分类的方式也很多。如按使用目的分类，一般可分为生产堆、研究堆、动力堆。

1）生产堆主要用于生产聚变或可裂变核材料如：氚、铀-233 和钚-239 等；

2）研究堆，对应不同的目的又有不同的种类：如用于研究燃料和堆芯材料用的材料试验堆（如法国的 Osillos），用于中子衍射、同位素生产和物理、化学、生物等多用途的研究堆（如：原子能院的 101 重水堆，492 游泳池堆）等；

3）动力堆是本课程涉及的重点，即利用核反应能转换为电能以获取动力满足国民经济各方面需要的反应堆。目前常见的动力堆有压水堆、沸水堆、重水堆、高温气冷堆、快中子增殖堆等。

其中水堆的热效率约 30%，而钠冷快堆的热效率可达 40%。

下面分别介绍几种常用的动力堆。

（1）沸水堆（BWR）

这是一种直接沸腾的水堆。蒸汽从堆芯直接产生，就如同一个锅炉产生蒸汽一样（见图 1-1）。它的外壳是一个钟罩形的压力容器，堆芯燃料组件排列成 $n \times n$ 正方形栅阵。它与压水堆的区别是一回路水的压力比较低（约 6.86 MPa）。这样一来，一回路冷却水就在堆芯内发生沸腾，并将产生的蒸汽直接送汽轮机发电。

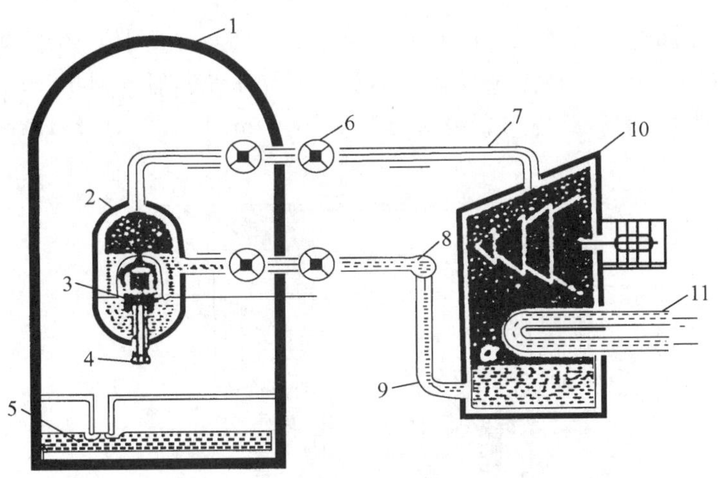

图 1-1　沸水堆电厂系统

1—安全壳；2—压力容器（低合金钢）；3—堆芯（UO_2/Zr）；4—控制棒（B_4C/304SS）；5—水池；6—隔离阀；7—蒸汽管道（304，316SS 或碳钢）；8—泵；9—水管道（304SS）；10—汽轮机发电机（CrMo 钢）；11—冷凝器冷却水（Al-Cu-Ni 或 Ti）

（2）压水堆（PWR）

压水堆一般有两个水回路，中间是蒸汽发生器（Steam Generator）。如图 1-2 所示，它由核反应堆、一回路系统(高温高压)、二回路系统及其他辅助系统组成。一回路水压力约为15.5 MPa,在蒸汽发生器中,一回路水把热能传递给二回路,并使二回路水获得能量转化为蒸汽,推动汽轮机发电。

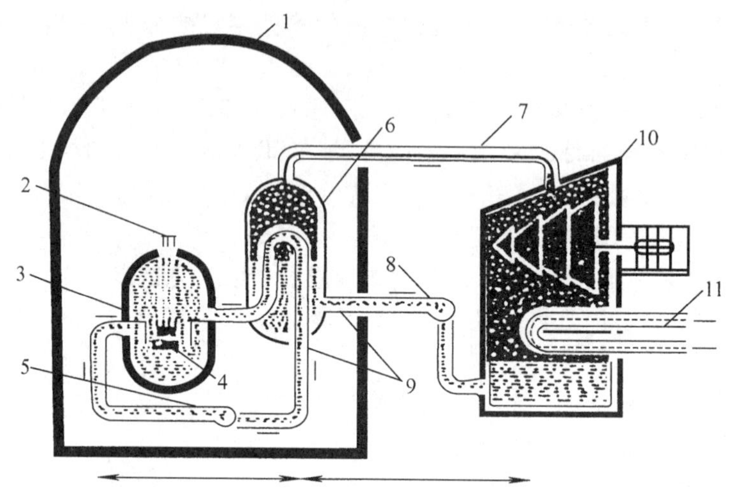

图 1-2　压水堆电厂系统

1—安全壳;2—控制棒(AgInCd/304SS);3—压力容器(低合金碳钢);4—堆芯(UO_2/Zr);5—主泵;6—蒸汽发生器(镍基合金/碳钢);7—蒸汽管道(304SS);8—二回路泵;9—水管道(304SS);10—汽轮机发电机(CrMoV 钢);11—冷凝器冷却水(Al-Cu-Ni 或 Ti)

(3) 重水堆(HWR)

其慢化剂和冷却剂都是重水。以 CANDU 重水堆为例,重水堆的结构与轻水堆不同,反应堆的堆本体是一个水平放置的圆筒形容器,称为排管容器(Calandria)(见图 1-3)。在容器内贯穿许多根水平管道,称为燃料管道(Fuel Channel)或压力管(Pressure Tube)。排

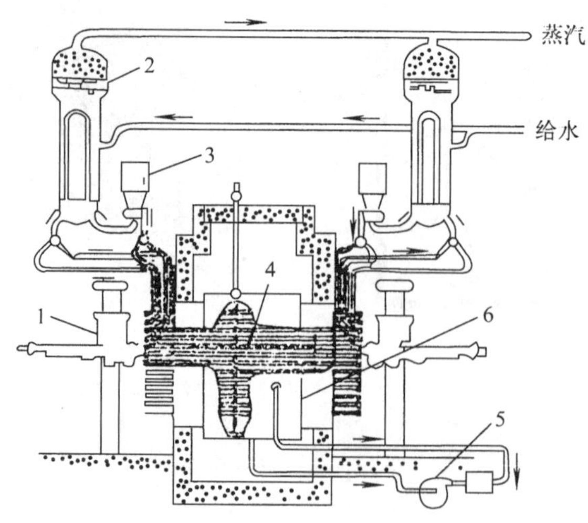

图 1-3　CANDU 型反应堆电厂系统

1—装料机;2—蒸汽发生器;3—主循环;4—燃料;5—慢化剂泵;6—排管容器

管容器中盛有低温低压的重水慢化剂，燃料管道里装有天然铀燃料棒束和高温高压重水冷却剂。冷却剂通过燃料管道将热量带出来，经蒸汽发生器产生蒸汽，推动汽轮机发电。它的燃料棒是短型的，可以在不停堆的条件下实现换料。

(4) 液态金属快中子增殖堆(LMFBR)

这种反应堆与以上介绍的不一样，它是以液态钠为冷却剂的，它一般有多条回路。一回路二回路都是液态钠。中间有热交换器用以隔离一回路的放射性(见图 1-4)。快堆的堆芯由燃料区和再生区组成。在快堆运行中，一方面消耗燃料，另一方面大量的铀-238 俘获中子后转化为钚-239，从而达到增殖的目的。快堆用于发电，是通过热量传递，将堆芯能量带出，使回路中的水汽化，由蒸汽带动汽轮机发电。

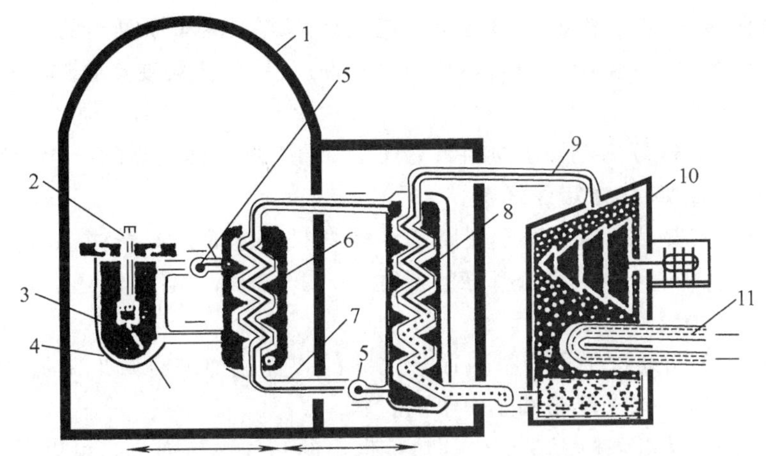

图 1-4 快堆电厂系统

1—安全壳；2—控制棒(B_4C/316SS)；3—堆芯(U、Pu)O_2/316SS；4—堆容器(304SS)；5—泵(316SS)；6—中间热交换器(304，306SS)；7—回路管道(304SS)；8—蒸汽发生器($2\frac{1}{4}$Cr/Mo 或 Ni 基合金)；9—蒸汽管道($2\frac{1}{4}$Cr/Mo 钢)；10—汽轮机发电机(CrMo 钢)；11—冷凝器冷却水(Ti)

1.2 核电厂材料的分类

核电厂用的材料通常分为常规岛用材料和核岛用材料：

(1) 常规岛用材料

凡是不暴露于放射性环境或一次水回路的材料都属于这一类。

由于这类材料与一般工业用材没有特殊的区别，本课程在此不作为重点论述，仅对蒸汽发生器传热管材料进行一些讨论。

(2) 反应堆核岛用材料

由于这部分材料暴露在辐射场内，存在核材料的特殊问题，是本课程的重点内容。这部分可以再进一步分为核燃料和非核燃料两部分。

1) 核燃料：在反应堆中使用的可裂变物质及可转换物质通称为核燃料。它包括易裂变核素和可转换核素两部分。

易裂变核素是指任何能量中子都能引起核裂变的核素，如铀-235、铀-233、钚-239。

可转换核素是指某核素在俘获高能中子（>1 MeV）以后会转换为易裂变核素。如钍-232、铀-238 吸收中子后可转化为铀-233、钚-239，这种核材料称为可转换核素。

核燃料中必须含有易裂变核素铀-235、铀-233、钚-239 中的一种或两种，才能够产生裂变并释放裂变能。

核燃料有不同的形式，大体可分为金属型燃料、陶瓷型燃料、弥散体型燃料，当然还有其他形式的燃料，如包覆燃料等。

2）非核燃料：它由包壳材料，结构材料，慢化材料，冷却剂材料，反射材料，控制材料及屏蔽材料组成。

① 包壳材料：是指包裹核燃料的材料。包壳是燃料与冷却剂隔离的屏障，也是反应堆安全的第一道屏障。它的作用是防止燃料与冷却剂反应；防止裂变产物逃逸；保持燃料棒的完整性。

它的运行工况非常苛刻。要求材料具有小的中子吸收截面、高的导热系数、强度好、韧塑性好、耐腐蚀、抗辐照、热稳定性好等。

② 结构材料：主要是指堆芯和一回路的结构材料。包括压力壳材料、管道材料及蒸汽发生器材料等。这些材料不仅要求有好的强度、韧性、抗辐照、耐腐蚀还必须有最小的诱发放射性，以便维护保养和处置。

③ 慢化材料：是指通过中子与材料原子之间的弹性碰撞来有效地降低中子能量，使高能快中子变为能被裂变原子俘获的热中子的材料。

④ 冷却剂材料：是指将核裂变产生的热量带出的一种载热剂。它可以是气体也可以是液体。

⑤ 反射材料：是指该材料的原子与从堆芯逃逸的中子发生碰撞后，能使从堆芯逃逸的中子有效地反弹回堆芯的材料。

⑥ 控制材料：是一种中子吸收体，用于反应堆使其实现受控核裂变的材料。

⑦ 屏蔽材料：是指用于屏蔽放射线、中子或热量的材料。屏蔽放射线要用质量大、密度大的材料，如铅、重混凝土等；屏蔽中子要用轻质材料，如轻水、石蜡、石墨等；屏蔽热量要用空腔不锈钢弧形瓦或增大间距，增厚屏障层来达到。

1.3 核电厂主要部件用材

1.3.1 核电厂主要部件用材组成

核电厂主要部件用材有以下几个部分组成。

（1）燃料

无论是金属型还是陶瓷型的燃料，必须含有易裂变核素铀-235、铀-233 或钚-239。金属型燃料有金属铀和铀合金。陶瓷型燃料有 UO_2、UC、UN、MOX（UO_2+PuO_2）。UO_2 是用途最广的动力堆燃料，轻水堆燃料的富集度为 3%左右；重水堆采用天然铀为燃料；快堆燃料的富集度为 60%左右。压水堆采用富集度为 3%左右的二氧化铀燃料。作为研制中的高燃耗燃料，目前应用富集度在5%以下的二氧化铀燃料。

(2) 包壳

包壳材料要求中子吸收截面小、导热好、强度高、塑性好、耐腐蚀、抗辐照等。可以用作包壳的材料有铝及铝合金、镁及镁合金、锆及锆合金以及不锈钢。水冷动力堆广泛用锆合金作包壳。压水堆、重水堆用锆-4(Zr-4)合金作包壳；沸水堆用锆-2(Zr-2)合金作包壳；而快堆用不锈钢作包壳。值得注意的是：使用不锈钢作快堆包壳并不是因为它的中子吸收截面小，而是因为它的高温性能好，同时由于快堆中中子产额大，损失一些也足以维持反应进行下去，而且价格较低，从经济上考虑也比较合理。

(3) 控制棒

控制棒是核反应堆实现可控和自持核裂变不可缺少的重要部件。对控制材料来讲，最重要的还是中子吸收截面大，对压水堆来说不仅要求对热中子的吸收，还要求对超热中子的吸收；同时要求保持毒物效应的时间长，含长半衰期的核素少，中子活化截面小；有足够的强度、塑性、耐腐蚀性、耐辐照；工艺性和经济性好等。压水堆电厂一般都采用银-铟-镉合金制作控制棒。重水堆电厂采用镉棒、不锈钢管、加水等方法进行控制。

(4) 压力容器

压水堆压力容器是核反应堆安全的第二道屏障，堆容器是主冷却剂回路的一部分。主回路的可靠运行，保证着燃料组件的冷却和完整。因此压力容器是压水堆电站最关键的设备之一，它是一个庞大的不可更换的密封壳体，是关系到反应堆安全和寿命的重要部件。压水堆电站压力容器采用镍-锰-钼低合金碳钢(低合金钢)制作。

(5) 蒸汽发生器

压水堆的蒸汽发生器与压力容器类似，是大型设备，主要要求能耐受高温、高压水的腐蚀及振动。传热管材料除要求耐高温、高压水的腐蚀不漏外，还要有较好的导热性能，有较好的工艺性能，如焊接、胀管等。

蒸汽发生器的壳体采用与压力容器同样的低合金碳钢；传热管采用镍基的In 600、In 690合金或铁镍基的Incoly 800合金。

(6) 反应堆一回路管道和阀门

一回路管道和阀门都处于高温高压下，是压力边界，要严防泄漏。所用的材料要耐腐蚀，不带或少带造成长寿命核素的元素，以及对堆内性能发生干扰的元素，如钴、硼等。大部分的一回路管道和阀门都采用奥氏体不锈钢制作。对一回路管道也有用低合金钢制作，内衬不锈钢的。有的公司对大直径的直管，使用离心铸造，对弯管使用静态铸造。

阀门用奥氏体不锈钢铸造或锻造，阀座的密封面堆焊司太立合金。因为司太立合金含有较多钴，它成为一回路放射性的主要来源。

(7) 反应堆冷却剂泵(主泵)

主泵在高温、高压下工作，壳体、叶轮、转子等虽然不直接接受中子辐照，但由于与介质接触，会造成腐蚀，由于活动部件的相互摩擦，会造成磨损，同时由于介质的循环作用，会把磨损或腐蚀的微粒带进堆芯，辐照后形成放射性核素，造成很强的放射性。因此对这部分材料除了机械性能和工艺性能方面要求外，还要求抗腐蚀，不带或少带会造成长寿命核素的元素，以及对堆内性能产生干扰的元素。

目前使用最多的是含钴低的奥氏体不锈钢，轴承一般使用石墨或司太立合金。现在有使用硬质合金来代替司太立合金的，可以大大降低回路中的放射性。

1.3.2 各类反应堆的用材组成

以下就各类反应堆的用材作简单介绍。

(1) 沸水堆所用基本材料

其基本材料主要有：

① 压力壳(Pressure Vessel)——低合金碳钢(Low Alloy Carbon Steel)；

② 燃料(Fuel)——二氧化铀(Uranium Dioxide，UO_2)；

③ 包壳(Cladding)——锆-2 合金(Zircaloy-2，Zr-2)；

④ 元件盒——锆-4 合金；

⑤ 控制棒——碳化硼/304 不锈钢(B_4C/304SS)；

⑥ 慢化剂，冷却剂——轻水(H_2O)；

⑦ 水回路——304 不锈钢；

⑧ 蒸汽回路——304，316 不锈钢；

⑨ 传热管-600 合金；

⑩ 汽轮机——铬-钼钢。

(2) 压水堆所用材料

其基本材料主要有：

① 压力壳——低合金碳钢(低合金钢)；

② 燃料——二氧化铀；

③ 包壳——锆-4(Zr-4)合金或它的升级材料，如 M5、ZIRLO 等；

④ 控制棒——银-铟-镉合金/316，304 不锈钢(Ag-In-Cd/SS)；

⑤ 长期反应性控制用硼酸；

⑥ 传热管——600，690，800 合金；

其余与沸水堆同。

(3) 重水堆所用材料

其基本材料主要有：

① 压力管(容纳冷却剂)——锆铌合金(Zr-2.5Nb)；

② 排管容器(容纳慢化剂)——奥氏体不锈钢；

③ 排管容器管子——锆-2 合金(退火)；

④ 燃料——天然丰度的二氧化铀(Natural Uranium)；

⑤ 包壳——锆-4 合金，内壁涂有石墨层；

⑥ 慢化剂和冷却剂——重水(D_2O)；

⑦ 端屏蔽——奥氏体不锈钢；

⑧ 嵌入环、屏蔽板、冷却水管——碳钢；

⑨ 中子吸收体——镉棒；

⑩ 液体注射停堆组件——硝酸钆；

⑪ 调节棒——加水、不锈钢管。

(4) 钠冷快中子增殖堆所用材料

其基本材料主要有：

① 燃料——富集的二氧化铀(约 60%)或 MOX 燃料；

② 包壳——奥氏体不锈钢(316SS 或 316Ti)；

③ 元件盒——马氏体-铁素体钢或奥氏体不锈钢；

④ 控制棒——碳化硼(B_4C)/300 系列不锈钢；

⑤ 传热管——800 合金；

⑥ 冷却剂——液态钠。

复习题

1. 为什么说核反应堆的材料问题很严峻,它们面临什么样的工作条件?
2. 压水堆的温度为什么要定在 290～320 ℃,压力定在 15.5 MPa?
3. 压水堆主要部件对材料的要求是什么? 用什么材料制作?
4. 简述材料的分类。

第 2 章　材料学基础

在学习核电厂材料之前必须对金属学的一些基本问题有所了解，才能更好地理解核反应堆材料的性能和它们在堆内辐照条件下的性能变化。

2.1　晶体结构

自然界存在的固态物质可分为晶体和非晶体两大类。在晶体中，组成晶体的原子、离子、分子等质点是呈规则排列的。而在非晶体中，这些质点是无规则地堆积在一起的。自然界中，金属和非金属大多是晶体。我们在核反应堆中使用的大多数材料，如锆合金、不锈钢、碳钢、陶瓷型燃料二氧化铀等都是晶体；只有少数的，如硼硅酸玻璃是非晶体。

为了研究晶体中物质质点排列的规律性，我们需要进行抽象。即将实际存在的原子、离子或原子集团等物质质点，抽象为纯粹的几何点而完全忽略它们的物质性。这样抽象出的几何点称为阵点。阵点在空间呈周期性的规则排列构成空间点阵。

每个阵点在空间都具有完全相同的环境，如果把连接任意两个阵点矢量的始端放到第三个结点上，则此矢量的终点必定落在第四个结点上。

把阵点连接起来形成网格，我们称由这种平行线组成的格子为晶格。

在空间点阵中我们可以选择一个小的平行六面体作基本单元，称为晶胞。整个空间点阵可以看作是由很多大小和形状完全相同的晶胞紧密地堆垛在一起而形成的。

选择晶胞应满足下列条件：

1）晶胞的几何形状应与宏观晶体具有同样的对称性；

2）平行六面体内相等的棱和角的数目应最多；

3）当平行六面体的棱间存在直角时，直角数目应最多；

4）在满足上述条件的前提下，晶胞应具有最小的体积。

晶胞的棱边分别用单位矢量 a、b、c 来表示，棱边之间的夹角分别用 α（c、b 间），β（a、c 间），γ（a、b 间）来表示。参数 a、b、c 称为点阵常数，在这里也称为晶格常数；而 a、b、c、α、β、γ 称为晶胞的 6 个参数。

2.1.1　晶系、晶面指数和晶向指数

2.1.1.1　晶系

在晶体学中，常按对称性的不同，即根据晶胞的外形（棱边长度之间的关系和晶轴夹角的不同情况）对晶体进行分类。根据晶胞的六个参数可以算出所有晶体分属于 14 种空间点阵，归纳为七大晶系（见图 2-1）：

a. 三斜晶系：　$a\neq b\neq c, \alpha\neq\beta\neq\gamma\neq 90^\circ$

b. 单斜晶系：　$a\neq b\neq c, \alpha=\gamma=90^\circ\neq\beta$

c. 六角晶系（六方）：　$a=b\neq c, \alpha=\beta=90^\circ, \gamma=120^\circ$

d. 三角晶系(菱方)：　$a=b=c, \alpha=\beta=\gamma\neq 90°$

e. 正交晶系：　$a\neq b\neq c, \alpha=\beta=\gamma=90°$

f. 四方晶系：　$a=b\neq c, \alpha=\beta=\gamma=90°$

g. 立方晶系：　$a=b=c, \alpha=\beta=\gamma=90°$

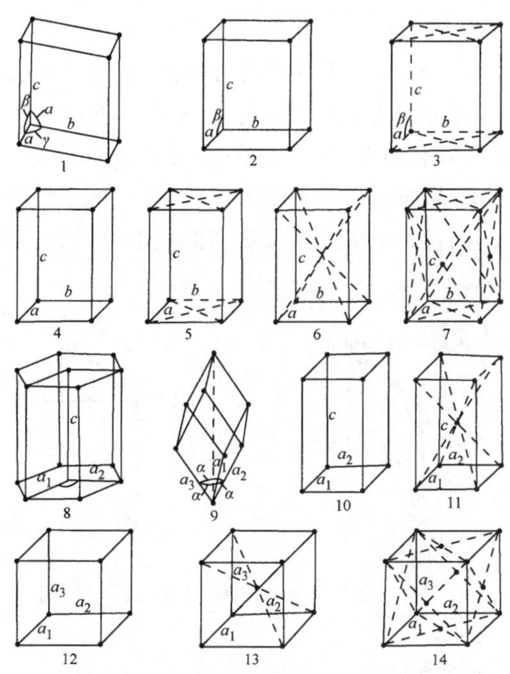

图 2-1　各晶系的单位晶胞

1—简单三斜；2—简单单斜；3—底心单斜；4—简单正交；5—底心正交；6—体心正交；7—面心正交；8—简单六方；9—简单菱方；10—简单四方；11—体心四方；12—简单立方；13—体心立方；14—面心立方

2.1.1.2　晶面指数和晶向指数

在分析研究有关晶体的生长、变形、相变及性能各方面的问题时，会涉及晶体中的某个方向(晶向)及原子所构成的平面(晶面)，为了表示各种晶向和晶面需要有统一的标注方法，国际上通用的是密勒指数，其标注方法如下。

(1) 晶面指数

晶面指数是根据晶面与单位晶胞的 3 个晶轴相交的截距大小的倒数来确定的。

确定晶面指数可按下列步骤进行：

1) 用轴长单位量出该面在 3 个晶轴的截距；

2) 取该值的倒数；

3) 求出 3 个倒数的比值，把比值简约成最小整数比；

4) 再把所得到的 3 个整数放入小括号中，以(hkl)表示。

这 3 个简单整数 h、k、l 即为晶面指数。晶面指数并非只代表一个晶面的方位，而是代表一族平行平面，也代表在空间中与此平面不同方位的其他相同平面。晶面族用大括号$\{hkl\}$来表示。

(2) 晶向指数

晶向指数是表示空间点阵中由原子组成的某一平行直线族中任一直线的方位。

可以从这一族中选定通过原点的直线来表示。用该直线上离原点最近的原子坐标表示该直线的方位,然后把它们简约成最小整数,即得到晶向指数。晶向指数常用字母 uvw 表示,并用方括号表示:$[uvw]$。同理,晶向族可以用尖括号来表示:$\langle uvw\rangle$。

(3) 立方晶系中的晶面与晶向

在立方晶系中由于原子的排列具有高度的对称性,存在有许多原子排列完全相同、但空间位向不同的晶面,这些晶面总称为晶面族,用大括号来表示:$\{hkl\}$。原子排列相同,而空间方位不同的晶向可以总称为晶向族,用尖括号来表示:$\langle uvw\rangle$。

在立方晶系中,点阵中的晶向指数与相同的晶面指数的晶面相垂直,立方晶系中的一些重要晶面和晶向见图 2-2。如:{111}晶面族,其晶向指数是〈111〉。

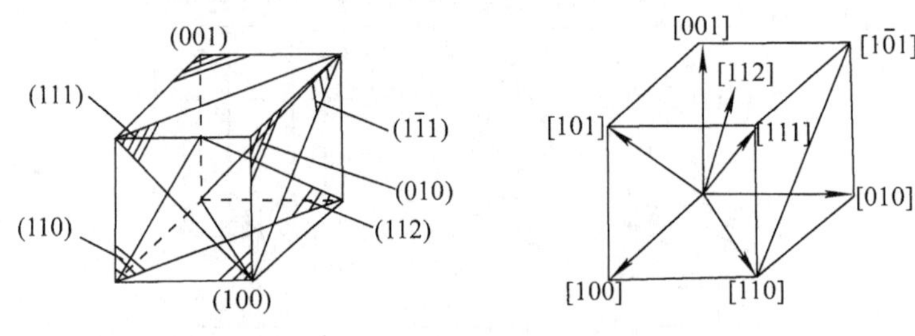

图 2-2 立方晶系的一些重要晶面和晶向

(4) 六方晶系中的晶面和晶向

六方晶系的晶面和晶向的表示虽然也可以用上法,但会有些问题。在用于六方晶系时,属于同一个晶面族的各晶面,其指数并不相同。同样属于同一晶向族的各晶向,其指数也不相同。为了使同一晶面族的晶面指数和同一晶向族的晶向指数一致,需采用第四个晶轴,它处于 a_1,a_2 平面内,用 a_3 表示,a_1,a_2,a_3 之间的夹角分别为 120°,标记晶面的密勒指数为 $(hkil)$,对应于 a_1,a_2,a_3 和 c 4 个晶轴。确定 hkl 的方法与前面的相同,但 a_1,a_2,a_3 3 个晶轴是等价的,其中只有 2 个是独立的,即:$(h+k+i)=0$。采用 4 个坐标轴 a_1,a_2,a_3 和 c 轴,其中 a_1,a_2 和 c 轴就是"三指数"下的坐标轴(a,b,c)轴,而 $a_3=-(a_1+a_2)$。晶面表示为 $(hkil)$,晶面族表示为 $\{hkil\}$,$i=-(h+k)$;晶向表示为 $[uvtw]$,晶向族表示为 $\langle uvtw\rangle$,$t=-(u+v)$。六方晶系中的一些重要晶面和晶向见图 2-3。

2.1.2 金属与陶瓷的典型晶体结构

这一节中我们要学习和讨论金属和陶瓷的典型晶体结构。大多数金属的晶体结构都具有高对称性的简单结构,即:面心立方、体心立方和密排六方结构。陶瓷材料,如核反应堆中所用的陶瓷核燃料具有离子化合物的 AB 型和 AB_2 型结构,因此也在这一节中进行讨论。

2.1.2.1 金属的典型晶体结构

参照元素周期表,周期表中的元素可以分为三大类:

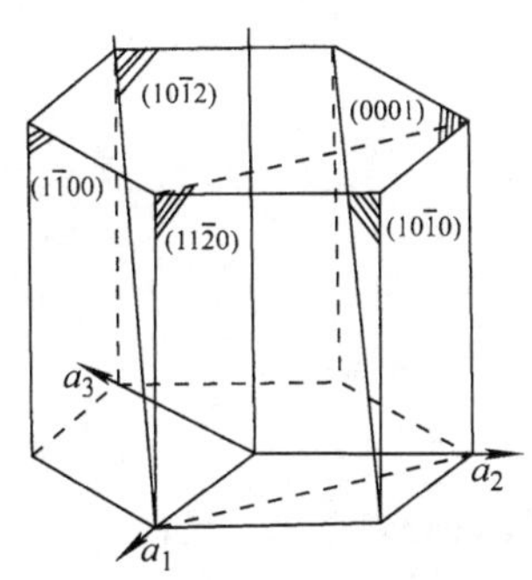

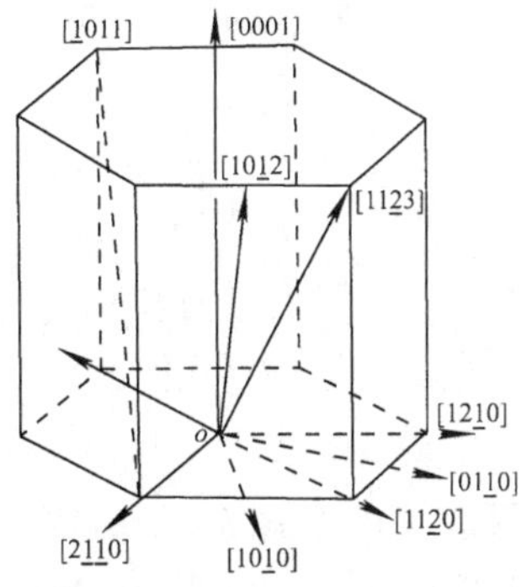

图 2-3　六方晶系的一些重要晶面和晶向

第一类是真正的金属。如上所说具有高对称性的简单结构。

第二类包括 8 个金属元素，其晶体结构与第一类有些不同。其中锌、镉虽为密排六方结构，但 c/a 比较大；铊和铅原子的离子化不完全，原子间距比典型金属大；汞和锡的结构比较复杂；镓具有复杂的正交结构。

第三类多数为非金属元素，也包括少数亚金属元素，如硅、锗、锑、铋等，这类元素多具有复杂的晶体结构。

在这里着重讨论第一类中典型的晶体结构，即面心立方、体心立方和密排六方。

(1) 面心立方(Face Centered Cubic, FCC)

如图 2-4 所示，在立方体的八个顶角上各有 1 个原子，6 个面的中心各有 1 个原子。面心立方结构的特征参数为：

晶胞原子数	$8\times\frac{1}{8}+6\times\frac{1}{2}=4$
晶格常数	a
晶胞中最小原子间距	$\frac{\sqrt{2}}{2}a$
密排方向	[110]
致密度①	74%
配位数②	12

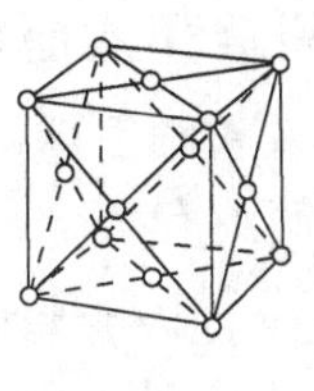

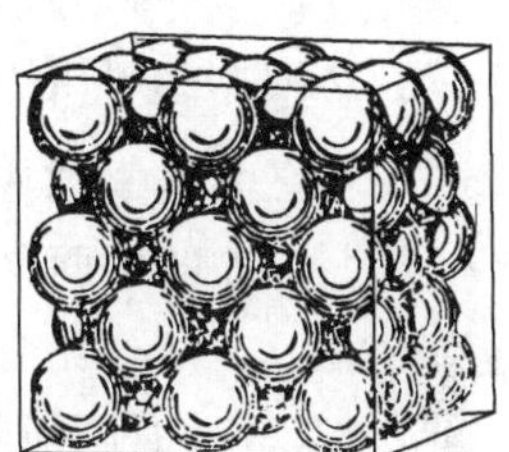

图 2-4　面心立方点阵

与核电厂材料有关的金属 Ag, Cu, Al, Ni, Pb 等具有 FCC 结构。

(2) 体心立方(Body Centered Cubic, BCC)

如图 2-5 所示，在立方体的 8 个顶角上各有 1 个原子，立方体的中心还有 1 个原子。体心立方结构的特征参数为：

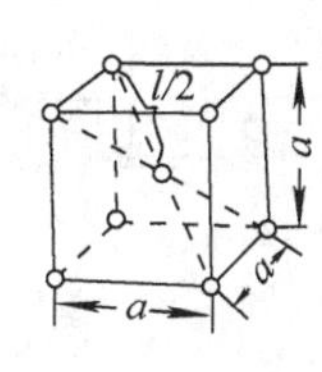

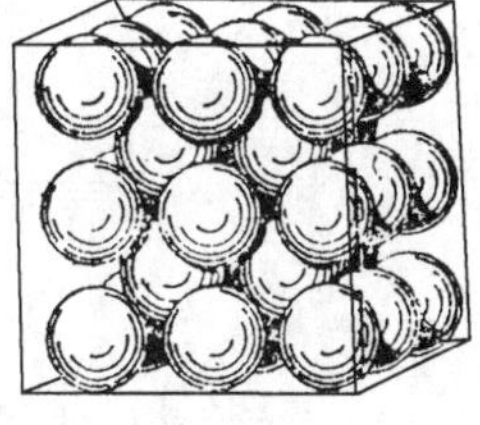

图 2-5　体心立方点阵

---

① 致密度：可把金属晶体中的原子看做是直径相等的刚球，原子排列的密集程度可以用刚球所占空间的体积百分数表示，称为致密度。

② 配位数：晶体结构中，与任一原子最近邻并且等距离的原子数，称为配位数。

晶胞原子数　　　2

晶格常数　　　a

晶胞中最小原子间距　　$\frac{\sqrt{3}}{2}a$

密排方向　　　[111]

致密度　　　0.68

配位数　　　8

与核电厂材料有关的金属Cr,Fe,W,V,Nb,Ta,Mo,Li,Na,K,β-Hf等具有BCC结构。

(3) 密排六方(Hexagonal Close Packed,HCP)

晶胞的上、下底面由正六边形组成。每个角上各有一个原子,上、下底面的中心还各有一个原子,此外在晶胞内部中心面,相隔120°的3个位置上还有3个与其他原子等距离的原子。

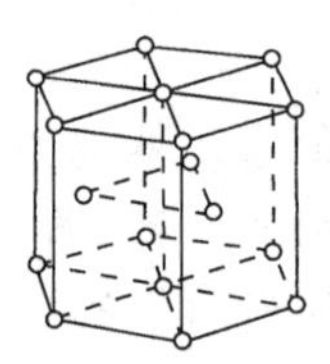

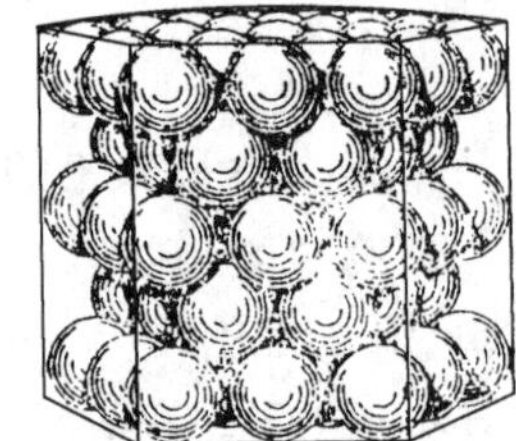

图 2-6　密排六方点阵

晶胞原子数　　$\frac{1}{6}\times12+\frac{1}{2}\times2+3=6$

晶格常数　　$a,c(c/a=1.633)$

致密度　　0.74

配位数　　12

与核电厂材料有关的金属Mg,Zr,Be,Cd,Zn,Ti,α-Hf,Co等具有HCP结构。

2.1.2.2 四面体间隙和八面体间隙

若在晶胞间隙中放入刚性球,能放入球的最大半径为间隙半径。设晶胞的原子半径为r,面心立方的四面体间隙有8个,间隙半径为$0.225r$(见图2-7 a),八面体间隙有4个,间隙半径为$0.414r$(见图2-7 b);体心立方的四面体间隙有12个,间隙半径为$0.291r$(见图2-8 a),八面体间隙有6个,间隙半径为$0.154r$(见图2-8 b);密排六方的四面体间隙有12个,间隙半径为$0.225r$(见图2-9 a),八面体间隙有6个,间隙半径为$0.414r$(见图2-9 b)。

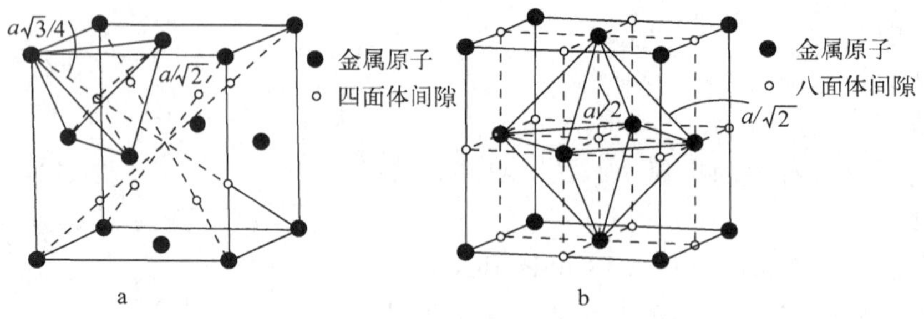

图 2-7　面心立方晶胞中间隙的位置

a. 四面体间隙;b. 八面体间隙

2.1.2.3 陶瓷(离子化合物)的典型晶体结构

金属与周期表中ⅣA、ⅤA、ⅥA族一些元素形成的化合物为正常价化合物,它们通过离

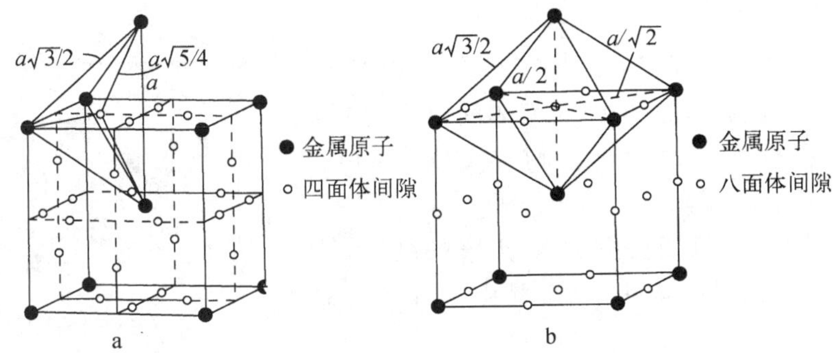

图 2-8　体心立方晶胞中间隙的位置

a. 四面体间隙；b. 八面体间隙

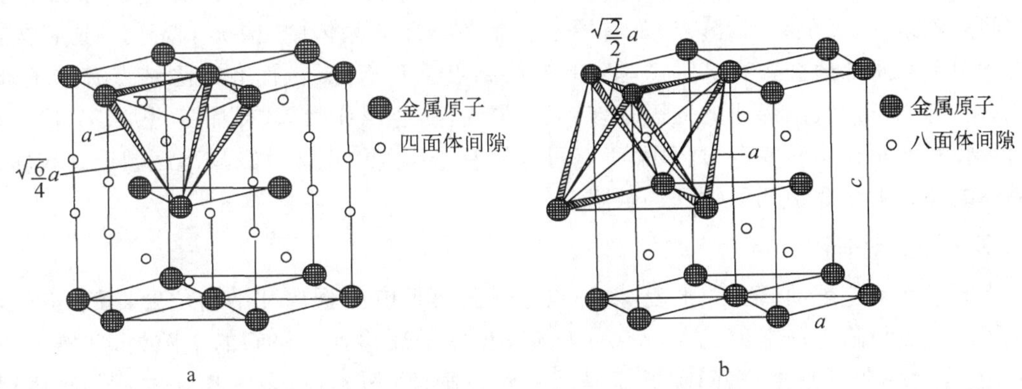

图 2-9　密排六方晶胞中间隙的位置

a. 四面体间隙；b. 八面体间隙

子键形成的，所以也称为离子化合物。正常价化合物一般有 AB、AB_2、A_2B_3 三种结构。A_2B_3 型结构比较复杂，在核材料中应用很少，在此就不做介绍了。

在 AB 型和 AB_2 型化合物中，正离子(阳离子)比负离子(阴离子)具有较小的离子半径，因此这种离子化合物的晶体结构往往由负离子形成密排结构，正离子位于负离子密排结构的八面体或四面体间隙中；也可以认为是正、负离子分别构成独立的亚晶格，由两种亚晶格穿插而形成离子化合物的复式晶格。当然，也有反过来的称为反结构，如 A_2B 为 AB_2 的反结构。

(1) NaCl(AB)结构

NaCl(岩盐)结构，具有 FCC 点阵，其中 Cl^- 占据 FCC 点阵的结点，Na^+ 位于八面体间隙中，如图 2-10 所示。这种结构也可看作是由两种离子各自构成的面心立方点阵彼此穿插而成，即一个点阵的顶角原子位于另一个点阵的(1/2,0,0)处。具有这种结构的化合物有 NaI、MgO、CaO、SrO、BaO、CdO、CoO、MnO、NiO、FeO、TiN、CrN、ZrN、TiC 等。

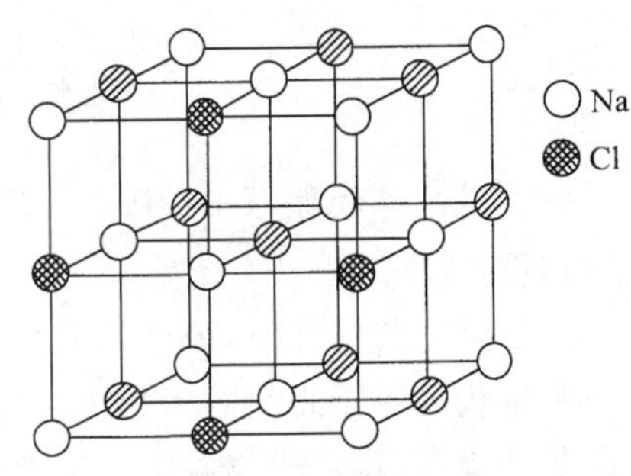

图 2-10　NaCl(岩盐)结构

(2) CaF_2(AB_2)结构

CaF_2(萤石)结构，具有 FCC 点阵，Ca^{2+} 占据 FCC 点阵的结点，F^- 位于点阵的 8 个四面体间隙中，如图 2-11 所示。具有这种结构的化合物有 UO_2、ThO_2、CeO_2、BaF_2、PbF_2、SrF_2 等。

在二氧化铀中，铀原子占据 FCC 点阵的结点，氧原子处在点阵的四面体间隙中，一个晶胞中有 4 个铀原子，8 个氧原子。

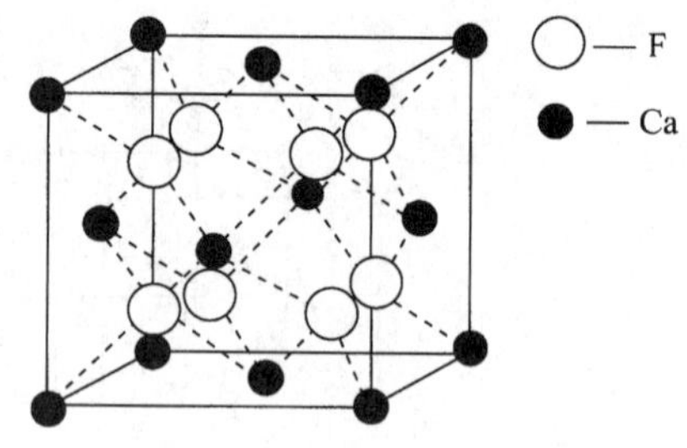

图 2-11 CaF_2(萤石)结构

2.1.3 晶体缺陷

在学习和讨论固态物质的晶体结构时，晶体中原子(离子、原子集团等物质质点)按理想的空间点阵排列，每个结点(阵点)都有原子。而在实际的晶体中，情况不完全是这样的，实际晶体中不可避免地会存在各种缺陷，如：有的结点上没有原子，而有的除结点有原子外在间隙里也有原子。缺陷形成的原因很多，以金属为例，金属在凝固、冷加工、热加工、形变、辐照、再结晶、同素异构转变等过程中，都有可能使原子排列的规律性在局部区域遭到破坏，产生晶体缺陷。下面介绍几种常见的缺陷。

2.1.3.1 点缺陷

当原子受到热震动、辐照、形变等，阵点原子获得足够能量离开平衡位置，留下空位，就产生了一个点缺陷——空位(Vacancy)；若该离位原子迁移到晶格间的空隙处，并停留在空隙处，就成为一个间隙原子，间隙原子是另一种点缺陷(Interstitial)；若离位原子迁移到金属表面，在金属内留下空位，则称这种缺陷为肖脱基(Schottky)缺陷(见图 2-12 a)。若该原子留在间隙中，形成空位-间隙对，则称之为弗兰克尔(Frankle)缺陷(见图 2-12 b)。

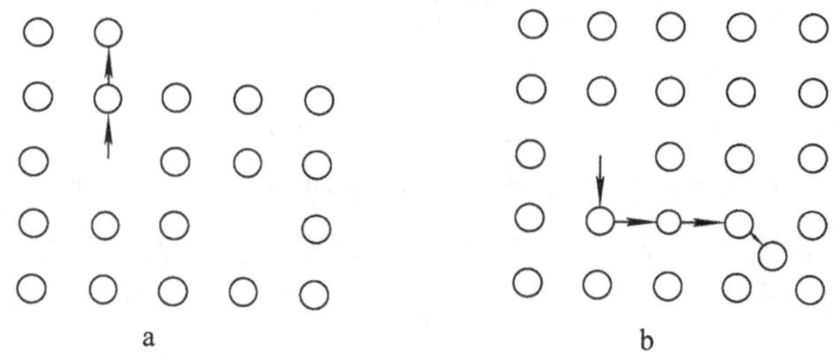

图 2-12 点缺陷

a. 肖脱基缺陷；b. 弗兰克尔缺陷

在空位和间隙原子周围，由于原子间的平衡遭到破坏，引起晶格畸变，产生应力场，从而使强度提高。

还有一些情况下，原子被其他原子所取代，如杂质原子或合金原子等，由于取代的原子与被取代的原子之间的大小不同，周围的原子会受到压应力或拉应力，发生一定的位移，造成晶格畸变，也形成点缺陷。合金中，合金元素的原子替代了原来金属原子占据的阵点，称为代位原子。由于代位原子的大小及原子价与原来的金属原子不同，它的周围会产生晶格畸变，造成强化（见图 2-13）。

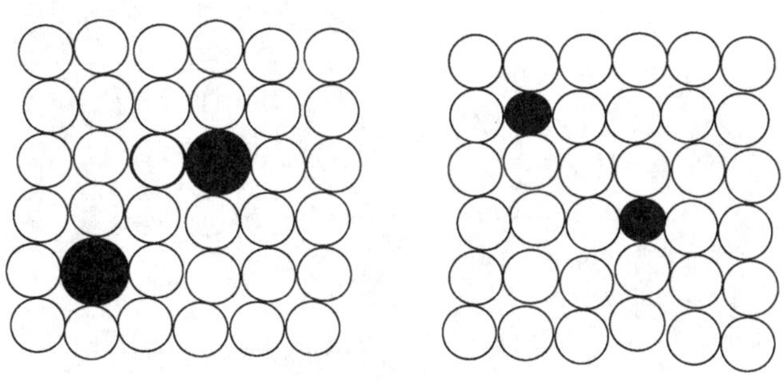

图 2-13 异类原子形成的点缺陷

如果外来的原子进入间隙，成为间隙原子（或杂质原子），这些都会使原子间的平衡遭到破坏，产生晶格畸变和应力场，因此点缺陷的存在会使材料形变阻力增大，造成材料的强化和脆化。

晶体内原子的热振动，能量是统计分布而呈现涨落的，具有足够高能量的原子有可能脱离正常结点位置，移到晶体表面、界面或点阵间隙位置上；高能粒子的辐照会使晶体中的原子获得巨大能量，使晶体中产生大量的空位和间隙原子。

晶体中的点缺陷处于不断的运动中，温度升高，缺陷的迁移速率会升高，缺陷的数量会增加。点缺陷对晶体的物理、化学和力学性能都有显著的影响。

2.1.3.2 线缺陷

线缺陷是在晶体的某一平面上，沿着某一方向向外延伸开的一种缺陷。这种缺陷在一个方向上的尺寸很大，而另两个方向的尺寸很短，因此称其为一维缺陷。这类缺陷的具体形式是各种类型的位错。

位错的特点是晶体的一部分相对于另一部分发生了原子的错排。位错的基本类型有两种：

（1）刃型位错

如图 2-14 a 所示，某晶面上下两部的原子面的排列数目不等，好像是沿着某个晶面插入了一个原子平面，但没有插到底，这样便形成了一个刃型位错。刃口处的原子列错排成为位错线。当多余的原子面在晶体上部，就成为正位错，以符号“⊥”表示，反之，称为负位错，以符号“⊤”表示。

（2）螺型位错

晶体上下两部分的原子排列面，在某些区域，上下吻合的次序发生错动，这样就造成了一个上下原子排列面不相吻合的地带，若将错动区的原子用线连接起来，则具有螺旋形特征，此过渡地带即为螺型位错（见图 2-14 b）。

位错和位错运动都可以在透射电子显微镜下观察到。金属在结晶、相变和受力条件下形成位错和位错运动，当位错运动受阻时，会造成位错塞积，甚至造成位错缠结等。观察位错运动时，需要在电镜上添加施力装置，对薄膜样品施力可以观察到位错运动。

在位错线附近，晶格发生很大的畸变，如图中所示的刃位错上部受压应力，下部受拉

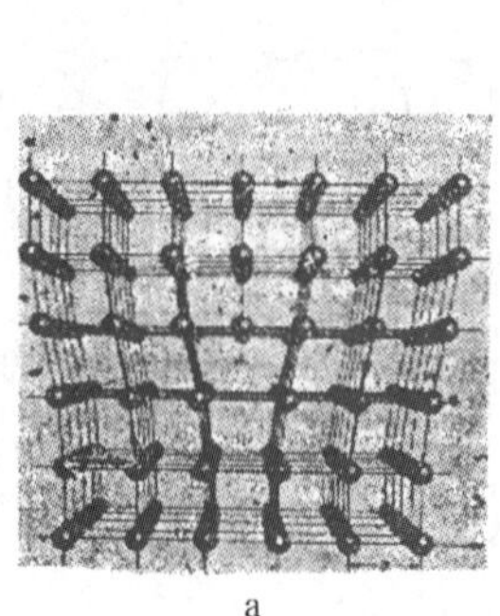

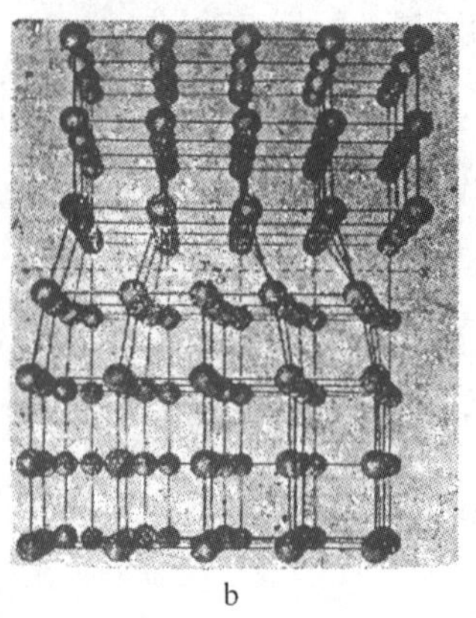

a b

图 2-14 位错

a. 刃型位错；b. 螺型位错

应力。位错是晶体中重要的缺陷，它的存在和运动对晶体的变形、强度和塑性有很大的影响。

晶体中位错的数量常用位错密度来表示。位错密度是指晶体中单位体积所包含的位错线总长度。金属中的位错密度与状态关系很大，如在退火状态下，位错密度为 $10^4 \sim 10^8\ cm^{-2}$ 数量级，而冷加工状态下可达 $10^{11} \sim 10^{12}\ cm^{-2}$ 数量级。

2.1.3.3 面缺陷

面缺陷（见图 2-15）是两个方向的尺寸很大，而第三个方向的尺寸很小的缺陷，称为二维缺陷。如晶界、亚晶界、相界、孪晶界、堆垛层错都是面缺陷。

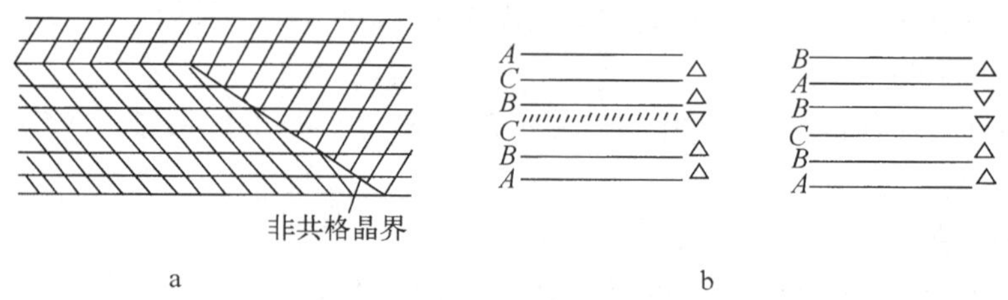

a b

图 2-15 面缺陷

a. 晶界；b. 层错

（1）晶界

在工程上使用的材料大多是由位相不同的晶粒组成的多晶体，相邻晶粒之间有一定的位相差，之间有一层厚度约 2～10 个原子间距的过渡层，此处的原子排列处于过渡状态，包括大量的空位、位错、杂质原子等。晶粒间位相差较小的晶界，成为小角晶界，由刃位错列构成；位相差大的晶界，结构复杂，称为大角度晶界。

（2）亚晶界

亚晶是指晶内的结构，晶粒由更小的晶块组成，晶块间的位相差很小，其界面为亚晶界，这种晶块常称亚晶或镶嵌块。

(3) 相界

相界是指材料中不同相的边界,如钢中存在着铁素体相和渗碳体相,钢是这两种相的组成物。这两种物相有不同的成分和结构,两者之间的界面称为相界。

(4) 孪晶界

孪晶界是指相邻两晶粒取向呈镜面对称的晶粒边界。在孪晶界面上的原子同时位于两个晶体点阵的结点上,为两部分晶体所共有(见图 2-16)。

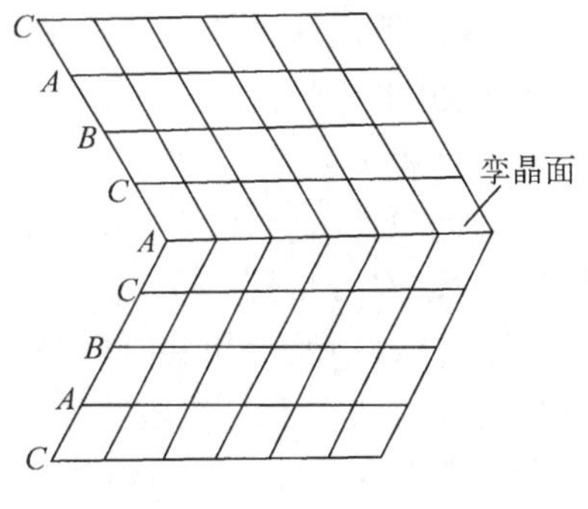

图 2-16　孪晶界

(5) 堆垛层错

是指原子排列的顺序发生了错误,正常的排列是

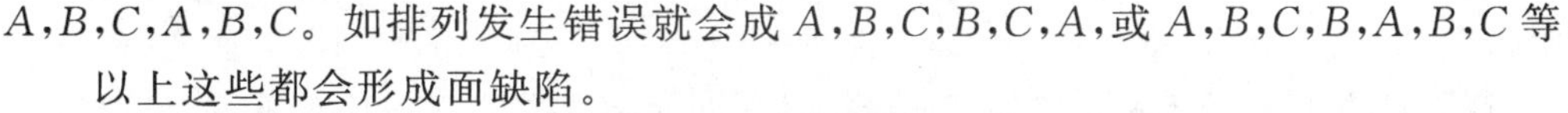
A,B,C,A,B,C。如排列发生错误就会成 A,B,C,B,C,A,或 A,B,C,B,A,B,C 等。

以上这些都会形成面缺陷。

2.2　二元合金相图

2.2.1　合金的构造

纯金属具有较高的导电、导热等性能,但它们的强度普遍较低,一般在工业上用途不大。而合金有较好的强度、硬度,根据不同的要求还可以通过合金化取得所要求的其他性能。因此工业上一般使用各种合金。

2.2.1.1　基本概念

学习这一节时,将会用到一些名词,常用的名词及它们的含义介绍如下。

(1) 合金

熔合两种或两种以上的金属或金属与非金属所得到的金属复合体称为合金。

(2) 组元

构成合金的最基本的化学个体称为组元,组元为二的称为二元,组元为三的称为三元。

(3) 相

金属或合金中具有同一成分,同一状态的均一组成,并以界面与其他部分分开的均匀组成部分称为相。

如有液相和固相。固相中又有固溶体相和化合物相等。铁碳合金中的铁素体和奥氏体是固溶体相;渗碳体是化合物相。可分别称为铁素体相、奥氏体相和渗碳体相。

(4) 组织

材料经过磨、抛、侵蚀后,在金相显微镜下可以看到的金属内部的微观形貌,称为显微组织,简称为组织。

组织由数量、形态、大小和分布方式不同的各种相组成。组织可以由单相组成,如纯铁的室温平衡组织,是单相铁素体。也可以由多相组成,如碳质量分数为 0.77%的铁碳合金(共析钢)的室温平衡组织是珠光体,它是由粗片状的铁素体相和细片状的渗碳体相相间组成的混合物,因此珠光体是组织的一种。严格意义上珠光体不能称为相,但有时也称其为珠光体相,其原因是如果把这种混合物作为一体来看的话,它有与其他组织明显的分界。

亚共析钢的平衡组织是由铁素体与珠光体组成的；而过共析钢的平衡组织是由珠光体与渗碳体组成的。

(5) 相变

由于温度，成分或压力的变化而导致金属或合金发生相的分解，相的合成或晶体结构的转变过程称为相变。

当材料中发生相变时(由一相转变为另一相时)，其化学成分，内部结构都发生突然的变化。例如，铁在不同的温度可出现四种相，即：α 相、γ 相，δ 相和液相。而在常温的铁碳合金系中，常由 α-Fe 的固溶体(铁素体)及化合物 Fe_3C(渗碳体)两种相所组成。

2.2.1.2 合金的结构

大多数情况下，当熔合两种金属时，形成单相液溶体，如 Cu-Ni，Pb-Sn，Au-Ag 等合金属于此类型。

两种金属在液态时形成不相融合的两个液溶体，即两相混合物。如比重不同，可以得到两个液体层。如 Pb-Zn，Cu-Pb，Al-Pb 等合金属于此类。

在极端的情况下，两种金属在液态下完全不相溶，将得到两个不相溶的液体层，每层实际上是纯金属。Fe 与 Pb 是属于此类的。

固态合金中的组元远比在液态时复杂，在不同的金属合金系中，所形成的结构是多种多样的。一般情况下，根据合金中组元的相互作用，可将合金的结构分成固溶体，化合物和两种晶体的混合物这三大类。

(1) 固溶体

在合金中，合金组元通过溶解，形成成分均匀的，晶体结构与其中之一组元相同的固相称为固溶体。

与固溶体结构相同的组元称为溶剂，一般在合金中含量较多；另一组元就称为溶质。如铁碳合金中的铁素体是碳溶于体心立方铁中所形成的，而奥氏体是碳溶于面心立方铁中所形成的。在这里，碳是溶质，铁是溶剂。

固溶体又可分为两类：间隙固溶体和置换固溶体。溶质进入溶剂晶格间隙的称为间隙固溶体，溶质取代溶剂晶格中结点原子的称为置换固溶体。如铁碳合金中的铁素体和奥氏体都是间隙固溶体；而铜锌合金形成的是置换固溶体。

若按溶质在溶剂中的溶解度来划分，可分为有限固溶体和无限固溶体；而按溶质原子在固溶体中的分布规律性分，又可分为有序固溶体和无序固溶体。

一般，组元的原子半径相仿、电化学特性相似，并且晶格类型相同的，容易形成置换固溶体，并有可能形成无限固溶体；组元的原子半径相差较大，容易形成间隙固溶体，并且一定是无序的。

(2) 化合物

合金组元相互作用，形成晶格类型和特性不同于任一组元的新相，称为中间相或化合物相。化合物又可以有正常价化合物(如 Mg_2Si)、电子化合物(如 Cu_5Al_3-ε 相)、间隙相(如 TiN)、无规则的化合物(如 Fe_3C)之分。

化合物相一般硬度高、性脆、熔点高。合金中含有化合物相时，强度、硬度、耐磨性提高；塑性、韧性下降。

(3) 混合物

许多合金，在结晶时析出两种不同晶体的混合物。晶体混合物可以由固溶体和固溶体混合而形成，也可以由固溶体和化合物混合而形成。

由均匀的液相同时结晶出来的两种晶体混合物(共晶组织)，或由一均匀的固溶体同时分解出来的两种晶体混合物(共析组织)，形成特有的粒状或层状结构。这类混合物由于结构细致，它们具有优良的力学性能。

2.2.2　合金相图简介

合金相图是用图解的方法表示合金系中合金的状态、温度和成分之间的关系。二元合金相图是指系统组元为二的，三元合金相图是指组元为三的。在这里只介绍简单的二元合金相图，即以温度为纵坐标，成分为横坐标来表示合金状态的图。从二元合金相图上可以知道各种成分的合金在不同温度有哪些相，以及温度变化时可能发生什么相的变化。在生产实践中，合金相图可以作为制定合金熔炼、锻造、热处理工艺的重要依据。

2.2.2.1　二元合金相图简介

(1) 匀晶相图

匀晶相图是两组元在液态、固态都完全互溶的合金相图，如图 2-17 所示。

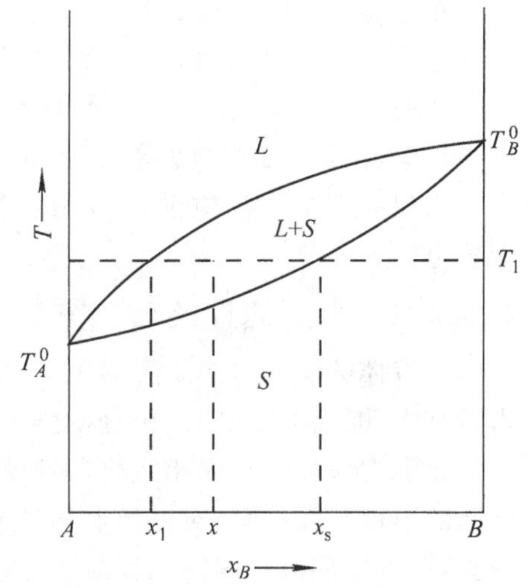

图 2-17　匀晶相图

图中纵坐标是温度，横坐标是成分，左边是 100%的 A 组元，右边是 100%的 B 组元，中间是不同成分组合的合金。从左到右，A 组元逐渐减少，B 组元逐渐增加。组元 A 的凝固(熔)点是 T_A^0，而组元 B 的凝固(熔)点是 T_B^0，它们之间的两条线，上面的是液相线，下面的是固相线。

液相线和固相线将相图划分为三个相区：液相区、固液两相区和固相区。在两相区，当成分一定的混合物随着温度的变化进入该区时，两相的平衡成分由连接液相线和固相线的水平横纹线的端点给出。如成分为 x 的混合物，在 T_1 温度下液相成分为 x_1，固相成分为 x_s。其相对量由杠杆法则确定，即：

$$m_l : m_s = (x_s - x) : (x - x_1)$$

式中，m_l 为液相质量，m_s 为固相质量。

(2) 共晶相图

共晶相图如图 2-18 所示。在共晶相图中，A 组元和 B 组元在液相中完全互溶，但在固相中部分互溶。形成固溶体 α 和 β。A 组元为溶剂，B 为溶质的为 α 固溶体，反之为 β 固溶体。图中有一根水平恒温线，它表示在该温度(共晶温度)下存在一个三相平衡反应，即液相、α 固溶体和 β 固溶体。该反应称为共晶反应，即：

$$\text{L} \longrightarrow \alpha + \beta(\text{冷却})；$$

L⟵α+β(加热)。

参加反应的L、α和β相的成分分别为x_e,x_α,x_β,e为共晶点。e点成分(x_e)的混合物冷却至共晶温度时,液相恒温分解为α和β相。

假如合金的成分是x,在凝固过程中首先析出的是β相,一直到共晶温度,剩余的液相成分为x_e,这部分液相恒温转变为α+β相。相对量由杠杆法则确定,即:

$$m_e : m_\beta = (x_\beta - x) : (x - x_e)$$

(3) 包晶相图

包晶相图如图2-19所示,图中的水平线代表的是包晶反应,即由一种液相和一种固相等温反应,生成另一种固相。图中,包晶反应可表示为:

$$L(x_p) + \alpha(x_a) \longrightarrow \beta(x_b) \quad (冷却)$$

$$L(x_p) + \alpha(x_a) \longleftarrow \beta(x_b) \quad (加热)$$

在包晶反应成分范围内(x_a—x_p),任意混合物的凝固过程为:析出初晶相α,直到包晶温度,余下的液相与初晶相α反应,在α与L的界面上生成β相。由于在反应过程中,β相包裹着α相,所以这种类型的反应称为包晶反应。反应前后各相的相对量由杠杆法则确定。

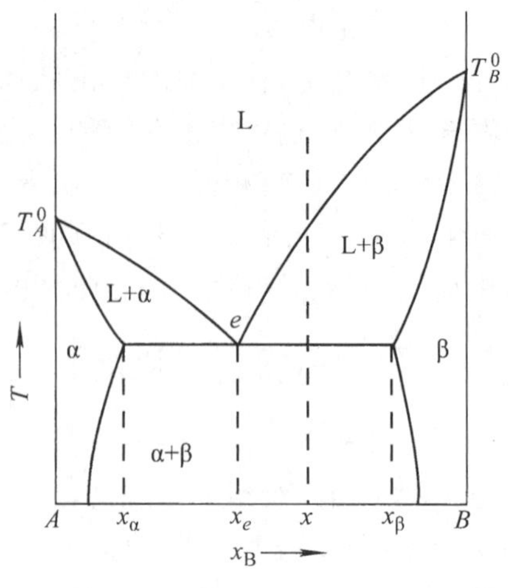

图2-18　共晶相图

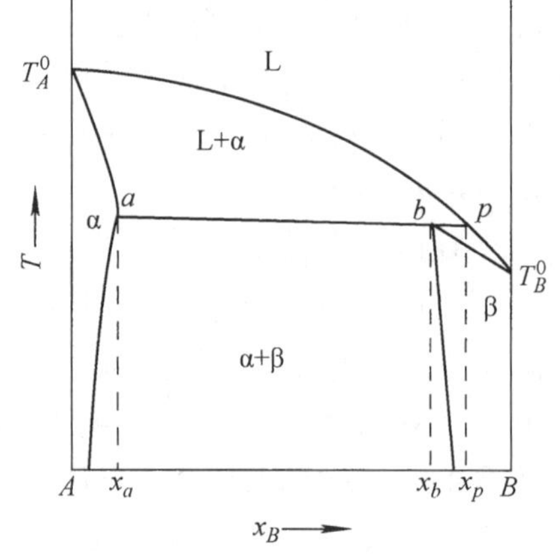

图2-19　包晶相图

2.2.2.2 合金的性能与相图的关系

固溶体的性能与溶质元素的溶入量有关,溶质溶入量越大,晶格畸变越大,合金的强度、硬度就越高。

相图中液相线与固相线之间距离越小,液态合金结晶的温度范围越窄,对浇铸和铸造质量越有利。合金的液相线与固相线之间的温度范围越大,形成枝晶偏析的倾向就越大,液体的流动性差,因为先结晶出的树枝晶会阻碍未结晶液体的流动,增加分散缩孔。因此铸造合金常选共晶或接近共晶成分。

单相合金的锻造性能好,合金为单相组织时变形抗力小、变形均匀、不易开裂。双相组织的合金变形能力差些,特别是组织中存在有较多化合物相时更甚,因为化合物相都很脆。

2.2.3 铁碳合金相图

铁碳合金相图(见图2-20)是研究钢铁性能和组织形态的基础。对钢铁材料的热加工、热处理工艺的制定具有重要的指导意义。

碳原子溶于α铁(BCC结构)形成的固溶体称为铁素体,溶于γ铁(FCC结构)形成的固溶体称为奥氏体。碳含量超过限度后,剩余的碳可以渗碳体或石墨的形式存在。

在通常情况下,铁碳合金是按Fe-Fe_3C系进行转变。Fe_3C实际上是一个亚稳定相,在一定条件下可以分解为铁固溶体和石墨。在这里研究的铁碳合金相图实际上是铁—渗

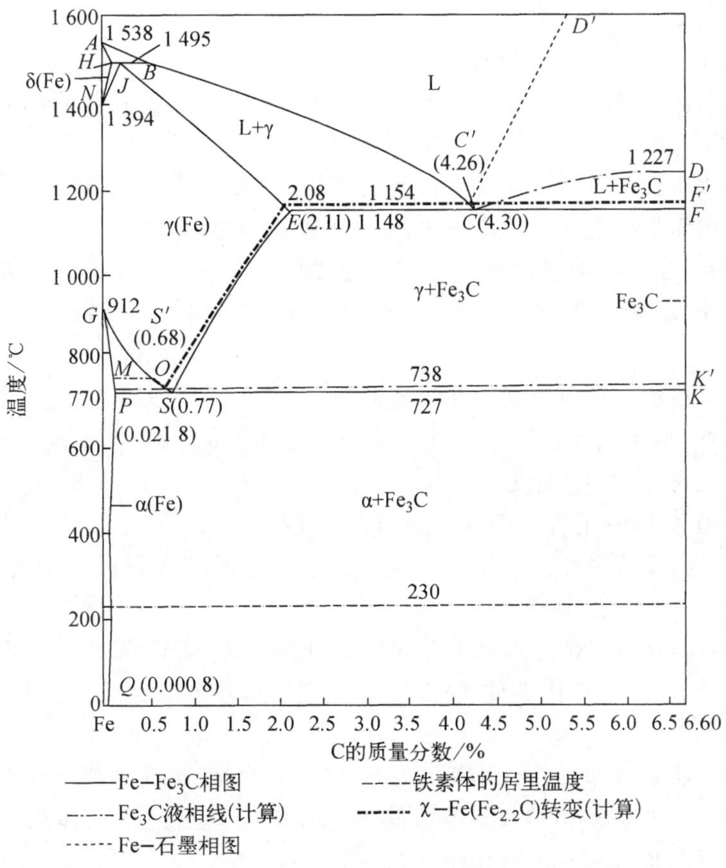

图 2-20　铁碳合金相图

碳体相图。

(1) 铁碳合金相图的组元

其相图的组元是：

1) Fe 熔点(凝固点)1 538 ℃；

2) Fe_3C。

(2) 铁碳合金相图中的相

其相图中的相是：

1) 液相 L；

2) δ 相——高温铁素体，BCC 结构，1 394 ℃以上存在，1 495 ℃时容碳量最大(0.09%)；

3) α 相——铁素体，BCC 结构，室温时的容碳量很小(0.000 8%)，600 ℃时为 0.008%，727 ℃时容碳量最大(0.021 8%)，铁素体的性能特点是强度低，硬度低，塑性好；

4) γ 相——奥氏体，FCC 结构，奥氏体中碳的固溶度较大，1 148 ℃时容碳量最大(2.11%)，奥氏体的性能特点是强度较低，硬度不高，易于塑性变形。

5) Fe_3C 相——具有复杂结构的间隙化合物，通常称渗碳体。其性能特点是硬而脆。根据生成条件不同，渗碳体有条状、网状、片状、粒状，对铁碳合金的机械性能有很大的影响。

(3) $Fe\text{-}Fe_3C$ 相图

对其相图(见图 2-20)可以分析如下：

ABCD 为液相线，*AHJECF* 为固相线。整个相图主要有包晶、共晶和共析三个恒温转变所组成：

1) 在 *HJB* 水平线(1 495 ℃)发生包晶转变：$L_B + \delta_H \longrightarrow \gamma_J$。转变的产物是奥氏体。此转变仅发生在碳质量分数为 0.09%～0.53%的铁碳合金中。

2) 在 *ECF* 水平线(1 148 ℃)发生共晶转变：$L_C \longrightarrow \gamma_E + Fe_3C$，转变产物是奥氏体和渗碳体的机械混合物，称为莱氏体。碳质量分数为 2.11%～6.69%的铁碳合金都发生这个转变。

3) 在 *PSK* 水平线(727 ℃)发生共析转变：$\gamma_S \longrightarrow \alpha_P + Fe_3C$。转变产物是铁素体和渗碳体的机械混合物，称为珠光体。所有碳质量分数超过 0.021 8%的铁碳合金都发生这种转变。共析转变温度常标为 A_1 温度。

此外，$Fe\text{-}Fe_3C$ 相图中还有三条重要的固态转变线：

1) *GS* 线——奥氏体中开始析出铁素体或铁素体全部溶入奥氏体的转变线，常称此温度为 A_3 温度。

2) *ES* 线——碳在奥氏体中的溶解限度线。此温度常称 A_m 温度。低于此温度时，奥氏体中将析出渗碳体，称为二次渗碳体 Fe_3C_{II}，以区别于从液体中经 *CD* 线析出的一次渗碳体 Fe_3C_{I}。

3) *PQ* 线——碳在铁素体中的溶解度线。在 727 ℃时，碳在铁素体中的最大溶解度为 0.021 8%，600 ℃时降为 0.008%，室温时降至 0.000 8%，因此铁素体从 727 ℃冷却下来时，也将析出渗碳体，称为三次渗碳体 Fe_3C_{III}。

图中 *MO* 线(770 ℃)表示铁素体的磁性转变温度，常称为 A_2 温度。230 ℃水平线表示渗碳体的磁性转变。

升温过程的变化必须有过热度才能发生；降温过程的变化必须有过冷度才能发生，分别用“c”和“r”来表示。即：Ac_1，Ac_3，Ac_m 表示升温临界值，Ar_1，Ar_3，Ar_m 表示降温临界值。

根据铁碳相图，铁碳合金可分为三类：

1) 工业纯铁-碳质量分数≤0.008%；

2) 钢-碳质量分数在 0.008%～2.11%：

亚共析钢(0.008%～0.77%)

共析钢(0.77%)

过共析钢(0.77%～2.11%)

3) 白口铸铁-碳质量分数在 2.11%～6.69%：

亚共晶白口铸铁(2.11%～4.3%)

共晶白口铸铁(4.3%)

过共晶白口铸铁(4.3%～6.69%)

2.2.4 金属及合金的塑性变形

工业用的金属和合金都是由许多晶粒组成的。要想了解多晶体的塑性变形的实质，必须先了解单晶体的塑性形变过程。研究证明单晶体在外力作用下的形变与多晶体的规律是相同的。它们的塑性形变是通过滑移和孪生这两种方法实现的。

2.2.4.1　单晶体的塑性变形

（1）滑移

单晶体的滑移是晶体在切应力作用下，当外力超过金属的弹性极限时，晶体的一部分沿一定的晶面（滑移面）上的一定的方向（滑移方向）相对于另一部分发生相对位移，这种现象称为滑移（见图 2-21）。滑移是通过位错运动进行的。

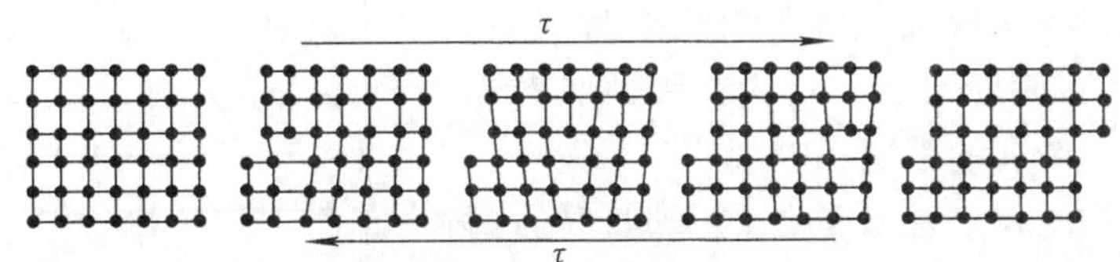

图 2-21　位错运动造成的滑移

滑移一般发生在原子排列最紧密的晶面（滑移面）上，并沿原子排列最紧密的方向（滑移方向）进行。因为密排面与非密排面相比，面间距较大，结合力相应的较小，滑移所需能量小；密排方向与非密排方向相比，原子间距小，原子从一个平衡位置到下一个平衡位置所需的能量小。

一个滑移面与其上的一个滑移方向组成一个滑移系。材料的滑移系越多，材料的滑移途径越多，塑性也越好，其中滑移方向对滑移所起的作用更大些。

体心立方的滑移面为{110}×6，滑移方向〈111〉×2，有 12 个滑移系；

面心立方的滑移面为{111}×4，滑移方向〈110〉×3，有 12 个滑移系；

密排六方的滑移面为{0001}，滑移方向〈1120〉×3，有 3 个滑移系（见图 2-22）。

面心立方金属和体心立方金属的滑移系多于密排六方金属，所以它们的塑性比密排六方金属好；面心立方金属的滑移方向多于体心立方金属，因此面心立方金属的塑性更好些。

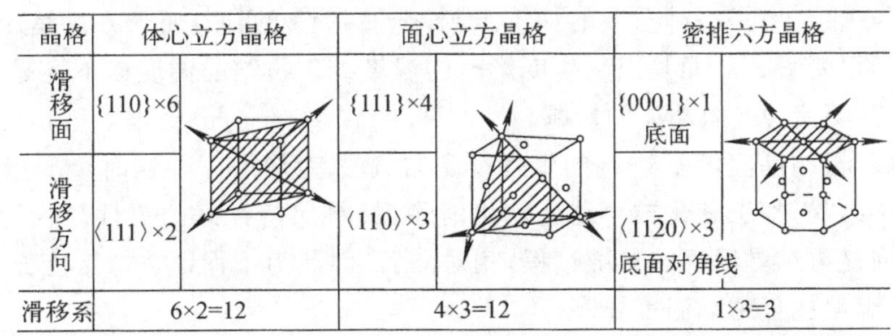

晶格	体心立方晶格	面心立方晶格	密排六方晶格
滑移面	{110}×6	{111}×4	{0001}×1 底面
滑移方向	〈111〉×2	〈110〉×3	〈11$\bar{2}$0〉×3 底面对角线
滑移系	6×2=12	4×3=12	1×3=3

图 2-22　滑移系

（2）孪生

在切应力作用下晶体的一部分相对于另一部分沿一定晶面（孪生面）和晶向（孪生方向）发生切变的变形过程称为孪生。发生切变和位向改变的这一部分晶体称为孪晶。孪晶与未变形部分晶体原子分布形成对称。孪生所需的临界切应力比滑移的大得多，孪生只在滑移很难进行的情况下发生。滑移系较少的密排六方晶格金属，如锆、镁、锌、镉比较容易发生孪生，孪生发生时，孪晶中每层原子沿孪生方向的位移是原子间距的分数倍(见图 2-23)。

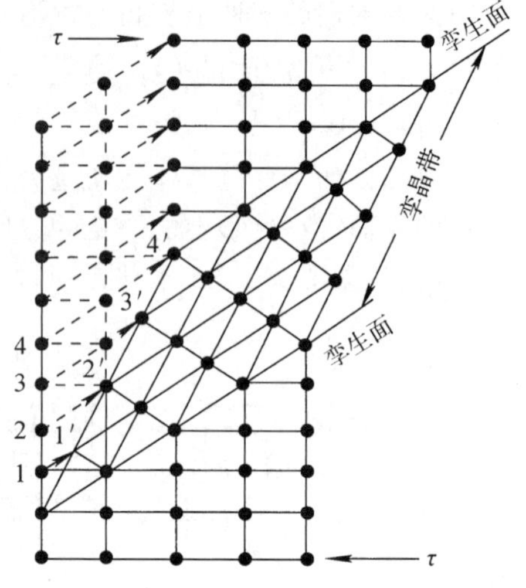

图 2-23 孪晶中的晶格位向变化

2.2.4.2 多晶体的塑性变形

多晶体和单晶体的差别是存在着大量不同位向的晶粒(小单晶体)，晶粒之间存在晶界，晶界上原子排列不规则。在室温或低温下发生变形时，晶界会阻碍位错运动，使变形抗力增大。因此晶粒越细，变形抗力越大，金属的强度也越大。

又由于多晶体中每个晶粒的位向不同，受力时有些晶粒的滑移面和滑移方向接近于最大切应力方向，称这些晶粒处于软位向，反之，即晶粒的滑移面和滑移方向与最大切应力方向相差较大，晶粒处于硬位向。在发生滑移时，处于软位向的晶粒首先发生滑移，当位错受阻在晶界堆积时，那些处于其他位向的晶粒才分批、逐步地发生滑移。由于晶粒是分批逐步地变形的，因此多晶体晶粒越细，金属变形越分散，金属的塑性就越高。

金属发生塑性变形时，晶粒沿形变方向被拉长或压扁，形成纤维组织；金属经大的塑性变形时，晶粒分化成许多位向略有不同的小晶块，产生亚晶粒；金属塑性变形到很大程度(70%以上)时，晶粒发生转动，使各晶粒的位向趋于一致，形成择优取向，这种有序化的结构叫织构。

因此，金属发生塑性变形，随变形量的增加，金属的强度、硬度升高，塑性、韧性下降。这种现象称为加工硬化或形变强化。由于形成纤维组织和织构，使金属产生各向异性，尤其在密排六方结构的金属中，产生明显的各向异性，这种各向异性不能用热处理的方法消除。

2.2.4.3 热加工与冷加工

塑性变形在生产中是一种重要的加工工艺，金属塑性变形的加工方法是冷加工还是热加工不是以是否加热来分，而是以发生变形时的温度处于再结晶温度以下还是以上来分。

(1) 热加工及其对组织性能的影响

金属在高于再结晶温度下进行的塑性变形加工称为热加工。这时金属发生塑性变形后，随即发生再结晶，加工硬化被再结晶软化消除，材料保持良好的塑性。因为加工硬化与变形同步，而回复再结晶属于热扩散过程，相对滞后，因此为了保证热加工能充分进行，实际采用的热加工温度比再结晶温度要高。

热加工能消除铸态金属中的气孔、疏松、微裂纹，提高金属致密度，消除枝晶间偏析，改善夹杂物、第二相分布等，因此可以明显提高机械性能，尤其提高材料的韧性。

(2) 冷加工及其对组织性能的影响

金属在再结晶温度以下进行的塑性变形加工称为冷加工。冷加工后金属中的晶粒发生较大的变化，晶粒被拉长、压扁，有的发生破碎，到一定的程度就不能再继续加工，如需要继续变形的话，就要进行再结晶退火，恢复塑性、韧性后才能进一步加工。经过冷加工，金属材料的强度、硬度增加，塑性、韧性下降。因此冷加工也是一种重要的强化手段。冷变形材料在加热时组织会得以回复，再结晶，如温度太高或时间过长，会发生晶粒长大现象。

2.2.5　钢的热处理

热处理是将固态金属在一定介质中加热到一定的温度、并在这个温度下保持一定的时间，然后以一定的冷却方式冷却下来，从而改变金属工件整体或表面组织，获取所需性能的工艺。

各种金属的热处理能否进行，可以进行哪种热处理，热处理的工艺如何掌握，热处理后预期的性能会怎样？都可以依据相图以及其他有关图表查到。

钢的热处理是运用不同的加热和冷却手段，通过改变钢的内部组织结构，来改善钢的加工工艺性能或使用性能。热处理可以显著改善钢的机械性能，从而增加材料的强度并延长其使用寿命。

根据加热和冷却的方法不同，热处理可以分成很多种类。普通热处理方法有回复，再结晶，退火，正火，淬火，回火，调质处理，固溶，时效，表面热处理等，以下分别予以介绍。

(1) 回复(去应力退火)

经过冷加工的金属在较低的温度下加热，会有回复现象，工业上常利用回复过程对材料进行去应力退火。

一般在再结晶开始温度(T_1)以下加热。以消除内应力，减少晶格畸变。此时强度、硬度保持不变，塑性上升，应力消除明显。回复温度在熔点温度(绝对温标)的 0.25～0.3。由于加热温度不高，晶粒仍保持变形后的形态，显微组织不发生明显变化，只是晶粒内部缺陷通过移动、复合而大大减少，此时内应力大为降低，因此这种退火也称为去应力退火(见图 2-24)。

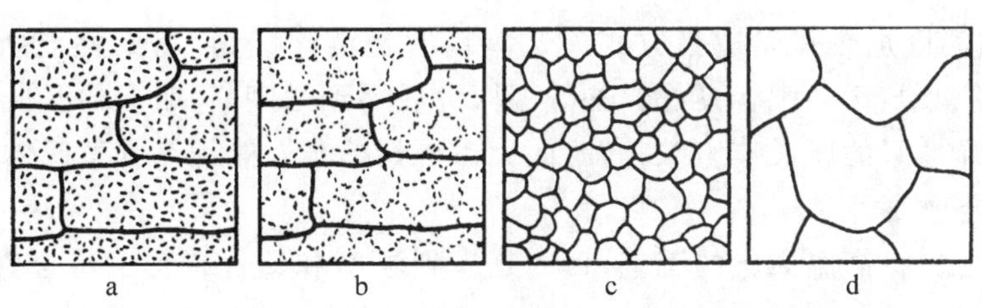

图 2-24　冷变形材料在加热时的组织示意图

a. 冷变形态；b. 回复；c. 再结晶；d. 晶粒长大

(2) 再结晶

再结晶：在 $T_1 \sim T_2$(再结晶完成温度)加热。消除加工硬化，降低硬度，提高塑性，为再加工作准备。最低再结晶温度为 $0.4T_{熔}$，而实际用$(0.5 \sim 0.7)T_{熔}$ 因为金属中的杂质和合金元素会阻碍原子扩散和晶界迁移。

再结晶温度在熔点温度(绝对温标)的 0.35～0.4。再结晶的温度是一个温度范围，一般所说的再结晶温度是最低再结晶温度，通常用经大的变形量(70%以上)冷塑性变形的金属，1 h 加热后能完全再结晶的最低温度来表示。

由于加热温度较高，原子扩散能力较大，被拉长的、破碎的晶粒通过重新生核、长大，变成新的均匀、细小的等轴晶粒。这时金属的强度硬度明显降低，塑性韧性大大提高，加工硬化被消除，内应力消失，材料的物理化学性能得到恢复。

再结晶后晶粒的大小主要与加热温度和预先变形度有关。加热温度越高，原子扩散能力越强，晶粒长大也越快。

变形度对再结晶后的晶粒大小也有影响。变形度的影响较复杂，变形度很小时，晶粒不变；变形度达到 2%～10%时，金属中少数晶粒变形，变形不均匀，再结晶时生成的晶核少晶粒大小差别极大，有利于发生晶粒吞并，结果得到极粗大的晶粒；使晶粒发生异常长大的变形度称为临界变形度，超过临界变形度后，随变形度的增大，晶粒变形变得强烈和均匀，再结晶核心越来越多，晶粒变得越来越细小；但如变形度过大（超过 90%），晶粒可能再次异常长大，一般认为是由形变织构造成的。

(3) 退火

加热到临界点以上（如亚共析钢加热到 Ac_3 以上 30～50 ℃），然后保温一段时间再缓慢冷却（一般随炉冷却），得到接近平衡状态的组织的热处理过程称为退火。退火的目的是消除热加工缺陷，消除偏析或软化材料，为下一工序做准备。

(4) 正火（常化）

加热到临界点（Ac_3 或 Ac_m）以上 40～60 ℃，然后保温，得到完全奥氏体组织并均匀化，再在静止的空气中冷却。正火的目的是使组织均匀化，细化，以改善合金的强度和韧性。

(5) 淬火

加热到临界点（Ac_3 或 Ac_1）之上 30～50 ℃，保温一段时间，再急冷（淬入水中或油中，使之发生马氏体相变）。淬火的目的是获得马氏体组织，再经不同温度回火后得到所要求的性能。

(6) 回火

在 A_1 以下温度加热并以适当方式冷却。目的是消除应力，得到性能所需要的相应组织，使钢的强度和塑、韧性配合良好。如低温回火后得到强度高、耐磨的回火马氏体组织；中温回火后得到弹性好的屈氏体组织；高温回火后得到综合性能优良的索氏体组织等。

(7) 调质处理

是淬火以后进行高温回火的工艺，目的是得到强度和塑性皆佳的综合性能。由于这种处理可以得到优良的综合性能，因此被广泛使用，同时获得了这个专用名。

(8) 固溶处理

在有色金属（如铝合金）或不发生相变的材料（如奥氏体不锈钢）中。进行类似淬火的工艺，即在高温下保温一段时间，让第二相完全溶入固溶体中，再急冷下来，这种热处理工艺称为固溶处理。固溶处理的目的是得到过饱和固溶体，为时效或沉淀硬化创造条件。

(9) 时效

是在一定温度下保持一定的时间（类似回火），使经固溶处理后的材料中均匀弥散地析出第二相，以获得我们所需性能的一种热处理。有时固溶后的材料即使不进行时效处理，搁置一段时间，也会析出第二相，这种过程叫自然时效。材料在自然时效的过程中性能也会发生变化，但这种变化是不可控的。因此一般对这种材料固溶后要及时进行人工时效。

（10）表面热处理

表面热处理可分为表面淬火和化学热处理。表面淬火，如感应加热表面淬火或火焰加热表面淬火；化学热处理又可细分为：渗碳、渗氮、碳氮共渗（氰化）、渗铝、渗硼等。表面热处理的目的是得到耐磨、耐腐蚀等的表面。

2.3　材料的常见缺陷

在金属材料中常见的缺陷有偏析、夹杂、疏松、折叠、白点、过热、过烧等。下面作简单介绍。

1）偏析：偏析是材料中化学成分分布不均匀的总称。是材料由液相凝固或固态相变而引起的多组元体系成分分布的不均匀现象。如在凝固的过程中，由于枝晶的生长，把熔点低的元素推向未凝固的液相区，使最后凝固部分的化学成分与先凝固部分的不相同。这种缺陷可以通过控制凝固过程和均匀化扩散退火来消除。

2）非金属夹杂：钢中非金属夹杂主要有硫化物、氧化物、硅酸盐等。这些夹杂物的大小和分布对钢的使用性能和热处理工艺都有很大的影响，因此必须加以关注。

3）疏松：疏松为组织不致密的细小空隙，它是在钢液凝固时体积收缩形成的晶间空隙或释放气体所形成的。疏松使材料强度显著降低，有很大的危害性。轻微的疏松可以经热加工得到改善，但严重的会在热加工中（如锻造）形成开裂。

4）折叠：沿轧制方向与材料表面有一定倾斜角，近似裂纹的缺陷称为折叠。折叠一般呈直线状，也有的呈锯齿状出现，深浅不一，内有氧化皮或脱碳现象。有折叠的材料在锻造时容易沿折叠处开裂。折叠产生的原因是在轧制的某一道工序中出现“耳子”，再轧时压成折叠。

5）白点：白点是在横向酸浸试片上有不同长度细小的发纹，呈放射状或不规则状排列，但距表面均有一定距离。在横向试片上观察为锯齿状发纹，并与轧制方向呈一定的角度。在纵向断口上，随白点形成条件和折断面的不同，表现出圆形或椭圆形银白色斑点（见图 2-25）。白点是由于钢中含氢及冷却时缓冷不好，氢在钢中聚集、析出形成的。白点对钢材危害性很大，是不允许有的缺陷。白点在未形成之前可以通过扩散退火去氢以防止白点的形成。

图 2-25　白点

6）过热：为热处理缺陷。表现为奥氏体晶粒显著长大，有魏氏组织（铁素体以粗大的针状或网状形式沿一定晶面方向析出的组织形态）出现等（见图 2-26）。

7）过烧：晶界局部熔化，有铸态组织出现或由低熔点共晶出现等。

8）织构：多晶体塑性变形时，由于晶粒的转动和再结晶或材料在凝固时的定向结晶等而产生的晶粒位相趋于一致的组织叫织构，也称择优趋向。

9）缩管残余：钢锭在浇注时，钢液在凝固过程中，由于体积收缩而形成的孔洞，一般都集中在钢锭的上部，这是凝固结晶中不可避免的现象。正常情况下，缩孔在冒口切除时可以除去，但如切头量过少，就会使部分缩孔仍存在与钢锭中，成为缩管残余（见图 2-27）。缩管残余往往形成裂纹，使产品报废。

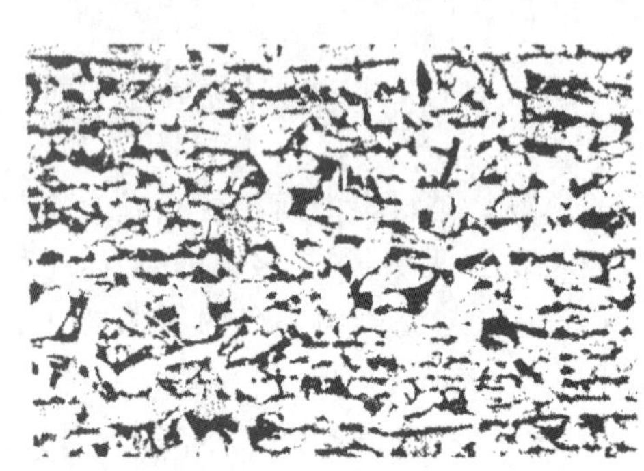

图 2-26 低碳钢过热组织

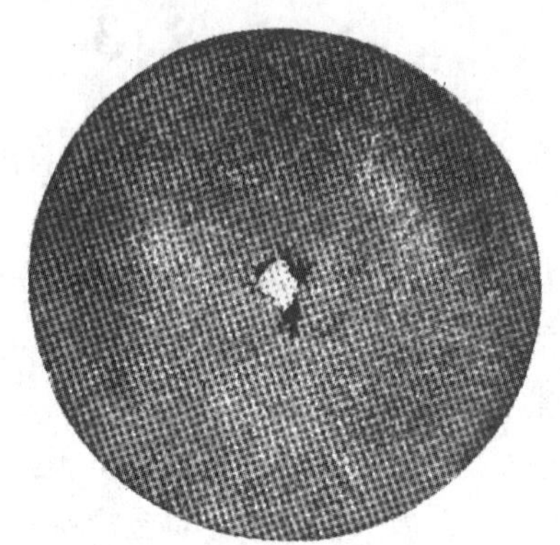

图 2-27 缩孔

10）板材分层：板材沿轧制方向出现严重的裂缝或开裂，有明显的结构分离，有些可以分离成多层，严重地破坏了金属的连续性。

11）脱碳：钢材在热加工时，因表面氧化失去全部或部分碳量，或在回路中由于液态金属冷却剂的储运（质量迁移），而造成钢材表面含碳量比心部含碳量降低，成为脱碳层。

12）渗碳：钢材在加热时，由于油嘴雾化不良，油燃烧不完全，产生大量活性炭，渗入工件，或在回路中由于液态金属冷却剂的储运（质量迁移），而造成钢材表面含碳量比心部含碳量增高而成为渗碳层。

复习题

1. 金属的典型晶胞有哪几种？各有什么特征参数？请举例说明。
2. 假设某种钢所含的碳质量分数是 0.20%，从高温液态，冷却到室温，会经历哪几次相变？这种钢的室温平衡组织是什么？
3. 什么是钢的调质处理？进行调质处理的目的是什么？
4. 试叙述热加工和热处理的异同点。它们分别要解决材料的什么问题？
5. 举例说明材料的化学组成、组织和性能之间的关系。
6. 试问材料的主要常见缺陷有哪些？简述它们的产生过程和害处。

第3章　材料的性能

这一章将讨论材料的各种实用性能并了解性能对材料应用的影响。本章的内容是根据操纵员考试大纲要求而编制的。这些性能与核电厂材料的关系密切，有些性能的好坏直接影响核电厂的安全。

3.1　材料的物理性能

材料的物理性能(Physical Properties)有很多，在这里仅介绍一些与材料的堆内性能有关的密度和热物理性能。

3.1.1　密度

材料的密度(Density)定义为每单位体积所具有的质量，即材料的质量与其体积之比。密度的常用符号为"ρ"，其单位为 $Mg \cdot m^{-3}$。

金属及陶瓷体的晶体是由晶胞紧密堆垛而成的，知道晶胞的质量和体积就可以计算它们的理论密度，如公式3-1。表3-1中所列是一些常用金属和二氧化铀燃料的理论密度。核电厂使用的燃料的密度常用理论密度的百分数来表示，如压水堆燃料的密度是理论密度的93%～95%，常用93%～95%TD来表示。

晶体材料的体积及体积随温度的变化与它们的晶体结构有关，因此密度的变化也与晶体结构有关。密度由元素的原子质量和晶体结构所占的体积所决定。材料的理论密度由下式计算：

$$\rho_{th} = \frac{\text{晶胞原子数} \times \text{相对原子质量}}{\text{晶胞体积} \times \text{阿伏伽德罗常数}} \tag{3-1}$$

表3-1　常用核材料的室温理论密度

材　料	$\rho_{th}/(Mg \cdot m^{-3})$	晶体结构	材　料	$\rho_{th}/(Mg \cdot m^{-3})$	晶体结构
Li(3)	0.534	体心立方	Zr(40)	6.505	密排六方
U(92)	19.06	正交晶系	Nb(41)	8.57	体心立方
Pu(94)	19.86	单斜晶系	UO_2	10.97	面心立方
Be(4)	1.848	六方晶系			

材料的实际密度由于缺陷和气孔等的存在，比理论密度小一些。因此实际金属的密度应该通过测量确定。密度测量一般采用排水法测定。

金属和合金在发生相变时，密度也会发生相应的变化，如铁在加热过程中发生同素异构转变，由体心立方的铁素体转变为面心立方的奥氏体，密度会发生变化；加工工艺也会影响密度的变化，如金属的铸件经过冷、热加工后密度会增加，这是由于铸件中的孔隙、气泡、疏松等在压力加工下固结所致；而致密的金属在大压缩比下冷加工时密度会减小，这是由于冷加工使空间点阵发生畸变，导致金属内部的空位和位错密度增加所致；金属材料在热处理后得到不同的组织结构，密度随组织变化而有所变化，如钢淬火后得到马氏体组织，密度减小。因此实际密度要通过测定来得到，尤其是反应堆材料，核燃料在堆内经过裂变、迁移、肿胀等一系列变化，密度会发生很大变化；包壳和其他结构材料在辐照下也会发生肿胀等导致密度发生变化。

3.1.2 熔点

固体材料由固态向液态转变时，固、液两相共存时的恒定温度称为该材料的熔融温度，也称熔点(Melting Point)。通常把在一个大气压下的熔点称为该材料的熔点。

熔点的严格定义是：当结晶物质加热到一定温度时，从固态转变为液态，在其蒸气压力下，固态和液态保持平衡时的温度即为该物质的熔点。

晶体有固定的熔点，在熔融过程中温度保持恒定，自初熔到全熔，温度不超过 0.5～1 ℃；而非晶体没有固定的熔点，在熔融的过程中，从软化到熔融温度不断升高。

合金的熔点一般低于组成合金的纯金属的熔点，共晶成分的合金熔点是最低的，钎焊就是利用这个特点可以把两种不同的金属焊接在一起；陶瓷有很高的熔点。

对核电厂来说，核燃料的熔点高低对燃料元件设计是非常重要的参数(见表 3-2)，由于在堆内铀原子发生裂变释放了氧原子，燃料中的氧/铀比的变化又会对熔点发生影响，因此对燃料堆内性能的研究中，熔点的变化也是与反应堆安全相关的一个重要课题。

表 3-2 常用材料的熔点 K

金属	Li	Be	Na	Mg	Al	Bi	Cr	Fe	Co	Ni	U
熔点	459	1 553	370.7	923	933.2	544	2 163	1 812	1 768	1 728	1 406
金属	Zr	Nb	Mo	Cd	Ag	In	Sn	Te	Cs	Hf	Pb
熔点	2 403	2 668	2 898	593.9	1 233.5	429.4	504.9	723	301	1 973	600.4
陶瓷	UO_2	UC	UN	ThO_2	B_4C						
熔点	3 138	2 653	3 123	2 023	2 648						

3.1.3 比热容

物体吸收热量后温度就要发生变化。任何一个物体，每升高一度所需要的热量称为该物体的热容，单位为焦耳/开(J/K)；单位质量物体每升高一度所需的热量称为比热容(Specific Thermal Capacitance)C，单位为焦耳/(千克·开)[J/(kg·K)]。

$$C=\frac{1}{m}\lim_{\Delta T\to 0}\frac{\Delta Q}{\Delta T}=\frac{1}{m}\frac{\mathrm{d}Q}{\mathrm{d}T} \tag{3-2}$$

比热容对堆芯部件的温度计算非常重要，是设计反应堆的重要参数。

3.1.4 导热系数

当两个不同的物体相互接触，或同一物体的两个不同区域间产生温差时，热能将从高温处向低温处传递，以求达到平衡。对金属来说，这种热能的传递，主要靠自由电子的扩散作用。

导热系数(Thermal Conductivity)是测量热流通过材料速率的物理量。物质的热传导过程就是能量的输运过程，在固体中，能量载运者可以是自由电子、晶格振动波(声子)和电磁辐射(光子)。因此固体导热包括电子导热、声子导热和光子导热。在绝缘体内几乎只存在声子导热一种形式；对纯金属来说，电子导热是主要的传热机制；在合金中，除了电子导热外，晶格导热也起一定作用。核燃料二氧化铀的导热是由声子和电子两部分构成的。

考虑一个横截面均匀的细长样品，在相距 ΔL 的两平行截面间保持温度差 $\Delta T = t_1 - t_2$，并且 $t_1 > t_2$(如图 3-1 所示)，则热能将从高温处流向低温处，若横截面为 A，在时间 τ 内流过的热量为 Q，则：

$$Q = KA(\Delta T/\Delta L)\tau \tag{3-3}$$

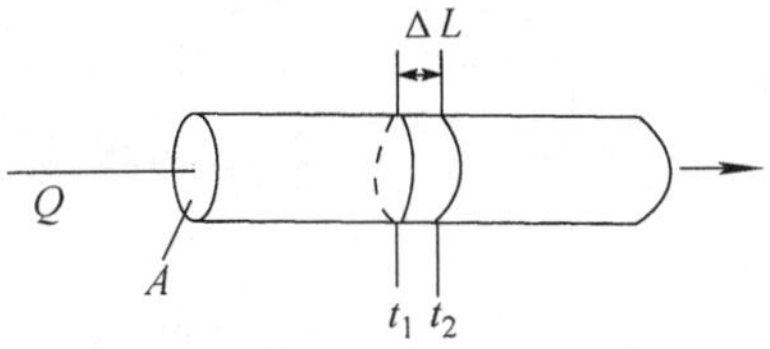

ΔL　Q　A　t_1 t_2

图 3-1　导热传导示意图

K 为常数，与材料的性质有关，它称为该材料的导热系数，也叫热导率，通常以希腊字母 λ 表示。实际上它是在单位温度梯度($\Delta T/\Delta L$)时，在每单位时间内流过单位横截面积的热量，其单位 W/(m·K)[瓦/(米·开)]。

热导率与材料中的气孔率有关。气孔率增加，材料的密度减小，热导率下降。因此二氧化铀燃料的密度与它的热导率呈正比。

材料的热导率不是一个固定值，热导率随温度会有变化。金属的热导率随温度变化不大，一般说纯金属的热导率随温度升高而降低，合金的热导率随温度的升高而升高，某些合金的热导率保持不变(见表 3-3)。

核电厂中所用燃料二氧化铀的热导率与氧/铀比、燃耗和温度有关。

热导率低的材料在加热和冷却时会产生较大的热应力，核燃料的热导率低，核反应生成的热量传导不出来，会导致中心部温度的升高，在燃料中形成大的温度梯度，造成燃料在堆内环境下的开裂、重结构等一系列变化。

高的热导率和高的电导率一样，是金属的特征。具有较明显金属特性的低价金属有较高的热导率。热导率与电导率之间存在一定的关系：

$$\lambda/\sigma T = L = 2.44 \times 10^{-8}\ \mathrm{W \cdot \Omega \cdot K^{-2}} \tag{3-4}$$

式中：

λ——W/(m·K)；

σ——1/(Ω·m)。

$L \cong 2.44 \times 10^{-8}\ \mathrm{W\Omega/K^2}$(劳仑兹常数)。

表 3-3　常用金属和合金的热导率　W/(m·K)

金属	Na	K	Be	Mg	Al	Ta	Fe	Co	Ni	Cu	Ag
λ	140	100	160	172	226	55	94	70	62	392	415
材料	Cd	Ti	Sn	Pb	Bi	Sb	Zr	U	UO_2	碳钢	18-8S. S
λ	98	51	66	35	10	19	23.7(473 K)	25(RT)	8.4(RT)	63.3～80.4	16.0～22.1

3.1.5 热膨胀

加热时相邻原子间的距离增大，这种现象称为热膨胀(Thermal Expansion)。热胀冷缩在自然界中普遍存在，物质的热膨胀行为是原子非简谐振动的直接结果。热膨胀现象的分析在研究金属和合金的物理性能方面占有很重要的位置。

热膨胀系数的定义：当温度由 t_1 变到 t_2，长度相应的由 L_1 变到 L_2 时，材料在该温区的平均线膨胀系数为：

$$\bar{\alpha} = \frac{L_2 - L_1}{L_1(t_2 - t_1)} = \frac{\Delta L}{L_1 \Delta t} \tag{3-5}$$

当 Δt 趋于零时，上式的极限值(在压力 p 恒定的情况下)定义为微分线膨胀系数：

$$\alpha_\tau = \frac{1}{L}\left(\frac{\partial L}{\partial t}\right)_p \tag{3-6}$$

另一种方法是由平均热膨胀系数计算过来的：

设一物体在 0 ℃时的长度为 L_0，则其在 t ℃时的长度将为：

$$L_t = L_0[1 + \alpha(t - t_0) + \beta(t - t_0)^2 + \cdots] \tag{3-7}$$

这是一个经验公式，其中 $\alpha,\beta,\cdots$ 为物体的材料常数。一般 β 及其以下各项都极小，可以忽略不计。因而上式可简化为：

$$L_t = L_0(1 + \alpha t) \tag{3-8}$$

求其微分，考虑温度不太高时，L_t、L_0 相差不大因而线膨胀系数：

$$\alpha = \frac{1}{L} \cdot \frac{\mathrm{d}L}{\mathrm{d}t} \tag{3-9}$$

体膨胀系数对于各向同性的材料来说，体膨胀系数约等于 3α，对于各向异性的材料来说，体膨胀系数近似地用三个主膨胀系数相加来表示，即：$\alpha_1 + \alpha_2 + \alpha_3$。

对于钢来说，一般 $\alpha = (10 \sim 20) \times 10^{-6}$[单位：mm/(mm · ℃)或 1/℃]，

线膨胀系数不是一个恒定不变的常数，它随温度的变化而略有不同。

在反应堆中，相互连接的材料如有不同的热膨胀系数，在加热或冷却时就会有应力存在。在燃料元件运行的中、后期，燃料和包壳之间的间隙弥合以后，由于二氧化铀燃料的热膨胀系数比锆合金包壳的大，就会发生 PCI，即芯块与包壳的相互作用。

3.2 材料的机械性能(力学性能)

在这里讨论材料的机械性能(Mechanical Properties)包括材料的硬度，拉伸性能所测定的各种强度、塑性指标、冲击韧性、断裂韧性、疲劳和蠕变等力学性能。

3.2.1 硬度

硬度(Hardness)常被说成对压入塑性变形、划痕、磨损或切削等的抗力。实际上它不是一个单纯的物理或力学量，它代表着弹性、塑性、塑性形变强化率、强度和韧性等一系列不同的物理量组合的一种综合性能指标。因此硬度不是金属材料独立的力学性能，不能用于仲裁试验。

由于测定硬度的试验方法比较简单易行，试样很小，当不便作其他力学性能试验时可以

利用它得到有价值的参考数据，因此无论在工厂企业还是科学研究单位，硬度试验是不可缺少的标准试验方法之一。

硬度试验方法很多，分为压入法和刻画法两大类。在金属材料试验中常用的，有布氏、洛氏、维氏和显微硬度。它们是压入法中的几种，它们都属于静载压入法。

3.2.1.1　布氏硬度

布氏硬度(Brinell)最常用的硬度试验方法之一。

用直径为 D 的淬火钢球或硬质合金球，以一定的载荷压入试样表面，经规定的保持时间后，卸除载荷，测量试样表面的压痕直径 d，再经计算得到单位压痕面积所承受的平均压力。这个值定义为试样的布氏硬度(见图 3-2 和公式3-10)。布氏硬度以 HB 表示，是有量纲的值(kg/mm^2)。是单位压痕面积所受的力。

$$\mathrm{HB}=\frac{\text{负荷(kg)}}{\text{压入表面积}(\mathrm{mm}^2)}=\frac{2F}{\pi D[D-(D^2-d^2)^{1/2}]} \tag{3-10}$$

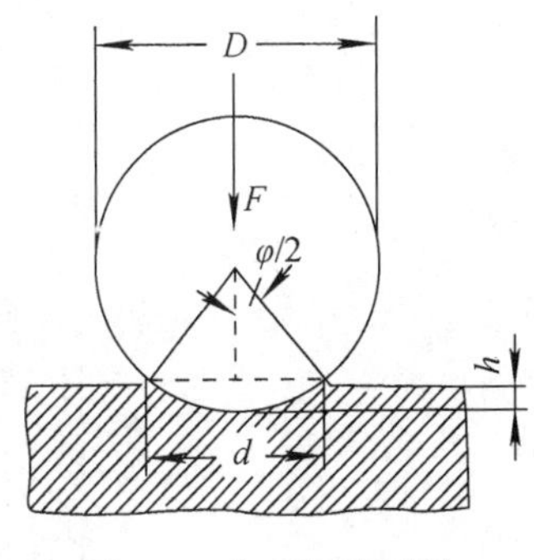

图 3-2　布氏硬度试验原理示意图

式中：

F——负荷，kg；

D——碳化钨球的直径，mm；

d——压痕直径，mm。

例如：用 $D=10$ mm 碳化钨的球为压头，载荷 $F=29\ 430$ N(3 000 kgf)，压入被试材料表面 10～15 s 后，在试样表面留下压痕。卸载后测量压痕的直径 d，如这时测得$d=3.10$ mm，从公式(3-9)可以求出硬度值为 HB382。

布氏硬度一般用来测定硬度值小于 HB450 的材料的硬度。在测定软硬不同的或厚薄不同的材料时可以选择不同直径(10,5,2.5,2,1)的压头和不同大小的载荷。为了得到统一的可以相互比较的硬度值，应该使 F/D^2 保持常数(有 30,15,10,5,2.5,1.25,1 几个档次)。测定布氏硬度的试样厚度应是压痕深度的 10 倍以上，压痕直径应在 $0.25\sim0.6D$ 范围内，载荷保持时间对黑色金属为 15 s，有色金属为 30 s，对 HB 小于 35 的材料保持时间为 60 s。布氏硬度试验的 F/D^2 值的选择可见表 3-4。

表 3-4　布氏硬度试验的 F/D^2 值的选择

材　料	布氏硬度	F/D^2
钢及铸铁	<140	10
	≥140	30
铜及其合金	<35	5
	30～130	10
	>130	30
轻金属及合金	<35	1.25
		2.5
	35～80	5
		10
		15
	>80	10
		15
铅、锡		1
		1.25

3.2.1.2 洛氏硬度

洛氏硬度(Rockwell)也是最常用的硬度试验方法之一，它也是压痕试验方法。但它不是测定压痕的大小，而是测量压入的深度。它使用的是 120°的金刚石圆锥压头或直径 $D=1.588$ mm 的淬火钢球。测量方法如图 3-3 所示。

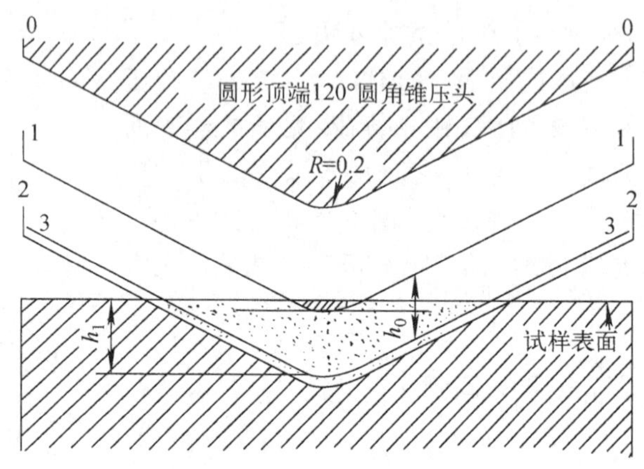

图 3-3 洛氏硬度试验过程中，金刚石圆锥压头在各阶段的位置

图 3-3 中，0-0 为压头没有与试样接触时的位置；1-1 为压头与试样接触并受到初载荷 F_0[规定为 98.1 N(10 kgf)]后压入试样深度为 h_0 的位置；2-2 为加上主载荷 F_1[如 1 373 N (140 kgf)]后压头压入试样的位置；3-3 为卸去主载荷后，压头由于试样弹性变形的恢复而略行提高的位置，此时压头实际压入试样的深度 h_1-h_0 为硬度值，以 0.002 mm 为一度，用 HR 表示。因此洛氏硬度为无量纲值。

根据材料硬度不同，试验时可以采用不同的负荷和压头，标以不同的示值。HRC 表示用 120°的金刚石圆锥压头所测的硬度值；HRB 表示用 1.588 直径的钢球做压头所测的硬度值，HRB 用于测定较软的金属，由于压入深度较大，为避免出现负数，在算出硬度值后要加上 30。

理论上，用洛氏硬度计可以测定各种材料的硬度(见表 3-5 和表 3-6)，由于实际操作中一般用它来测定较硬的金属，即用金刚石圆锥压头，测定材料的 HRC 值。

表 3-5 洛氏硬度试验条件及应用范围

标　尺	测量范围	初 载 荷/N(kgf)	主 载 荷/N(kgf)	压头类型
HRA	60～85	98.1(10)	490.3(50)	金刚石圆锥体
HRC	20～67	98.1(10)	1 373(140)	金刚石圆锥体
HRB	25～100	98.1(10)	882.6(90)	钢球

洛氏硬度试验的优点是操作简便，压痕小，采用不同标尺可以测定不同软硬的和厚薄的金属材料硬度，因此广泛用于热处理质量的检验。但对于材料中有偏析、组织不均匀等缺陷时，数据代表性差，比较分散。

计算公式如下：

$$HRC=\frac{[K-(h_1-h_0)]}{0.002}, K \text{为常数} 0.2 \text{ mm} \tag{3-11}$$

表面洛氏：为了使洛氏硬度可以测定金属表面硬化层的硬度，把初载荷定为 29.4 N (3 kgf)，常数 K 为 0.1 mm，0.001 mm 为一度，称为表面洛氏。表面洛氏硬度的标尺及试验条件见表 3-6。

表 3-6 表面洛氏硬度的标尺及试验条件

标 尺	测量范围	初 载 荷/N(kgf)	主 载 荷/N(kgf)	压头类型
HR15N	68～92	29.42(3)	117.68(12)	金刚石圆锥体
HR30N	39～83	29.42(3)	264.78(27)	金刚石圆锥体
HR45N	17～72	29.42(3)	411.88(42)	金刚石圆锥体
HR15T	70～92	29.42(3)	117.68(12)	钢球
HR30T	35～82	29.42(3)	264.78(27)	钢球
HR45T	7～72	29.42(3)	411.88(42)	钢球

3.2.1.3 维氏硬度

维氏硬度(Vickers)试验法的试验原理与布氏的相同，克服了布氏硬度和洛氏硬度试验的局限。

为了避免钢球的永久变形和过度的变形，布氏硬度试验只可用来测定硬度小于 HB450 的材料。洛氏硬度试验虽可以用来测定由极软到极硬的材料的硬度，但它采用了不同的压头和总载荷，有很多种标度，彼此没有联系，也不能换算。为了避免这些缺点，维氏硬度试验法保留它们的优点，并可以有一个连续一致的标度。

它采用了布氏硬度试验的原理，但换用一个金刚石正四棱锥体作压头，锥面夹角为 136°，试验时在载荷 F 的作用下，在试样试验面上压出一个正方形的压痕，测量压痕两对角线的平均长度 d，算出压痕的面积，如图 3-4 所示。由于材料的软硬不同，测定时要选用合适的载荷并进行计算，因此这种硬度计在研究室比较常用。计算公式如下：

$$HV=\frac{2F\sin(\theta/2)}{d^2} \tag{3-12}$$

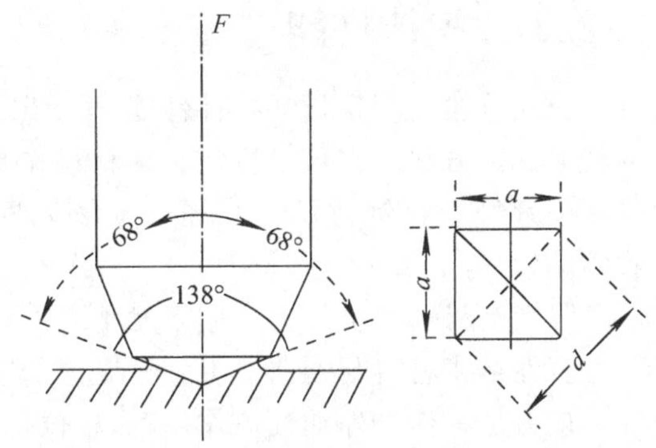

图 3-4 维氏硬度试验压头及压痕示意图

维氏硬度的符号为 HV，其单位为 kg/mm²。前面为硬度值，后面按载荷和载荷保持时间的顺序用数值表示试验条件，如 700HV30/20，表明用 294.3 N(30 kgf)载荷保持 20 s，测得的硬度值是 700。如载荷保持时间为 10～15 s，可以不注明时间，即：700HV30 就可以了。

维氏硬度试验的载荷通常为：49.1(5)、98.1(10)、196.2(20)、294(30)、490.5(50)、981(100)N(kgf)等。

维氏硬度值与布氏硬度值有很好的对应关系，材料硬度小于450HV时，维氏硬度值与布氏硬度值基本相同。

当载荷改变时，由于金刚石正四棱锥压头的压入角恒定不变，因而不像布氏硬度那样要考虑 F 与 D 的关系，载荷可以任意选择；采用对角线长度计量，精确可靠。因此维氏硬度试验法深得试验室工作者的喜爱。

3.2.1.4 显微硬度

显微硬度(Microhardness)采用维氏硬度法，载荷降低1～2个量级，所得的压痕面可以局限在很小的范围里，如在晶粒里或某一组织里，因此可以测定某一个组成相的硬度值。这就是显微硬度试验。

显微硬度试验的载荷一般为0.098 1(0.01)、0.196 2(0.02)、0.490 3(0.03)、0.980 7(0.1)、1.961(0.2) N(kgf)，对角线长度以微米计，测定值用HV表示。如400HV0.1/30，就表示载荷为0.980 7 N(0.1 kgf)，载荷保持30 s，测得的硬度值为400；当载荷保持时间为10～15 s时，可以不标注时间；如400HV0.03，就表示载荷0.490 3 N(0.03 kgf)，载荷保持10～15 s，测得的硬度值为400。

从理论上说，显微硬度值不受载荷大小的影响，但实际上同一材料测定时，用较大的载荷所测得的显微硬度值比用较小载荷所测得的值低。通常，显微硬度测定值比宏观硬度测定值分散。

显微硬度试验为研究金属微观区域的性能提供了方便，广泛应用于测定金属组成相的硬度和对金属材料进行化学成分、组织状态和性能关系的研究中。

值得关注的是，由于各种硬度的试验方法和它们所根据的原理不同，各组成的物理量在不同方法中所起的作用也不一样，所得的结果不可参比。现有的一些换算公式和对照表只是根据对同类金属材料在相同状态下和一定硬度范围内进行比较试验得出的经验关系。它们有一定的实用价值，但在要求准确的数据时不宜采用。

3.2.2 拉伸性能

拉伸试验是测定材料拉伸性能(Tensile Property)的，可以说是力学性能试验中最基本的经典试验方法。它可以测定金属材料在受单向静拉力作用下的强度、塑性。如材料的正弹性模量(E)、比例极限(σ_e)、屈服点(σ_s)、屈服强度($\sigma_{0.2}$)、抗拉强度(σ_b)、延伸率(δ)及断面收缩率(ψ)等。

强度是材料抵抗外力作用下发生变形和断裂的能力。

塑性是指材料断裂前发生塑性变形的能力，可以用材料断裂时的最大塑性变形来表示。

应力是物体受外加载荷作用时，单位截面上所受的力，应力的单位是Pa，即：

$$\sigma = \frac{F}{A} \tag{3-13}$$

式中：

σ——应力，Pa；

F——载荷，N；

A——横截面积，m^2。

应变是个无量纲的比值，是在应力作用下发生变形的量与原始长度的比值。

$$\varepsilon = \frac{L - L_0}{L_0} \tag{3-14}$$

3.2.2.1　拉伸试验

拉伸试验一般在万能材料试验机上进行，称为单向静拉伸试验。试样根据要求加工，在拉伸试验机上固定后，上横梁以恒定的速率向上移动并对试样施力，同时传感器记录试样所承受的力（负荷）和横梁的位移量。拉伸试验在恒定的温度下进行，一般情况下仅测试室温性能，有特殊要求可测试高温或低温性能。

当一个固体材料受到一个负荷（或应力）作用时会产生变形。如果这个应力比较小，此时材料会呈现弹性变形特征，即一旦应力去除，变形就会消失。但当应力足够大时，材料就会以塑性变形的方式发生永久变形，即：即使应力去除，材料也不能回复到原来的形态，它只能部分地恢复。

材料从弹性变形转变为塑性变形时的应力称为屈服强度。

一些材料当应力增加到一定值时试样急剧伸长，以致出现应力松弛现象（见图 3-5 b 曲线 A），应力下降至一较低的恒定值。这就是上下屈服点。一般下屈服点用 σ_s 来表示。另一些材料有明显的屈服现象（见图 3-5 b 曲线 B），曲线上出现平台时的应力值即为屈服点。

大多数的有色金属、不锈钢没有明显的屈服点（见图 3-5 b 曲线 C），因而取材料的永久变形为原始长度的 0.2%时的应力作为屈服强度。一般称为 $\sigma_{0.2}$，屈服强度在工程设计上有很大的意义，它是设计金属结构件时考虑许用应力的基础。

$$\sigma_{\text{许用}} = \frac{\sigma_{0.2}}{n}, n\text{ 是安全因子} \tag{3-15}$$

过了屈服点，材料就有明显的加工硬化。只有增加外力，变形才能继续。到最大负荷以后，应力开始下降。这时可在试样上观察到颈缩现象。不久，材料便发生断裂。

3.2.2.2　应力-应变曲线

应力-应变曲线在给定的温度下通过拉伸试验得出（如图 3-5 b）。试验机一般都带有记录仪，可以方便地画出应力-应变曲线。

标准试样（见图 3-5 a）受试部分一般直径为 10 mm，标距 50 mm（或 100 mm）。在稳定的变形速率下进行单向应力拉伸，得到负荷-变形曲线或应力-应变曲线。

非标准试样可参照标准试样按比例放大或缩小，如受试部分直径为 5 mm，标距便是 25 mm（或 50 mm）；板状试样和管状试样需把截面换算成相同面积的圆试样，再按直径的 5 倍或 10 倍计算出标距的长度。

测定屈服强度，可安装引伸仪或应变片，得出永久变形为标距长度 0.2%时的应力值。也可以在放大 10 倍的应力-应变曲线上推出相应的值。

3.2.2.3　拉伸试验可获得的材料性能指标

通过拉伸试验，可以得到以下一些材料性能指标。

(1) 弹性模量（**杨氏模量**）

在弹性变形范围内，应力与应变成正比，符合虎克定律。

$$\frac{\sigma}{\varepsilon} = E \tag{3-16}$$

E 为弹性模量。也叫杨氏模量。大多数钢的弹性模量约为 10^{11} Pa。在工程上，弹性模

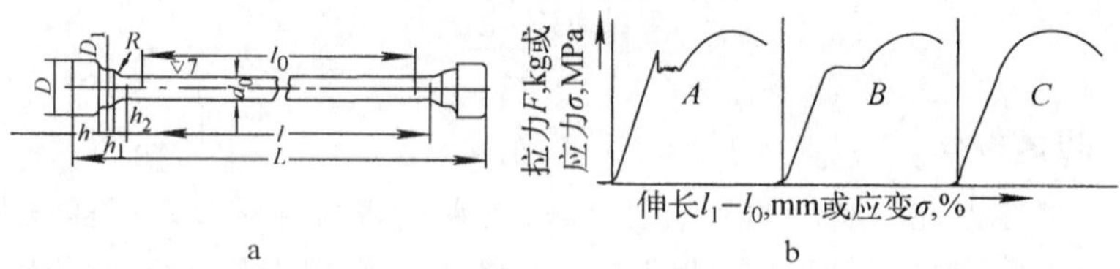

图 3-5 拉伸试验标准试样和应力—应变曲线图

a. 拉伸试样;b. 应力应变曲线

量是度量材料刚度的系数,表征材料对弹性变形的抗力。其值越大,在相同应力下产生的弹性变形就越小。弹性模量是一个对组织不敏感的力学性能指标。

(2) 泊松比

泊松比是垂直方向的弹性变形量与水平方向的弹性变形量的比值,用 ν 来表示。对理想材料来说,泊松比是 0.5,而对真实材料一般为 0.3。

$$\nu = -\frac{\varepsilon_{侧向}}{\varepsilon_{纵向}} \tag{3-17}$$

(3) 比例极限(弹性极限)

表示材料抵抗弹性变形的能力,即金属材料按虎克定律变形的最大应力。

$$\sigma_e = \frac{F_e}{A_0} \tag{3-18}$$

F_e为弹性极限时的载荷,A_0 为试样的初始截面积。规定以残余变形为 0.01%的应力作为比例极限,并以 $\sigma_{0.01}$表示,单位为 MPa。

(4) 屈服强度

是金属材料抵抗微量塑性变形(0.2%)时的应力。

$$\sigma_{0.2} = \frac{F_{0.2}}{A_0} \tag{3-19}$$

式中:

$F_{0.2}$——材料产生微量塑性变形(0.2%)时的载荷;

A_0——试样的初始截面积。

屈服强度是一个对成分、组织结构十分敏感的力学性能指标。对有上下屈服点的材料,用下屈服点来表示材料的屈服强度,用 σ_s 表示,单位为 MPa。

(5) 抗拉强度

是金属材料能承受最大均匀塑性变形时的应力。

$$\sigma_b = \frac{F_{max}}{A_0} \tag{3-20}$$

式中:

F_{max}——材料拉伸试验时能承受的最大的载荷;

A_0——试样的初始截面积。

抗拉强度也称断裂强度、断裂极限或简称材料的强度,单位为 MPa。

(6) 延伸率

是材料的塑(延)性指标,表示断裂前后试样标距长度的相对伸长值。

$$\delta = \frac{L_f - L_0}{L_0} \times 100\% \tag{3-21}$$

式中：

L_0——试样原始标距长度；

L_f——试样断裂后的标距长度。

如原始标距长度以试样直径的 5 倍定，即 $L_0 = 5d_0$，则标为 δ_5；原始标距长度以试样直径的 10 倍定，$L_0 = 10d_0$，则标为 δ_{10}，两者之间最好不要类比。

(7) 断面收缩率

也是材料的塑(延)性指标，是断裂前后试样截面的相对收缩值。

$$\psi = \frac{A_0 - A_f}{A_0} \tag{3-22}$$

由于产生颈缩前，试样沿标距长度上的塑性变形是均匀的，而产生颈缩后塑性变形主要集中在缩颈附近，因此塑性变形应由均匀变形与集中变形两部分构成。上述的两个塑性指标包括了均匀变形与集中变形两部分。大多数形成颈缩的塑性材料，均匀变形量比集中变形量小得多，一般均不超过集中变形量的 50%。因此 $\delta_5 > \delta_{10}$，经验表明，一般 δ_5 为 δ_{10} 的 1.2～1.5 倍。

拉伸性能受温度影响很大。温度升高，强度指标($\sigma_{0.2}$，σ_b)下降；塑、韧性指标(δ，ψ)升高。

在反应堆条件下，由于辐照的影响，材料的拉伸性能指标随中子注量增加，强度升高，塑、韧性下降。

3.2.3 冲击性能

3.2.3.1 韧性和脆性

材料常以两种不同的形式断裂，一种叫韧性断裂，另一种叫脆性断裂。材料以哪种方式断裂取决于塑性变形因子和沿晶体平面的解理或裂纹尖端局部韧性丧失之间的竞争。在断裂前能经受塑性变形的金属，我们称它为塑性的。它们呈现韧性断裂。当应变足够大，裂纹产生在金属内部并且得以长大，以剪切的机制断裂。断口呈现韧窝特征如图 3-6 a 所示，我们称它们为韧性金属；而脆性金属断裂前只有极小的塑性变形。裂纹扩展很快，并沿解理面断开，断口呈现解理特征，如图 3-6 b 所示，我们称它为脆性金属。

韧性(也称韧度)是材料断裂前吸收塑性变形功和断裂功的能力，或是材料抵抗裂纹扩展的能力。很多金属在一定条件下呈现韧性，而在另外条件下呈现脆性。韧性和脆性是能转换的。如果塑性流变被抑制，韧性就会变成脆性。比如：温度降低，或增加应变速率，或降低塑性范围，提高屈强比(通过辐照，冷加工)，都会减少韧性；相反，减小晶粒会增加韧性和强度。加入一些杂质，不论是有意加入还是无意混入，都会很大程度地改变金属的韧—脆性能。

3.2.3.2 冲击试验

冲击试验是一种动态力学试验，它是把一定形状的试样用拉、扭或弯曲的方法，使之迅速断裂，测定使之断裂所需要的功。它用于测定材料韧性指标，所以也称其为冲击韧性(Impact Property)试验。

冲击试验有几种类型，常用的是夏氏弯曲冲击试验(Charpy Test)。试验是在摆锤式冲

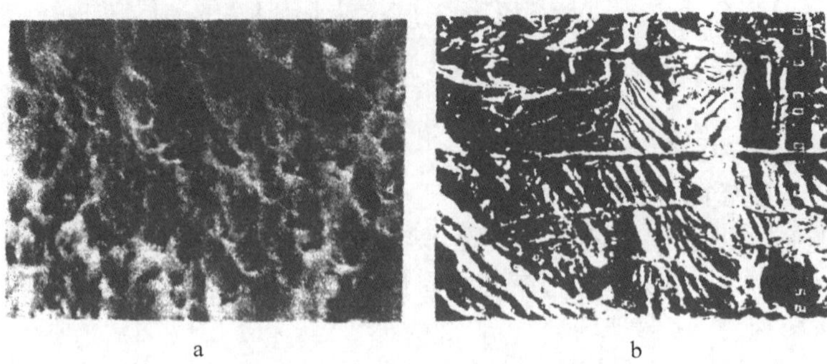

图 3-6 典型断口

a. 韧窝特征显示韧性断口；b. 解理特征显示脆性断口

击试验机上进行的，试样如图 3-7 所示。将试样水平地放在试验机支座上，缺口位于冲击相背方向，用样板使缺口位于支座中间，将摆锤举至一定高度，使其获得势能，然后释放约束，让摆锤自由落下。在到达样品位置时，全部的势能转化为动能冲击样品背部，造成冲击样品的变形和断裂。剩余的能量让摆锤继续扬起，到达一定的高度，这时全部的动能又转化为势能，并在指示牌上留下数据。因此冲击样品的变形和断裂消耗的能量是这两个势能的差值，是能量单位，用焦耳(J)作单位。冲击韧性值是试样变形断裂每单位面积消耗的功，因此单位是焦耳/厘米^2(J/cm^2)。

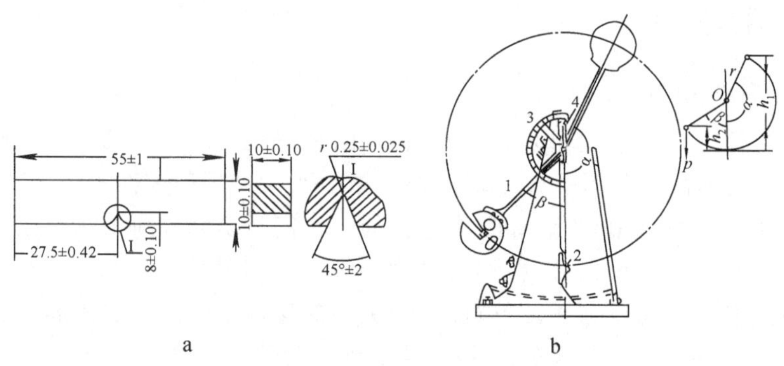

图 3-7 冲击试验标准试样和设备

a. 冲击试验样品；b. 摆锤式冲击试验机

冲击试样的缺口也可以加工成 U 形的，称为梅氏试样。机械工业大多用梅氏试样，而核工业采用夏氏试样。为了检验辐照造成的脆性，用 V 形缺口的夏氏试样会更灵敏些。图 3-7 a 中的试样是标准试样，为了辐照试验方便，现在也用 3×4×27 的非标小试样做试验。

3.2.3.3 韧脆转变温度

温度对断裂的作用十分明显，很多材料在高温下能保持很好的延性，但在低温下就只有脆性了。低温脆性是体心立方结构钢难以避免的特性。其表现为温度降低到某一值时，钢的冲断功显著下降。该现象称为韧脆转变。该温度定义为韧脆转变温度(Ductile-Brittle Transition Temperature，DBTT)，如图3-8所示。

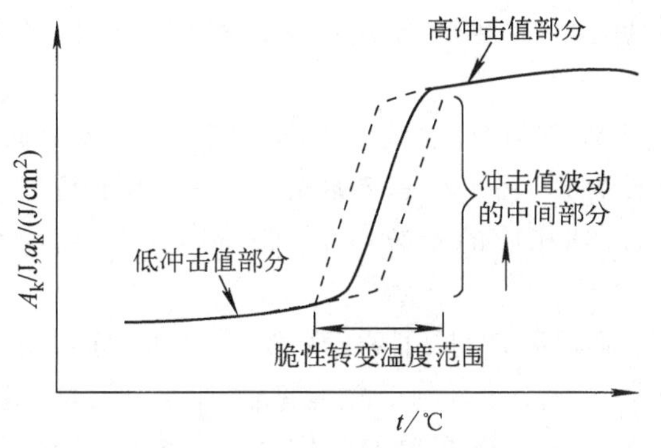

图 3-8　韧脆转变曲线

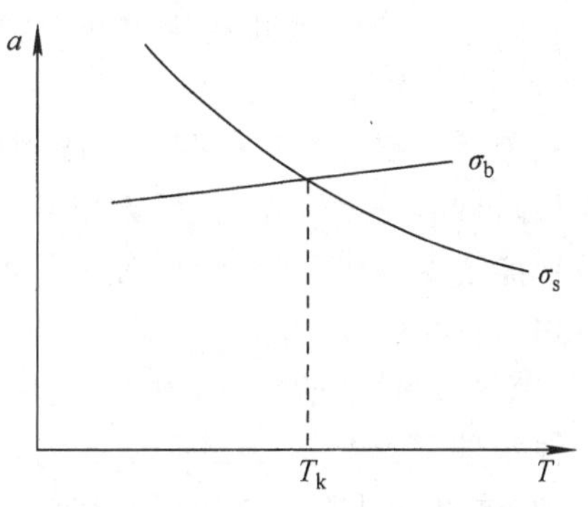

图 3-9　屈服强度和断裂强度随温度变化示意图

产生低温脆性的唯象解释是由苏联物理学家通过实验首先提出的。他指出低温脆性是金属材料屈服强度随温度降低急剧增加的结果(见图 3-9)。

任何材料都有两个强度指标,屈服强度 σ_s 和断裂强度 σ_b,断裂强度随温度变化很小,而屈服强度却对温度变化十分敏感。温度降低屈服强度急剧增加,使两曲线交于 T_k 点,高于此温度,即 $T>T_k$,材料先屈服,后断裂,呈现韧性断;而当 $T<T_k$ 时,材料先到达断裂强度,也就是在弹性范围内就发生了断裂,因此材料呈现脆性断裂。

由于韧脆转变温度实际上不是一个温度点,而是一个温度区间。因此测定韧脆转变温度需通过一系列的冲击试验来求得。

DBTT 的测定比较复杂,有严格的规定,需做一系列的试验。在第 6 章介绍压力容器材料的 6.1 节中,将进行较详细的介绍。

这个试验对反应堆压力容器的建造和安全运行来说很重要。因为压力容器是用低合金碳钢制造的,它是体心立方结构的材料,存在低温脆性,而且由于压力容器暴露在快中子场中,在高能中子辐照下,材料中会产生缺陷,使材料强化和脆化,韧脆转变温度升高。

压力容器是压水堆的重要部件,在反应堆寿期内希望不发生突然的破损。即要求压力容器钢的 DBTT 在它所会经受的温度以下,因此在反应堆堆芯部分要悬挂监督管,监督管内装有与压力容器同批材料加工成的试验样品,定期取出,测定其 DBTT,以监督压力容器材料整个寿期内的 DBTT 变化,防止发生任何意外。

3.2.4　断裂韧性

一般在进行构件的强度设计时是以材料的屈服强度作为设计依据的,但大量的断裂分析实践发现:断裂常常发生在屈服强度以下,发生这种低应力脆断的原因是宏观裂纹扩展失稳所引起的。因此要求针对机件中存在宏观裂纹的情况,研究裂纹失稳的条件,建立裂纹体强度设计方法和材料强度理论。

断裂力学就是在这种情况下建立和发展起来的,它是在承认存在宏观裂纹的前提下,利用力学分析原理,定量研究裂纹扩展规律的裂纹体强度理论。

断裂韧性(Fractue Toughness):建立在断裂力学基础上的金属抵抗裂纹扩展断裂的韧性性能称为断裂韧性。断裂韧性同其他韧性指标一样,综合地反映了材料的强度和塑性。在防止低应力脆断选用材料时，可以根据材料的断裂韧性指标对机件允许的工作应力，裂纹长度进行定量计算。

线弹性断裂力学分析裂纹体断裂问题的方法有两个：一是应力场强度分析方法，考虑裂纹尖端附近的应力场强度，得到相应的断裂 K 判据；另一种是能量分析方法，考虑裂纹扩展时系统能量的变化，建立能量转化平衡方程，得到相应的断裂 G 判据。得到断裂韧性指标分别用 K_{Ic} 和 G_{Ic} 表示。

对韧性比较好的材料，由于实验样品尺寸的限制，发展了弹塑性力学分析，可以用测定弹塑性条件下的断裂韧性指标 J_{Ic} 计算出材料的 K_{Ic} 值。由于断裂韧性牵涉到大量的数学计算，在这里不可能完整介绍。在这里仅对 K_{Ic} 和 J_{Ic} 作简单的介绍，它们是断裂韧性的重要指标。

首先了解裂纹到断裂的发展过程。裂纹扩展有三种形式（见图 3-10），张开型（Ⅰ型），滑开型（Ⅱ型）和撕开型（Ⅲ型）。以张开型（Ⅰ型）为最危险，容易引起脆性断裂。因此，在研究裂纹体的脆性断裂问题时，以Ⅰ型裂纹作为对象。

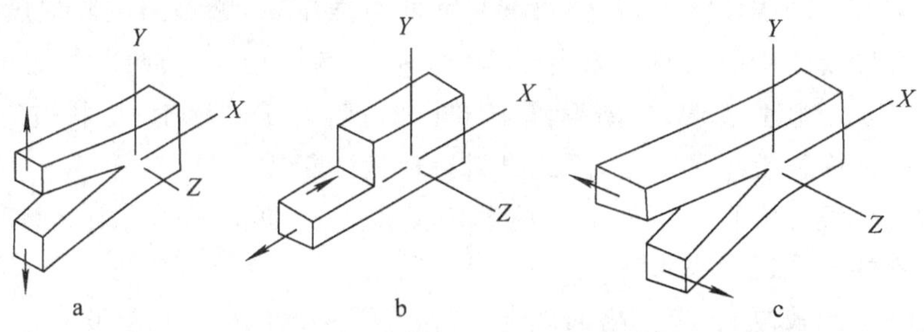

图 3-10 裂纹扩展的基本形式

a. 张开型（Ⅰ型）；b. 滑开型（Ⅱ型）；c. 撕开型（Ⅲ型）

对于Ⅰ型裂纹试样在拉伸或弯曲时，其裂纹尖端处于复杂的应力状态中，最典型的是平面应力和平面应变两种应力状态。在薄板中出现的是平面应力状态，在厚板中出现的是平面应变状态。

Ⅰ型裂纹的应力场强度因子的一般表达式为：

$$K_{\mathrm{I}} = Y\sigma\sqrt{a} \tag{3-23}$$

式中：

Y——裂纹形状系数，是一个无量纲系数；一般 $Y=1\sim2$。

σ——应力；

a——裂纹长度。

K_{I} 是一个取决于 σ 和 a 的复合力学参数。不同的 σ 和 a 的组合可以得到相同的 K_{I}。a 不变，σ 增大，K_{I} 增大；σ 不变，a 增大，K_{I} 也增大。K_{I} 的量纲为(应力){长度}$^{1/2}$。单位为 $\mathrm{MPa}\cdot\mathrm{m}^{1/2}$ 或 $\mathrm{MN}\cdot\mathrm{m}^{-3/2}$。

当 σ 和 a 单独或共同增大时，K_{I} 以及裂纹尖端各应力分量也随之增大，当 K_{I} 达到临界值，在裂纹尖端足够大的范围内，应力便会达到材料的断裂强度，裂纹失稳扩展而使材料断裂。这个临界或失稳状态的 K_{I} 值记作 K_{Ic}，称为断裂韧性。

K_{Ic}为平面应变下的断裂韧性，表示在平面应变条件下，材料抵抗裂纹失稳扩展的能力，单位为 MPa·$m^{1/2}$或 MN·$m^{-3/2}$。

由于 K_{Ic}是金属在平面应变和小范围屈服条件下裂纹失稳扩展时 K_I 的临界值，因此，测定 K_{Ic}用的试样尺寸必须保证裂纹尖端处于平面应变和小范围屈服状态，因此试样的尺寸是很大的，要求试样厚度 B 必须大于$(K_{Ic}/\sigma_s)^2$的若干倍。

如，常用的三点弯曲试验要求 $B \geqslant 2.5(K_{Ic}/\sigma_s)^2$，以满足平面应变条件。

上述这种要求对高强度钢来说还容易满足，但对中、低强度钢来说，要求的试样就太大了，很难满足。因此发展了弹塑性断裂力学来解决断裂问题，即用 J 积分的办法来解决。

对受载裂纹体的裂纹周围进行能量线积分。在平面应变条件下，当外力达到破坏载荷时，即应力应变场达到初始裂纹开始扩展的临界状态时，J 积分值也达到相应的临界值 J_{Ic}。

J_{Ic}是表示材料抵抗裂纹开始扩展的能力，也是断裂韧性，但它的单位为 MPa·m 或 MJ·m^{-2}。

现在可以比较方便地用小试样来测定材料在弹塑性条件下的断裂韧性 J_{Ic}，再换算成 K_{Ic}值。J_{Ic}试样的尺寸可以小一点，一般三点弯曲的试样，其厚度只要 $0.8(K_{Ic}/\sigma_s)^2$即可。换算公式如下：

$$K_{Ic}=\sqrt{\frac{E}{1-\nu^2}}\sqrt{J_{Ic}} \tag{3-24}$$

式中：

E——材料的弹性模量；

ν——材料的泊松比。

对于常用钢材，$E=200\ 000$ MPa，$\nu=0.25$。

根据应力场强度因子 K_I 和断裂韧性 K_{Ic}的相对大小可以建立裂纹失稳扩展而脆断的断裂 K 判据。即：

$$\left.\begin{aligned} K_I &\geqslant K_{Ic} \\ Y\sigma\sqrt{a} &\geqslant K_{Ic} \end{aligned}\right\} \tag{3-25}$$

裂纹体只要满足上述条件就会发生脆性断裂。反之，即使存在裂纹，也不会断裂。因此上述条件是一个很有实用价值的定量关系式。应用这个关系式可以解决以下几个问题：

1）由材料的断裂韧性值(K_{Ic})，结构件的平均工作应力(σ)，去估算所允许的最大裂纹尺寸(a_{max})，为制定裂纹探伤标准提供依据；

2）由材料的断裂韧性值(K_{Ic})，结构件中的裂纹尺寸(a)，去估算结构件的最大承载能力(σ_{max})，为载荷设计提供依据；

3）根据工作应力(σ)，裂纹尺寸(a)，确定材料的断裂韧性，为正确选材提供依据。

断裂韧性的测定可以在万能材料试验机上进行三点弯曲试验或紧缩拉伸试验，试验用的标准样品如图 3-11 所示。

在辐照条件下，材料的断裂韧性指标 K_{Ic}、J_{Ic}会下降，即材料的断裂韧性下降。

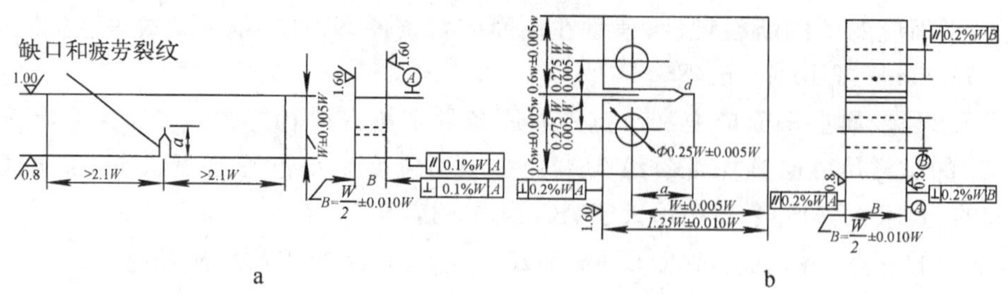

图 3-11 断裂韧性试验标准试样

a. 三点弯曲试样；b. 紧缩拉伸试样

3.2.5 蠕变性能

(1) 蠕变

是指材料在恒定温度、长时间受力的状态下，即使所受应力小于其屈服强度，也会随时间缓慢地产生永久塑性变形，这种现象叫做蠕变。在温度超过材料的再结晶温度时蠕变特别显著。

由于反应堆工作在一定的温度下，堆内部件或多或少承受一定的应力，所以材料的蠕变性能(Creep Property)对反应堆的设计是很重要的。

金属的蠕变过程如图 3-12 所示，它是在一定温度和应力作用下试样变形量随时间的变化曲线。

从图上可以明显地看出，除了加载时产生的弹性形变外，曲线可大致分为三个不同阶段，分别叫做第一、二、三期蠕变：

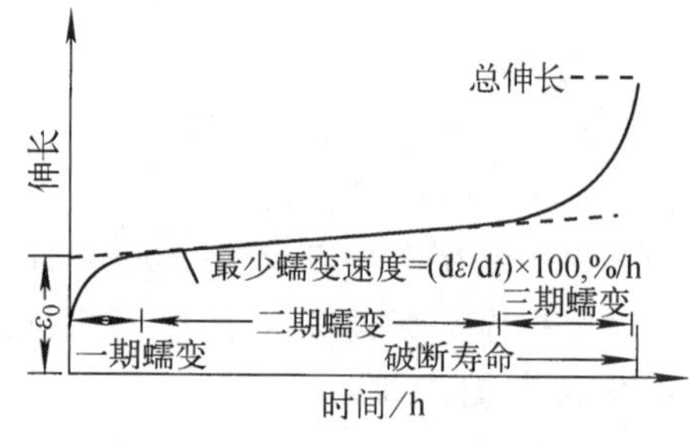

图 3-12 蠕变曲线

第一期蠕变阶段：蠕变速度随时间增加而逐渐减小(这是由于位错的塞积，引起形变强化)最后达到一最小值。

第二期蠕变阶段：蠕变速度很稳定、很慢，称为稳定蠕变阶段。这时形变造成的强化与位错攀移和晶界迁移造成的金属软化形成动态平衡。

第三期蠕变阶段：蠕变加速，直至试样破断。此时在相邻晶粒三角区形成横向裂纹并向晶界扩散，使蠕变速率增加，直至断裂。

温度越高，应力越大，蠕变断裂发生得越快。在反应堆内中子辐照的条件下，随中子注量增加，蠕变速率增加。因此堆内部件的蠕变是由热蠕变和辐照蠕变两部分叠加而成的。要了解金属材料的蠕变性能，需做不同温度和不同应力下的蠕变试验。

(2) 蠕变极限

表示材料在高温和长期载荷作用下，抵抗塑性变形的抗力指标。它有两种表示方法：

1) 在给定温度(T)下，使试样产生规定蠕变速率(ε)的应力值。

以符号 σ_{ε}^{T} 来表示，单位：MPa。如：$\sigma_{1\times10^{-5}}^{500}=70$ MPa，即表示：500 ℃下，材料的稳态蠕变速率为 1×10^{-5}/h 时的蠕变极限是 70 MPa。

2) 在给定的温度(T)下，及在规定的时间(t)内，使试样产生一定蠕变伸长率 (δ)的应力值。以符号 $\sigma_{\delta/t}^{T}$ 来表示，单位：MPa。如：$\sigma_{1/10^5}^{500}=100$ MPa，即表示：500 ℃下，材料经 10 万 h，产生 1%变形的蠕变极限是 100 MPa。

(3) 持久极限

表示材料在高温和长期载荷作用下，抵抗断裂的能力。以 σ_t^T 来表示，单位：MPa。这里所指的规定时间是以机件的设计寿命为依据的。例如对于锅炉、汽轮机等，设计寿命为数万或数十万小时，而航空喷气发动机为一千或几百个小时。如：$\sigma_{1\times10^3}^{700}=30$ MPa，即是：在 700 ℃下，材料 1 000 h 断裂的持久极限是 30 MPa。

3.2.6　疲劳性能

疲劳性能(Fatigue Property)是指金属材料在受重复或交变载荷或应力时，虽其所受应力远小于其抗拉强度，甚至小于其弹性极限，经多次循环后，在无显著外观变形的情况下发生突然断裂的现象。

疲劳发生的过程一般认为在重复或交变应力作用下，材料表面某些晶粒，由于位向或其他原因产生局部变形而导致微裂，也可能材料表面有杂质，划痕及其他导致应力集中的缺陷产生应力集中而产生微裂。此种微裂随循环次数增加而逐渐扩展，以至未裂截面大大减小，不能承受所加的载荷而突然断裂。

疲劳断口有一定的特征，可以分为三个区域，裂纹成核-扩展-快速断裂。

1) 成核区：由疲劳作用而产生微裂，并逐渐扩展，这部分的断口因经过摩擦或多次拉压，比较光滑；

2) 裂纹扩展区：可观察到以裂纹开始点为中心，逐渐向里扩展的若干弧形曲线(俗称贝壳纹或海滩纹)，微观分析时在扫描电镜下可观察到裂纹前沿受交变应力，断口张开-合拢，材料塑变-硬化-开裂而留下的辉纹；

3) 快速断裂区：疲劳裂纹的扩展，使剩余受力截面不断减小，最终发生突然断裂。断裂有时可达声速。突然断裂部分的断口根据材料的本身特性，具有晶状脆性断裂的特征，有撕裂棱，也有的具有韧窝特征。如图 3-13 所示。

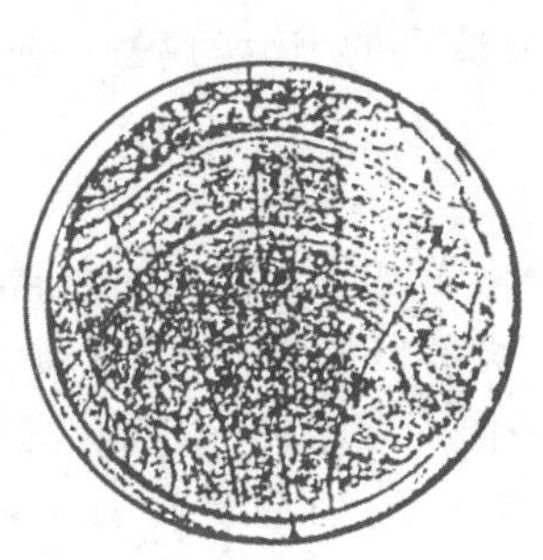

图 3-13　疲劳断口特征

材料所受交变应力 σ(Stress)与其断裂前所能经受应力循环次数 N 有如图 3-14 所示的关系。此曲线称为应力-循环次数曲线，即：S-N 曲线。

图 3-14 中曲线 A(如碳钢属于这一类)，从 C 点起与横坐标轴平行表示应力在等于或

小于σ_{-1}时，将不会发生疲劳断裂。此点即为疲劳极限，也称疲劳强度。

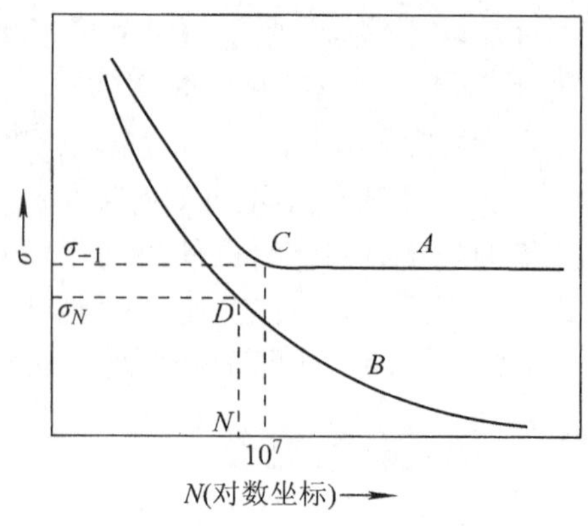

图 3-14 疲劳试验 S—N 曲线

大多数有色金属和合金的 S—N 曲线如曲线 B 所示。在疲劳断裂前，应力循环次数随所受应力的降低而增加。因此对具有曲线 B 所示特征的金属和合金，只能说当应力循环 N 次断裂时，其所能承受的最大应力为 σ_N 如曲线 B 上 D 点所示。此 σ_N 叫做该材料在疲劳寿命为 N 时的疲劳强度。N 的数值可以根据目的和需要来定。一般在(1～10)$\times10^7$范围内。

疲劳也可以由周期改变的热应力产生。如在压水堆中，稳压器经受频繁的温度变化，形成交变的热应力；而压力壳和一次回路管道也经受循环热应力，这种应力来自反应堆的启动、改变功率和停堆。这是两类不同的热应力，前者为高频，低应力；而后者为低频，高应力。

对防止疲劳的发生，在不同情况下的措施要求是不同的：如稳压器负荷小，频率高，形成的是高次低应力疲劳，就要求用高强度钢来制作。而对于承受高负荷，低频率的压力容器来说，则要求用韧性好的钢材来制作。

3.3 材料的腐蚀性能

在核反应堆中所用的材料，尤其是堆芯材料(如燃料元件包壳)的工作环境是很恶劣的。它们必须在强辐照场内，在高温、高压(堆水)、高热流的介质中有良好的使用性能。材料的腐蚀破损会引起反应堆的重大事故，这是必须全力予以防止的，即使在允许的均匀腐蚀范围内，也要考虑腐蚀产物的特性，因为腐蚀产物活化会引起放射性的转移和积累。

3.3.1 化学腐蚀和电化学腐蚀

金属材料在液态介质中的腐蚀往往是由化学腐蚀造成的，化学腐蚀一般是均匀腐蚀。而电化学腐蚀可能是局部的，也可能是均匀的。

(1) 化学腐蚀

金属与周围介质发生化学反应而引起的腐蚀称为化学腐蚀。均匀的金属与介质发生作用，产生均匀的氧化膜，如果这层氧化膜是致密的，就可以保护下层金属免遭腐蚀。如Al_2O_3、Cr_2O_3、ZrO_2。在包壳材料铝合金和锆合金的表面都有这样一层膜，这是材料与水介质作用产生的，它的产生大大地降低了进一步腐蚀的速率，因此有时要对材料进行特殊处理。

钝化就是事先在材料表面生成致密的氧化膜，使里面的金属得到保护。如沸水堆燃料包壳出厂前要进行钝化处理，铝合金用于堆内，一般也进行钝化处理。不锈钢的铬含量达到12%以上就可以产生致密的氧化铬层，从而起到保护作用。

压水堆燃料包壳出厂前不进行钝化处理，在堆内正常工况下运行中会生成具有保护作用的黑色氧化膜。

(2) 电化学腐蚀

电化学腐蚀是由于材料中存在着不均匀和不同质。这种不同可以是夹杂物和基体的不同,晶内与晶界的不同;也可以是晶粒尺寸的不同,晶粒成分的不同(成分偏析);甚至存在有不同的机械应力也会造成这种差异。由于存在着不同,便形成了电位的差异,于是在阳极发生金属溶解,而在阴极产生氢气或氢和氧化合成水。这时在阳极地区可见到明显的腐蚀现象;若阳极区域和阴极区域是移动的,相互转化的,这时所形成的是均匀腐蚀,反之就形成局部腐蚀。

(3) 全面腐蚀

即为均匀腐蚀。均匀腐蚀失效的特征是整个暴露的金属构件表面或相当大的面积上发生化学或电化学反应,导致构件由于腐蚀减薄而失效。

全面腐蚀相对于其他腐蚀危险性较小,因为比较容易进行预测和防护,不至于造成突然断裂。均匀腐蚀常用腐蚀速率:mm/a 来表示。

均匀腐蚀的防护措施如下:

1) 选择合适的材料;

2) 表面涂覆耐蚀镀层或涂层;

3) 采用阴极保护;

4) 在介质中添加缓蚀剂等。

(4) 局部腐蚀

局部区域总是遭受腐蚀,或在电化学腐蚀中总当阳极,造成材料的局部过度腐蚀甚至蚀穿。

由于反应堆材料处在介质环境下,经常遭受各种各样的电化学腐蚀,且局部的电化学腐蚀对反应堆安全造成的危害极大,因此我们将重点讨论局部的电化学腐蚀。

3.3.2 局部的电化学腐蚀

下面讨论几种常见的局部电化学腐蚀形式:

(1) 点腐蚀(Pitting)和缝隙腐蚀(Crevice)

点腐蚀和缝隙腐蚀都是局部的电化学腐蚀。点腐蚀集中在个别小点上,并向纵深发展,甚至可以使金属蚀穿。缝隙腐蚀常发生在一些类似铆接的缝隙处,这些缝隙有一定的宽度,液体能进去但不流动。

这类腐蚀的产生和介质中存在氯离子有关,也与局部(坑底)缺氧有关。

当介质中存在有氯离子时会造成氧化膜的局部破坏,如果坑底能得到介质中的氧,氧化膜可以得到修复,蚀坑就不会加深;但如蚀坑较深,妨碍坑内外物质迁移,就会使坑内溶液发生浓缩,氯离子浓度逐渐增大,在坑内形成酸性的浓缩溶液,使腐蚀不断加深,直至穿孔。如图 3-15 所示。

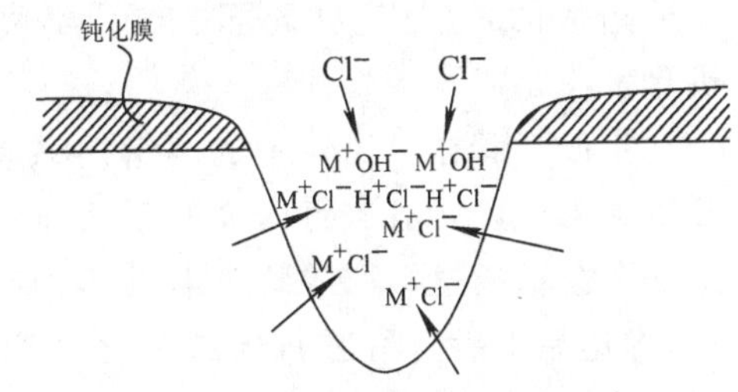

图 3-15　点蚀坑状况示意图

在核电厂,蒸汽发生器的二次侧,在传热管的冷端,管板与第一层支撑板之间常常会有点腐蚀发生。对于海水冷却的核电厂,海水系统的设备和管道也常常发生点腐蚀。

不锈钢发生点腐蚀的原因有内因和外因。内因是材料的成分和组织结构，破坏表面均匀性的缺陷，如夹杂物、贫铬区、晶界、位错等都会使表面氧化膜比较薄弱；外因是介质的成分和温度。介质中含有 Cl^- 、Br^- 、$S_2O_3^{-2}$，特别是 Cl^- 和 Cu^{2+} 的污染，都会使不锈钢产生点腐蚀。增加不锈钢抗点腐蚀能力的有效元素是 Mo 和 Cr，其次是 Ni。

因此为了抗点腐蚀，不锈钢中要加入适量的 Mo 和比较高的 Cr，如 316 不锈钢就比 304 不锈钢抗点腐蚀性能好；设计时要考虑停机时能完全排清液体，避免有死角或滞留液体的部位，清除沉淀物方便。

在反应堆系统中，燃料元件和格架之间，控制棒驱动机构，蒸汽发生器传热管与管板之间的胀接处，传热管与支撑板之间以及管板上方结垢沉积区等部位都有间隙，都存在着缝隙腐蚀的危险。

缝隙腐蚀的严重程度取决于介质中的 Cl^- 、O_2、H^+ 的浓度，温度，流速和间隙的尺寸。

缝隙腐蚀形成的原因解释如下：由于缝隙内的溶液处于滞留状态，其中的溶解氧因出口堵塞而补充困难，缝隙内因缺氧，阴极还原反应停止，但阳极反应依靠缝外的阴极，仍可继续进行，且总速度不变，于是缝隙处产生金属离子累积，为保持电中性，缝外的 Cl^- 被正离子吸引而移入缝内，并形成氯化物（MeCl 或 $MeCl_2$），随着金属氯化物增多，发生水解（$MeCl+H_2O \longrightarrow Me(OH)+HCl$），此时缝内溶液酸化（pH 值可达 2～3）。pH 值的降低可引起缝内金属加速溶解，进而又促使 Cl^- 离子吸入和水解，周而复始便形成了封闭电池的自催化过程，也是缝内金属不断被溶解的过程。

防止缝隙腐蚀的措施是：

1）合理的结构设计，避免缝隙；

2）根据不同的介质，选择适用的材料，如在核电厂系统中选用含钼的不锈钢；

3）在介质中加入缓蚀剂，或在形成缝隙的结合面上涂装加有缓蚀剂的涂料等。

（2）晶间腐蚀（Intergranular Corrosion）

晶间腐蚀的特征是表面尺寸几乎不变，有时表面仍保持金属光泽，但强度和韧性下降，稍加冲击，表面就会出现裂纹。

金相剖面分析，抛光态下可观察到沿晶界的裂纹、晶粒脱落，腐蚀沿晶界均匀向内发展。断口形貌为冰糖状的沿晶断口。

这种腐蚀较多地发生在奥氏体不锈钢和焊接热影响区内，在镍基合金、镁合金和铝合金中也有这种腐蚀发生。产生的原因是晶界析出某相，使晶界附近元素分布形态发生改变而造成的，它是一种局部的电化学腐蚀。以不锈钢的晶间腐蚀为例来讨论晶间腐蚀的机理。

室温下碳在奥氏体中的溶解度只有 0.03% 左右，而在高温下，钢中能溶解较多的碳。不锈钢出厂前一般进行固溶处理，因此碳在钢中均匀分布，但这种状态是亚稳态。在一定的温度下会析出过饱和的碳。当不锈钢在 425～870 ℃范围内保温时，过饱和的碳向晶界迁移，到达晶界后与附近的金属原子（大部分为铬）结合形成 $M_{23}C_6$ 型碳化物析出，从而使晶界附近贫铬引起晶间腐蚀。图 3-16 显示了对这种现象的解释。

因此防止奥氏体不锈钢晶间腐蚀的措施是：

1）降低不锈钢中碳的含量：现在有一些低碳的不锈钢如 316L，304L 都是把碳含量降

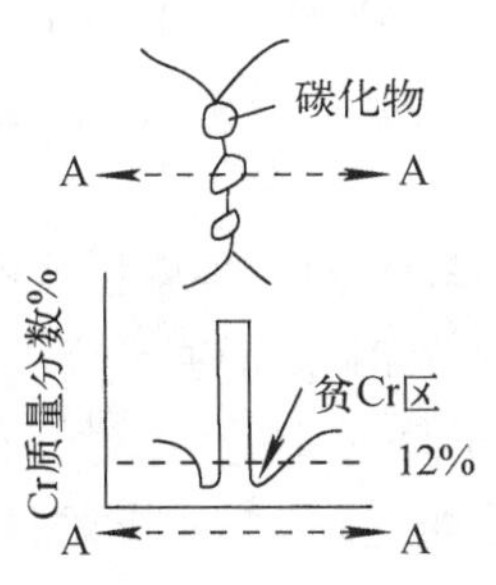

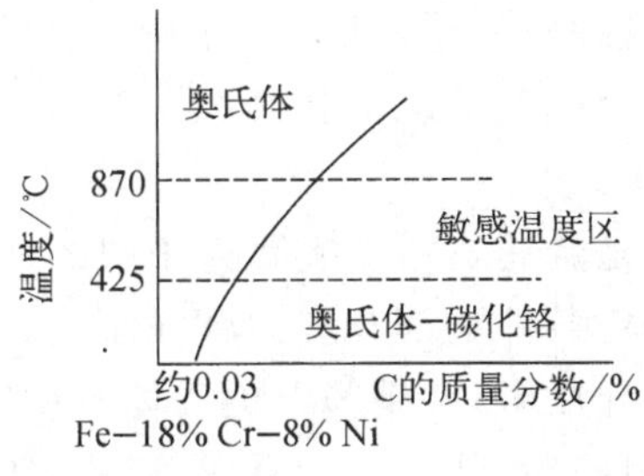

图 3-16 奥氏体不锈钢的晶间腐蚀机理

至 0.03％以下。这样，在钢中不存在多余的碳，在敏化温度加热时也不会析出碳化物而造成晶界贫铬。

2）在钢中加入铌或钛，（一般加入量是碳质量分数的 5～8 倍），形成稳定化的不锈钢。所谓稳定是指稳定碳。因为铌和钛与碳结合的能力比铬强，形成的碳化物 NbC 和 TiC 比 $M_{23}C_6$ 碳化物更稳定，因此可以使这种钢在敏化温度工作时不析出含铬的碳化物，也就不会形成晶间贫铬了。

3）不在敏化温度使用：如含碳量高的不锈钢不在高温下使用，也就不会有碳化物析出导致的贫铬发生，也就不会产生晶间腐蚀了。

4）进行固溶处理：由于这种晶界析出碳化物造成的贫铬现象是可逆的，因此可以用重新固溶处理的方法来恢复。

（3）冲刷腐蚀（Erosion）和微动腐蚀（Fretting）

冲刷腐蚀是由于高速运动的流体撞击金属表面，带走了氧化膜，暴露了金属本体，从而加速了腐蚀。这种腐蚀常发生在管道和泵的拐弯处。

在核电厂中，有些设备和管道采用碳钢制作。由于碳钢在水环境中的抗腐蚀性能较差，尤其是当介质的流速加大时，在一些管道的拐弯处会发生腐蚀加剧，壁厚减薄。

改进措施是：

1）修改设计，使流体冲击力减弱，如加大弯曲半径等；

2）选择合适的材料，既要考虑经济性又要考虑适用性；

3）改变介质的条件，如温度、pH 值、溶解氧等。

微动腐蚀常产生在两个表面的接触部分，由于摩擦和撞击，使表面氧化膜不断破损，暴露新的金属而加速了腐蚀。产生微动腐蚀所需的相对运动量很小，位移大约在 2～20 μm。

在压水堆条件下，压水堆燃料棒与格架之间，指套管与导套管之间就存在着这样的微小相对运动，从而产生微动腐蚀。

防止此类腐蚀的方法是：

1）改进设计，避免或减少接触面的相对运动，如对燃料棒的约束方法进行改进；

2）加强监测，及时发现处于临界状态的部件及时更换，如堆内供中子探测器运行的指套管在停堆维修时要进行监测，及时更换过度磨损的管子。

（4）应力腐蚀（Stress Corrosion Cracking）

应力腐蚀是一种发生在特殊环境和应力状态下的腐蚀，它可以是沿晶的，也可以是穿晶的。应力腐蚀的特征是:材料表面的腐蚀程度较轻,但裂纹较深,裂纹走向基本与主应力方向垂直。在金相显微镜下观察裂纹走向,裂纹呈现分叉,似落叶的树枝状。断口形貌呈现较大起伏。

应力腐蚀是金属材料在实际应用中经常遇到而又危害较大的一种腐蚀类型。绝大多数金属材料在一定条件下都有应力腐蚀倾向。低碳钢和低合金钢在苛性碱溶液中的“碱脆”,在硝酸根离子介质中的“硝脆”;奥氏体不锈钢在含有氯离子介质中的“氯脆”;铜合金在含氨气条件下的“氨脆”等都会在没有明显征兆情况下产生突然的脆断,造成灾难性事故。

苛性腐蚀也是一种应力腐蚀,是金属在应力、温度和高浓度碱溶液作用下发生腐蚀、材料变脆的现象,称为苛性腐蚀或碱脆。

苛性腐蚀主要是晶间腐蚀,由于材料中存在应力,晶粒内部和晶粒边界有电位差,而且晶界为负电位,因此晶界处金属变成金属离子进入介质,不断被溶解,导致产生晶间裂纹。腐蚀过程中产生的氢在裂纹中聚集,形成大的压力也促使裂纹进一步长大,加速了碱脆。

反应堆一、二回路水都呈偏碱性,为了控制 pH 值分别添加 LiOH,联氨(N_2H_4)或磷酸盐等。在冷却剂滞流处或多孔氧化膜中易发生游离碱沉积,造成局部碱浓缩,加之回路工况是高温、高压,满足了碱腐蚀(应力腐蚀)的 3 个条件。

应力腐蚀的发生必须满足 3 个条件,并且这 3 个条件必须同时满足,如图 3-17 所示。

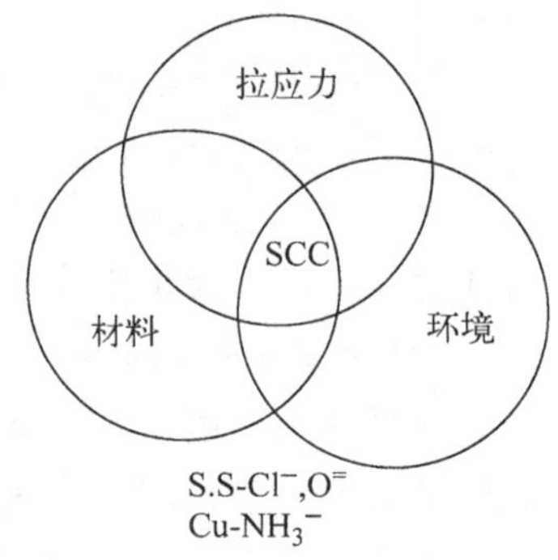

图 3-17 应力腐蚀开裂的条件

1) 存在一个临界的拉应力,低水平的应力就足够,可以是热应力,也可以是材料内部的残余应力,但必须是拉应力。应力越大,产生应力腐蚀开裂的时间就越短。

材料中拉伸应力的来源:一是残余应力(加工、冶炼、装配过程中产生),温差产生的热应力及相变产生的相变应力等;二是材料承受外加载荷所造成的应力。金属与合金所承受的拉应力越小,断裂时间就越长。

2) 存在一个腐蚀环境:环境中有使材料敏感的因素。如含有氯离子、氧离子、氨离子等。对于某种合金,能发生应力腐蚀断裂与其所处环境的特定的腐蚀介质有关,而且介质中能引起 SCC 的物质浓度一般都很低。

如在核电厂的高温水介质中,仅含质量分数为百万分之几的 Cl^- 和 O_2,奥氏体不锈钢就可以发生 SCC 。

3) 存在材料对所处环境敏感的条件:发生 SCC 的合金/环境体系见表 3-7。

表 3-7 发生 SCC 的合金/环境体系

合　金	腐蚀介质
低碳钢	热硝酸盐溶液、碳酸盐溶液、过氧化氢
碳钢和低合金钢	氢氧化钠、三氯化铁溶液、氢氰酸、沸腾氯化镁($MgCl_2=42\%$)溶液、海水
高强度钢	蒸馏水、湿大气、氯化物溶液、硫化氢
奥氏体不锈钢	酸性和中性氯化物溶液、熔融氯化物、海水、高温高压含氧高纯水、F^-、Br^-、$NaOH$-H_2S 水溶液、二氯乙烷等

续表

合　金	腐蚀介质
铜合金	氨蒸气、含氨气体、含氨离子的水溶液、汞盐溶液、含 SO_2 大气、氨溶液、三氯化铁、硝酸溶液
镍合金	氢氧化钠溶液、高纯水蒸气 HF 蒸汽和溶液
铝合金	氯化钠水溶液、海水及海洋大气、潮湿工业大气、水蒸气、熔融氯化钠、含 SO_2 大气、含 Br^-、I^- 水溶液
镁合金	硝酸、氢氧化钠、氢氟酸溶液、蒸馏水、$NaCl\text{-}H_2O_2$ 水溶液、$NaCl\text{-}K_2CrO_4$ 溶液、海洋大气、$SO_2\text{-}CO_2$ 湿空气
钛合金	发烟硝酸、300 ℃以上的氯化物、含 Cl^-、Br^-、I^- 水溶液、N_2O_4、甲醇、三氯乙烯、有机酸

从应力腐蚀开裂来看，最危险的区域是那些处在潮湿和干燥交替工作条件下的金属部分。在反应堆中，许多应力腐蚀开裂发生在蒸气发生器汽水交替的部分。

由于应力腐蚀的发生必须同时满足 3 个条件，因此控制好任一条件(如：降低应力、选择对环境不敏感的材料、改进设计或控制介质中的杂质离子等)都能减缓或避免 SCC 的发生。

减缓或避免 SCC 的发生的措施：

1) 合理选材：尽量避免金属或合金在易发生应力腐蚀的环境介质使用。如在高浓度氯化物环境中，避免选用奥氏体不锈钢，可以选用铁素体不锈钢或镍基、铁镍基合金。

2) 控制应力：在制造或装配金属构件时，应尽量使结构具有最小的应力集中系数，并使与介质接触的部分具有最小的残余应力。加热和冷却要均匀，必要时可以采用退火工艺消除应力，也可采用喷丸、滚压等工艺使材料表面产生一定的压应力。

3) 改变环境：除气、脱氧、除去矿物质等方法可除去环境中危害较大的介质部分。控制温度、pH 值、添加适量的缓冲剂等，达到改变环境的目的。

4) 采用电化学保护：使金属离开 SCC 敏感区，从而抑制 SCC。

5) 添加涂层：好的镀层(涂层)可使金属表面和环境隔开，从而避免产生 SCC。

(5) 氢脆(Hydrogen Embrittlement)

在这里主要介绍的是与腐蚀有关的压水堆包壳材料的氢脆。腐蚀和吸氢现象是密切相关的，锆合金在水和蒸汽中的腐蚀反应为：

$$Zr + 2H_2O \longrightarrow ZrO_2 + 4H$$

锆腐蚀后在表面形成氧化物，同时形成了氢。反应中释放出的氢有一部分(10%～30%)穿过氧化膜溶解于基体金属中，形成固溶体 $Zr(H)_{sol}$ 或形成氢化锆：

$$Zr + H \longrightarrow Zr(H)_{sol} \quad 或 \quad 2Zr + 3H \longrightarrow ZrH_{1.5} \quad (体积增大 14\%)$$

腐蚀的后果是包壳壁减薄，强度降低；吸氢的后果，是在金属中形成氢化物，导致包壳脆化。

氢的吸取量与锆的氧化量有关，氢在锆中的溶解度约为 70 μg/g(573 K)，多余的氢就与锆结合，生成氢化锆，氢化锆呈成片状析出，破坏了金属的连续性，氢化锆在低温下是脆性的，在材料中相当于裂纹，使材料发生脆化。在氢化物的排列方向与材料的受力方向垂直的情况下，脆化的影响就更大。而氢化物的析出方向与锆管的制造工艺有关，也与锆管的应力状态有关。关于这个问题我们在包壳材料节中还要详细讨论。

(6) 腐蚀疲劳(Corrosion Fatigue)

腐蚀疲劳是机件在腐蚀介质中承受交变载荷所导致的破坏现象。由于所有金属在大多数水介质中都可能产生腐蚀疲劳,因此它不需要金属与腐蚀介质的特殊组合。由于腐蚀和疲劳都会加速裂纹的形成和扩展,当交变应力与腐蚀同时作用时,腐蚀疲劳在很低的应力下就可能发生断裂,所以它比任意单一作用要严重得多。

腐蚀疲劳所引起的损伤主要出现在机械制造、船舶制造、汽轮机、热交换器、管道、蒸汽过热器等工程领域。

腐蚀疲劳可以是穿晶的,也可以是沿晶的。

腐蚀疲劳的特点:

1) 腐蚀环境不是特定的:这一点与应力腐蚀不同,只要环境介质对金属有腐蚀作用,同时有交变载荷存在,都可能发生腐蚀疲劳,因此腐蚀疲劳更具有普遍性,断裂也发生得越快。

2) 腐蚀疲劳曲线无水平线段,即不存在无限寿命的疲劳极限。

3) 腐蚀疲劳的断口有腐蚀产物覆盖,断口常呈现棕黑色,且常为多源,并常起源于点腐蚀坑或结构上的尖角、凹槽部位。

4) 腐蚀疲劳的疲劳辉纹常呈现脆性特征:其疲劳辉纹有与河流花样相垂直的形态。

腐蚀疲劳的防护与应力腐蚀防护相似,应从载荷、冶金、环境多方面作综合考虑。

3.3.3 液态金属环境下的腐蚀

在用液态金属作冷却剂的核反应堆中,液态金属对系统结构材料的腐蚀有着和经典腐蚀概念不同的特点和现象。液态金属对材料的腐蚀是一个复杂的综合作用,既有化学作用,也有物理作用。

液态金属环境下的腐蚀定义为:固体材料与液态金属及液态金属中的活性杂质由于物理的、化学的或电化学的相互作用而引起的材料变化,这种变化包括材料的质量、化学组分、相结构和组织以及力学性能等的改变。

(1) 质量迁移(Mass Transfer)

在静止或循环的液态金属系统中,材料中的组元通过液态金属发生迁移,这种现象称为质量迁移。恒温下的称为等温质量转移或浓差质量转移;不等温条件下的称为温差质量转移。

该现象主要发生在快中子增殖堆(FBR)上。由于冷却介质是液态钠(约 550 ℃),同一回路中使用两种不同材料的话,如一端用奥氏体钢,而另一端用铁素体钢制作,那么在高碳的铁素体钢的表面,碳会溶入介质钠中,而由钠介质把碳转移到低碳的奥氏体钢表面沉积下来。从而使铁素体钢的表面发生脱碳,奥氏体钢的表面发生渗碳,使两种材料都发生降级。

即使是使用同一种材料,由于回路中不同位置的温度不同,也会产生这种质量迁移。在热端,碳进入介质;而在冷端,碳析出。尤其是介质中同时还有氧的话,这种迁移会加剧。

为了减少这种效应,一方面要避免在同一回路中使用不同的材料,还要在回路中设置冷阱和热阱。如钠回路中设置 170 ℃的旁路(冷阱),使溶入介质的其他元素析出,用以净化钠;设置 600～700 ℃的旁路(热阱),用锆片或海绵锆来除去氧。

(2) 简单溶解

固体材料(特别是纯金属)表面被液态金属均匀地破坏,也叫表面溶解。单纯溶解作用是材料在液态金属中腐蚀的最简单形式。

(3) 溶解-磨蚀

固态金属在流动的液态金属中的溶解速率与流体的流速有关，流动的液态金属与固体金属之间存在着机械作用。这种由于冲刷摩擦的机械作用所造成的材料损耗称为腐蚀-磨蚀或溶解-磨蚀破坏。

(4) 气蚀

这是一种与磨蚀相仿而又不同的严重腐蚀现象。由于液态金属流速过大，或由于管道突然拐弯以及大幅度地改变管道截面等造成一定的流动条件，液态金属局部汽化，形成了几乎是真空的气泡，此时周围的液态金属以很大的速度冲入这种气泡，并撞击材料表面造成点蚀。随时间的延长，局部地区的点蚀越来越严重，最后形成区域性的严重破坏。这就是气蚀。

(5) 浸渍和自焊

液态金属(或均匀，或从晶界)渗入固体金属内部。其结果之一是结构材料与液态金属短时接触后到出现腐蚀标志时，发生强度降低和塑性降低。其结果之二是发生自焊，当成对的同类金属或合金的配合面在液态金属中时，会互扩散结合，相互连接在一起。此时液态金属会像焊剂一样起到清除表面膜的作用。如成对的钢在钠中长期试验后，观察其结合面的组织，可发现有小晶粒合并的粗大晶粒，这种现象也叫晶间焊合。

(6) 选择性溶解(浸出)

合金材料中的一种或多种组元优先溶出而造成材料的破坏。这种现象称作选择性溶解(浸出)。选择性溶解会引起相变，并在晶界产生表面下的空洞。在钠介质里，镍会造成选择性溶解，使奥氏体钢表面产生铁素体化。

(7) 内氧化

钢在含氧高的液态金属中，在表面下一定深度可出现 $MeO \cdot Na_2O$ 和 $MeO \cdot (Na_2O)_2$ 这类复杂氧化物，此种现象称为内氧化。

3.3.4　材料在海洋环境下的腐蚀

我国大陆海岸线长 1.8 万 km，6 500 多个岛屿的岸线长 1.4 万 km，大多数的核电厂建在海边，利用海水冷却，因此核电厂材料在海洋环境下的腐蚀和防护问题也值得关注。

3.3.4.1　海洋环境因素对腐蚀的影响

海水含盐量一般在 3% 左右，是天然的强电解质。大多数常用的金属材料受海水或大气的腐蚀，材料的耐腐蚀性能随暴露条件的不同有很大的变化。因此我们首先要对海洋的腐蚀环境进行分类。通常分为五个区带：海洋大气带、浪花飞溅带、潮差带、海水全浸带、海底泥土区。

(1) 海洋大气带

在这一区带，由风带来细小的海盐颗粒，特别是氯化钙和氯化镁等海盐粒子容易在金属表面形成液膜，太阳辐射能促进光能反应及真菌之类生物活动，雨量、雾量及其季节分布也会直接影响金属的腐蚀速度和腐蚀机理。

因此这一区带离海面的高度、离海岸的距离、风速、风向、降露周期、雨量、温度、太阳照射、尘埃、季节和污染都会影响材料的腐蚀性能。

(2) 浪花飞溅带

在海洋环境中，海水涨潮时不会被淹没，但海水的飞沫能喷射到的区带。这一区带没有附着生物，但含盐粒子量、海水干湿交替程度都比海洋大气带大，在风浪作用下海水的冲击作用会加剧结构材料的破坏。

在干湿交替过程中，钢的阴极电流比在海水中的阴极电流大，在海水中钢的阴极反应是溶解氧的还原反应，而在浪花飞溅区中的钢由于锈层自身氧化剂的作用而使阴极电流变大。即浪花飞溅区中的钢在经过干燥以后，表面锈层在湿润过程中，由于空气氧化，锈层中的 Fe^{2+} 又被氧化成 Fe^{3+}，上述过程的反复进行加速了钢铁的腐蚀。因此对钢铁而言，这一区是所有海洋环境中腐蚀最严重的部位。但对不锈钢和钛由于充气的条件促进了钝化，因此往往是耐蚀的。

(3) 海水潮差带

这一区带是指高潮线与低潮线之间的区域。该区的特点是干湿周期性变化，有海生物附着。海生物的附着对一般钢铁结构件来说得到局部保护，但对不锈钢等易钝化金属来说却由于海生物的寄生、缺氧而易造成闭塞电池型的局部腐蚀。

(4) 海水全浸带

海面下 20 m 以内是表层海水，是全浸条件下腐蚀最重的区域。该区溶解氧近于饱和，水温高，生物活性强。20～30 m 以上海水中溶解氧随深度下降而下降，温度也降低，腐蚀减轻。

(5) 海泥带

海泥的情况与大陆上泥土的情况相似，比较复杂。一般钢在海泥区的腐蚀比在海水中缓慢，不锈钢在此区有局部的腐蚀。

3.3.4.2 海洋环境的腐蚀形态

海水是复杂的天然电解质，它是多种盐类的平衡溶液，同时还含有悬浮泥沙、溶解气体、生物及腐败的有机物等。因此海洋环境的腐蚀问题很复杂，至今还有现象无法解释，很多问题未搞清。不同的金属材料在海洋环境的腐蚀有不同的形态，相同的金属材料在不同的环境中有不同的腐蚀形态。对海洋环境的腐蚀一定要作具体分析。大体的腐蚀类型有下列几种：

(1) 单纯的电化学腐蚀

1) 全面腐蚀：在海洋大气带常见的腐蚀为全面腐蚀。

2) 局部腐蚀：不锈钢的点腐蚀、缝隙腐蚀、晶间腐蚀，铝合金的剥蚀、缝隙腐蚀、晶间腐蚀，铜合金的脱成分(脱锌)腐蚀，沟状腐蚀等。

(2) 电化学与机械作用共同产生的腐蚀

应力腐蚀开裂、腐蚀疲劳、冲刷腐蚀、振动腐蚀、空泡腐蚀等。

(3) 电化学与生物作用共同产生的腐蚀

微型海生物腐蚀、细菌腐蚀、大型海生物腐蚀及污损等。

常用的防护的方法有以下几种。

1) 根据使役的环境选用合适的金属或非金属材料；

2) 采用防腐技术：

① 电化学保护技术：外加电流法阴极保护技术、牺牲阳极法阴极保护技术等；

② 表面处理技术:磷化、氧化、钝化、表面转化膜等;

③ 金属涂层保护技术:热喷涂、热浸镀、化学镀、金属衬里或包覆等;

④ 非金属防护涂层:防腐涂料、防锈油脂、防污损涂料或树脂衬里和包覆等;

3) 改善环境:如在封闭的或循环的体系中使用缓蚀剂,采用脱气、脱氧、脱盐等。

3.3.4.3 常用核电厂材料在海洋环境的腐蚀形态

(1) 碳钢和低合金钢的腐蚀形态

全面腐蚀发生在全浸带和大气带,而点腐蚀、沟槽腐蚀、溃疡腐蚀、蜂窝状腐蚀、麻点腐蚀往往发生在飞溅带和潮差带,生物污损常常在潮差带。

核电厂用碳钢和低合金钢制作的海水冷却管道时,要采取必要的防护措施,如加树脂衬里,加氯定期杀灭海生物等。

(2) 不锈钢的腐蚀形态

不锈钢在海水中的腐蚀主要是氯离子对不锈钢钝化膜的破坏作用而引起的,其破坏作用主要的形式是点腐蚀和缝隙腐蚀。另外有溃疡腐蚀、隧道腐蚀、麻点腐蚀等,麻点腐蚀主要发生在飞溅带。

核电厂设备中应用不锈钢比较多,氯离子引起的不锈钢应力腐蚀开裂和腐蚀疲劳是主要的破坏形式,因此在海边的核电厂一定要注意介质中的氯离子含量并且要严格防止海水倒灌。

(3) 有色金属的腐蚀形态

1) 铜及铜合金:铜及铜合金在海洋环境中有较好的耐腐蚀性能,所以其腐蚀形态主要是均匀腐蚀,但也出现脱成分腐蚀、点腐蚀、缝隙腐蚀、应力腐蚀开裂等。

核电厂冷凝器一般用铜合金制作,鉴于上述问题,现已开发了钛合金的冷凝器。

2) 铝及铝合金:铝及铝合金在海洋环境中以局部腐蚀为主,腐蚀行为受海生物附着的影响比铜敏感得多。局部腐蚀形态以坑蚀、晶间腐蚀、麻坑及剥落腐蚀为多。

核电厂中用铝合金的机会不多。

3) 钛及钛合金:钛及钛合金在海洋环境中耐腐蚀,一般不发生腐蚀。核电厂中用钛或钛合金制作冷凝器管道,效果比铜合金的冷凝器耐用。

3.4 材料的辐照效应

在反应堆环境中存在着各式各样的核辐射。核辐射对材料的影响往往是有害的,它会产生明显的物理性能及机械性能的改变,因而用于核反应堆的材料必须考虑这种影响,必须要研究它们的辐照效应。

对结构材料来说,中子辐照造成的损伤是结构材料在核反应堆中性能降级的主要原因。而裂变产物造成的辐照损伤主要局限在燃料内部。因此在讨论辐照对材料的影响,即辐照损伤时,主要是讨论中子对结构材料所造成的辐照损伤。

3.4.1 两种主要的辐照

反应堆中射线的种类很多,也很强,但对结构材料来讲,α 粒子、β 粒子和 γ 射线对材料的损伤都不大,而中子的影响是最大的。对燃料材料来讲,主要的影响来自裂变产物。

3.4.1.1 中子与材料的反应

在反应堆中,中子带着 MeV 量级的能量入射材料中,中子与材料的原子发生碰撞,在碰撞中传递能量,发生弹性散射或非弹性散射。这种反应(见图 3-18)造成原子移位,产生空位和间隙原子,也可以激发电离;一定能量的中子会激发核反应,产生异种原子,并且生成氦气、氢气等。

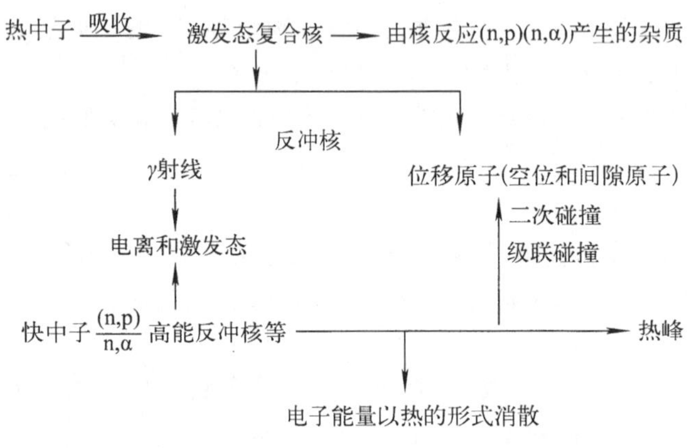

图 3-18 中子与材料的反应

中子的辐照是导致反应堆材料辐照损伤的十分重要的因素。中子不带电,它能一直穿入金属内部。在通常情况下,原子核和快中子发生弹性碰撞的概率要比与其发生非弹性碰撞的概率大得多,弹性碰撞中所传递的最大能量 E_p 可用下面的公式表示:

$$E_p = 4mME/(M+m)^2 \tag{3-26}$$

式中:

m——中子质量;

M——被碰撞原子的质量;

E——中子的初始能量。

反应堆材料与中子的相互作用产生如下反应:

(1) 中子散射

1) 弹性散射:中子和靶核(反应堆材料的原子核)在反应堆内发生作用后,总动能保持不变的称为弹性散射。

当入射中子的能量恰好使形成的复合核激发到某一能级时,中子与靶核形成复合核的概率显著增大,此谓共振弹性散射;共振弹性散射是靶核吸收入中子先形成复合核,再放出中子,回到基态的过程。即:${}_Z^AX+n \longrightarrow {}_Z^{A+1}X \longrightarrow {}_Z^AX+n$。

热中子反应堆中,快中子慢化成热中子的过程主要靠中子与慢化剂核的弹性散射来完成。

2) 非弹性散射:(n, n′)反应,中子与靶核作用后,总动能发生改变的称为非弹性散射。

即散射前后动量守恒,动能不守恒。原因是入射中子的一部分或大部分动能变成靶核的内能,使其处于激发态,然后靶核通过发出 γ 射线才回到基态。非弹性散射有阈能特点,只有当入射中子能量高于靶核特定阈值时才能发生。

在热中子反应堆内,除裂变中子外,大量被慢化的中子能量都在非弹性散射阈能值以下，例如对铀-238 核，中子至少需具有 45 keV 以上能量才能发生非弹性散射。

（2）中子吸收

吸收反应主要有以下三种方式：

1）辐射俘获，靶核吸收中子后放出 γ 射线，(n,γ)反应。

如：压力容器中的 $^{58}Fe(n,\gamma)\longrightarrow{}^{59}Fe$，$^{55}Mn(n,\gamma)\longrightarrow{}^{56}Mn$；

控制棒中的 $^{113}Cd(n,\gamma)\longrightarrow{}^{114}Cd$ 等。

2）核转化成异种原子的反应，中子被靶核吸收后生成一个新核，并放出质子的(n,p)反应。如：

$$^{16}_{6}O+n\longrightarrow{}^{16}_{7}N+{}^{1}_{1}H$$

3）核转化成异种原子的反应，中子被靶核吸收后生成一个新核，放出 α 带电粒子的(n,α)反应。如：

$$^{10}_{5}B+n\longrightarrow{}^{7}_{3}Li+{}^{4}_{2}He$$

结构材料受中子辐照后主要产生以下几种效应：

（1）电离效应

指反应堆中产生的带电粒子和快中子与材料中的原子相碰撞，产生高能离位原子，高能的离位原子与靶原子轨道上的电子发生碰撞，使电子跳离轨道，产生电离的现象。

从金属键特征可知，电离时原子外层轨道上丢失的电子，很快就会被金属中共有的电子所补充，因此电离效应对金属材料的性能影响不大。但对高分子材料会产生较大影响，因为电离破坏了它的分子键。

（2）离位效应

中子与材料中的原子相碰撞，如果传递给阵点原子的能量超过某一最低阈能，这个原子就可能离开它在点阵中的正常位置，在点阵中留下空位。当这个原子的能量在多次碰撞中降到不能再引起另一个阵点原子位移时，该原子会停留在间隙中成为一个间隙原子。这就是辐照产生的缺陷。

一个空位加一个间隙原子成为一个法兰克对。堆内快中子引起的离位效应将产生大量的初级离位原子。使一个原子产生位移所需的能量 E_d 称为晶格原子离位阈能。对金属材料来讲，离位阈能一般在 25～30 eV。如果传递给原子的能量仅稍高于 E_d，被位移的初级原子将不可能移动很远，并将停留在邻近的稳定的间隙位置上形成一个最简单的缺陷(Frankel Pair)；如果能量很大，空位和间隙原子的距离也会增加；当能量更高时，初级位移原子从与中子碰撞中获得的能量大于两倍的离位阈能时，就会与其他阵点原子相碰，产生二级、三级……n 级位移原子，形成级联碰撞(Cascade)（见图 3-19），这种离位原子就是中子导致的损伤源。

这一过程产生的平均离位原子数近似等于 $E_p/2E_d$。一个 MeV 量级的快中子会造成上千个离位原子。在一定的温度下，缺陷可以通过扩散发生复合(Annealing)而消失，也可以聚集而形成较大尺寸的缺陷团（位错环、空洞）。一个快中子会造成在 10 nm 的长度上几百个位移原子。

材料中，每个原子的离位次数 dpa(Displacements Per Atom)被定义为辐照损伤的单位。

（3）嬗变

即受撞的原子核吸收一个中子，变成一个异质原子的核反应。中子与材料产生的核反

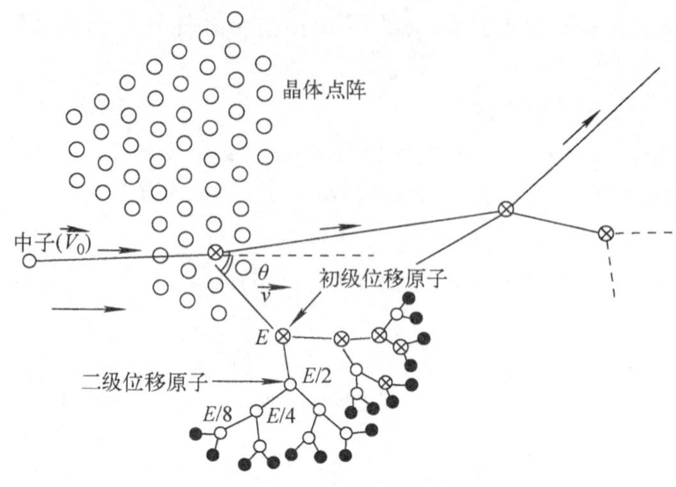

图 3-19 级联碰撞模型

应(n,α),(n,p)生成的氦气会迁移到缺陷里,促使形成空洞,造成氦脆。

(4) 离位峰中的相变

有序合金在辐照时转变为无序相或非晶态。这是在高能中子辐照下,产生离位峰,随后又快速冷却的结果。无序或非晶态被局部淬火保留了下来,随着注量增加,这种区域逐渐扩大,直到整个样品成为无序或非晶态。

3.4.1.2 燃料的裂变

在燃料裂变过程中,形成裂变碎片,裂变碎片带有很大的能量,但它们的质量大、射程短,只局限在燃料中,对结构材料不形成威胁。

在燃料中同时产生大量的裂变产物,有固体裂变产物和大量的裂变气体。裂变产物是由一个原子发生裂变形成多个原子,会造成燃料的体积膨胀;裂变过程中产生大量的惰性裂变气体(Xe,Kr 等)是造成体积膨胀的主要因素。据估计,辐照后期,每 1 cm^3 的二氧化铀可产生 16 cm^3(标准状态)的 Kr, Xe 气体。这些气体在一定的情况下释放出来会造成燃料的肿胀,并且导致燃料的化学、物理、机械性能的改变;一些挥发性裂变产物(I,Cs,Te,Cd)迁移到冷端可造成对包壳材料的侵蚀。

3.4.2 辐照损伤机理

辐照损伤机理可以用离位峰和热峰的理论来解释。

(1) 离位峰理论

计算机模拟和实验观察都得出了以下的现象。一个高能粒子击出的级联碰撞原子趋向于积聚在粒子运动的初级方向上,影响的区域称为离位峰,其长度约 10 nm(见图3-20)。被击出的初级位移原子将沿垂直于初级原子径迹方向,继续运动几个原子的

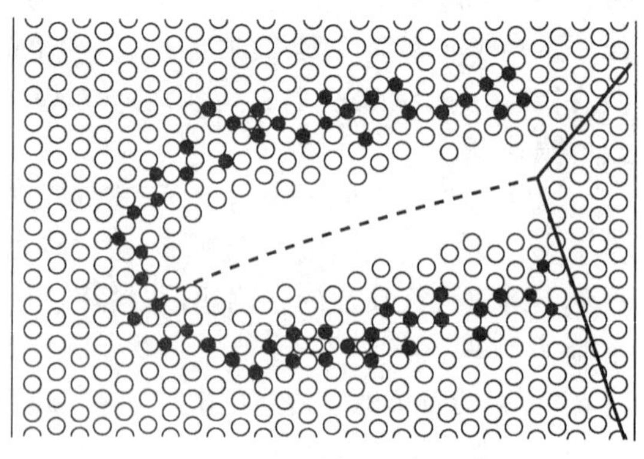

图 3-20 离位峰模型

距离，然后停留在间隙位置上，形成一个间隙原子壳。这个极小体积所获得的能量在短时间内转变为热能，并使间隙原子壳发生熔化。在此熔融区内原子重新排列，由于接着而来的迅速冷却使原子冻结在畸变后的位置上，出现了包含大量空位和间隙原子的离位峰。金属点阵中存在大量的空位和间隙原子会大大增加金属的硬度，降低它的延性。许多材料的体积会明显增加(如石墨、金属铀)。在各向异性的晶体中会发生定向生长和严重畸变。

(2) 热峰理论

一个高能粒子(快中子)会经历几次弹性碰撞，当中子速度降下来，慢到不可能再造成原子位移时，剩余的能量会以振动的形式消散在一个很小的范围内形成一个热峰。局部温度可达几千度，会引起金属材料的膨胀，并在热峰区周围产生应力，使完整的晶格产生塑性变形，热峰过后留下永久残余变形。因此热峰的产生也将导致材料物理、机械性能变化。

实际上，热峰是可以单独发生的，因为入射粒子将产生一系列的 PKA(Primary Knock-on Atom)，其中一些能量在离位阈能附近可以形成热峰；而离位峰常常是与热峰结合在一起的，因为离位峰内包含了大量能量在离位阈能附近的反冲原子，因此离位峰本身就含有热峰。

3.4.3 辐照损伤一般规律

(1) 性能改变

辐照导致材料的硬化和脆化(见图 3-21)。材料的屈服强度($\sigma_{0.2}$或 σ_s)、抗拉强度(σ_b)、韧脆转变温度(DBTT 或 NDT)、杨氏模量(E)及高温蠕变速率(ε)增加；而导致塑性指标(δ, ψ)、密度(D)、冲击功(A_k)、断裂韧性(K_{Ic}, J_{Ic})、疲劳寿命(N_f)及热导率(λ)减小。

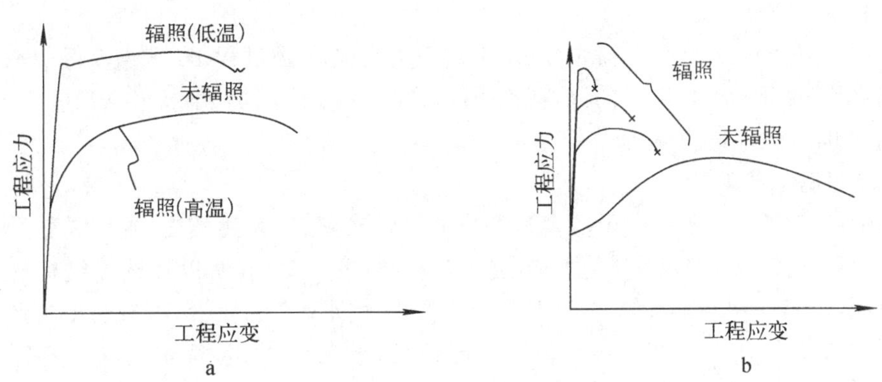

图 3-21　快中子辐照对钢的拉伸性能的影响

a. 面心立方结构；b. 体心立方结构

(2) 辐照肿胀

辐照导致材料中产生大量的缺陷，缺陷聚集后产生空位位错环和间隙位错环。空位位错环不易坍塌，因为核反应产生的氦气易聚集在空位位错环内，而使其形成三维的空洞，造成体积膨胀；间隙位错环坍塌后在原晶体中多了一个原子面，使体积增加。因此辐照导致材料的肿胀。

辐照肿胀与温度有关。如不锈钢大约在 0.3～0.5T_m下辐照肿胀量最大(当中子注量达10^{27} n/m^{2}时，肿胀可达 15%)。

产生肿胀峰的原因可以这样解释：低于峰值温度，空位、间隙原子可动性不大，被冻结在材料中，因此肿胀量较小；高于峰值温度，缺陷活动量增加，发生复合的机会也增加，这时肿胀量就会减少。

（3）氦脆

由于(n,α)反应产生大量的氦气，一旦氦泡在晶界聚集，就会造成材料的脆化，形成沿晶的断裂。而(n, p)反应产生的氢气容易逸出，对材料的影响不大。

（4）辐照生长

一些材料在中子辐照下表现为定向的伸长和缩短，而密度基本不变，这种现象称为辐照生长。辐照生长与温度无关，体积不变，生长量仅与辐照的中子注量有关。如锆在辐照下呈现 a 轴生长，c 轴缩短的现象(见图 3-22)，宏观上可观察到包壳管变长。而石墨辐照生长的情况却是 a 轴缩短，c 轴生长的现象。

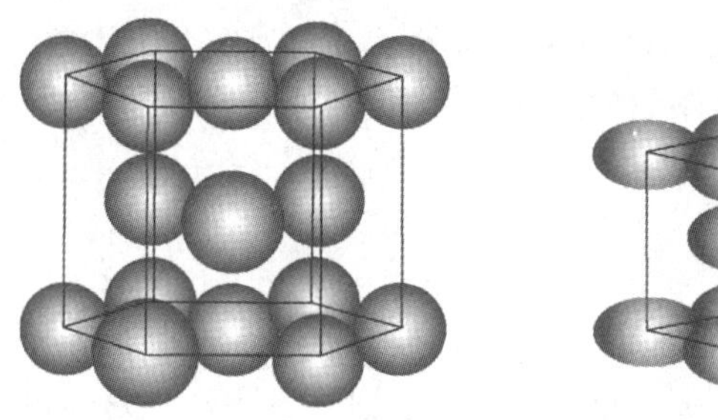
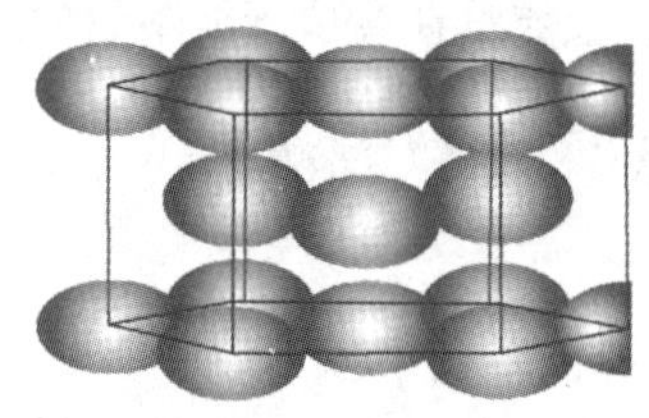

图 3-22 锆合金的辐照生长模型

（5）水的辐照分解

水在反应堆条件下会产生辐照分解，水的辐射分解产物过程很复杂，入射线在与水作用过程中，能量逐渐下降，引起水的强电离、弱电离和水分子的激发，产生 H、OH、HO_2、H_2、H_2O_2 等，对堆内构件造成腐蚀。

（6）辐照诱导放射性

材料中的某些核素吸收中子后会转变成放射性核素，即发生嬗变，这就是辐照诱导的放射性。如^{59}Co，通过(n,γ)反应产生^{60}Co，它的半衰期是 5.12 a，所以在选择结构材料时要考虑这个问题，材料中尽量避免在辐照下会产生长寿命同位素的核素，不然会增加废物处理的负担。给维修带来困难。如^{60}Co 是长寿命同位素，放射性很强，很难处理。所以核级结构材料中要严格控制钴的含量。

在核级结构材料中还要控制中子吸收截面大的元素如 B、Ta，因为它们会对堆内性能发生干扰。

复习题

1. 硬度是什么样的物理量？本章讨论的硬度试验有哪几种？各在什么情况下使用？
2. 什么是强度？本章学习了哪几种强度指标？叙述这些强度指标的意义。
3. 一个经典的拉伸试验可以测定材料的哪些指标？试验温度上升或辐照剂量

增加，这些指标的变化趋势怎样？

4. 什么是韧性？本课程学习的韧性指标有哪些？对压水堆材料的研究有什么意义？
5. 什么是疲劳？为什么说疲劳断裂是脆性的？疲劳断口有哪些特征？
6. 简述蠕变三阶段，温度、辐照对蠕变的影响。
7. 什么是化学腐蚀、全面腐蚀、局部腐蚀、电化学腐蚀、局部的电化学腐蚀？举例说明。
8. 描述各类局部电化学腐蚀的现象、机理及预防措施。
9. 为什么腐蚀疲劳比单独的腐蚀和疲劳的后果更严重？
10. 结构材料的辐照损伤是怎么形成的？辐照损伤用什么量度？
11. 燃料的辐照会产生哪些现象？裂变产物、裂变气体对燃料性能有什么影响？
12. 解释辐照生长是一种什么样的现象，锆合金包壳在中子辐照下发生生长的后果是什么？
13. 在辐照条件下，燃料和结构材料会发生肿胀，这两种肿胀的机理是不同的，解释它们的机理。
14. 辐照会引起材料性能发生变化，请叙述材料性能变化的趋势。
15. 堆内使用的材料要限制哪些元素？为什么？

第 4 章　核燃料

在反应堆中使用的易裂变物质和可转换物质统称为核燃料。核燃料中必须包含有易裂变的核素，当它们在反应堆内工作时，可以维持链式反应，并释放裂变能。

可以用作核燃料的核素有铀-233、铀-235、钚-239，其中只有铀-235是天然存在的，天然铀中仅含 0.714% 的铀-235，其余为约占 99.28% 的铀-238 和约占 0.006% 的铀-234。铀-233和钚-239是在反应堆中通过钍-232和铀-238俘获中子后嬗变得到的。其核反应过程如下：

$$ {}^{232}_{90}\mathrm{Th} + {}^{1}_{0}\mathrm{n} \xrightarrow{\gamma} {}^{233}_{90}\mathrm{Th} \xrightarrow[T_{1/2}=22.2\ \mathrm{min}]{\beta} {}^{233}_{91}\mathrm{Pa} \xrightarrow[T_{1/2}=27.4\ \mathrm{d}]{\beta} {}^{233}_{92}\mathrm{U} $$

$$ {}^{238}_{92}\mathrm{U} + {}^{1}_{0}\mathrm{n} \xrightarrow{\gamma} {}^{239}_{92}\mathrm{U} \xrightarrow[T_{1/2}=23.5\ \mathrm{min}]{\beta} {}^{239}_{93}\mathrm{Np} \xrightarrow[T_{1/2}=2.35\ \mathrm{d}]{\beta} {}^{239}_{94}\mathrm{Pu} $$

由于铀-233、钚-239分别是由钍-232和铀-238俘获中子而形成的，所以铀-233、钚-239又称为二次再生燃料。

压水堆中使用的是铀-235的质量分数为3%左右的低浓缩铀，铀-235的浓缩是通过扩散、离心、激光等的方法得到的。不过在提高燃耗的要求下，铀-235的质量分数会相应提高，目前在5%以下。

理想的核燃料需具备以下特点：

1）燃料中易裂变原子密度高：即材料中应含有高浓度的裂变（或增殖）原子，其他组合元素中不应有中子吸收截面大的原子。

2）导热性能好：即可以有高的功率密度（每单位堆芯体积的热功率高），或高的比功率（每单位质量燃料的热功率高），燃料能承受高的热流而不产生过大的温度梯度，并能使燃料中心温度保持在熔点以下。

3）熔点高，熔点以下没有相变：不会因为相变而导致熔点以下的密度、形状、尺寸及其他变化。

4）低的热膨胀系数：以保持燃料元件的尺寸稳定。

5）具有化学稳定性，与包壳材料相容，与冷却剂不发生化学反应。

6）辐照下稳定性好：即在强辐照下不会因肿胀、开裂和蠕变等引起变形而失效；机械性能（强度、韧性等）也不应在辐照下有很大的变化。

7）材料的物理和力学性能好，易于加工，并能经济地生产。

4.1　燃料的分类

根据核燃料的物质形态进行分类，大致可分成固体燃料和液体燃料。固体燃料又可以分为金属型、陶瓷型和弥散型。它们的典型结构形式是用包壳将燃料包封起来做成燃料元件。目前实用的动力堆和研究堆采用的大部分是这种核燃料。

从燃料的性能来看，金属型燃料密度高，单位体积内含铀量高，导热性能好。但是它的熔点低，工作温度低，与冷却剂及包壳材料的相容性较差。

陶瓷型燃料多为氧化物、碳化物及氮化物等。它们熔点高，具有高的工作温度，与包壳和冷却剂的相容性好，但密度较低，导热性能差，机械强度低，脆性大。

弥散型燃料主要是为改善燃料元件的传热性能，抑制燃料辐照肿胀而设计的。是将陶瓷燃料粉末或金属间化合物粉末弥散在金属基体内，从而克服了陶瓷型燃料导热和延性的不足，把辐照损伤局限于燃料本身，达到提高燃耗的目的。另有一种用热解碳和碳化硅包覆的氧化物或碳化物颗粒燃料，用于高温气冷堆。

4.1.1　金属型燃料

金属型燃料主要是指金属铀及铀合金。金属钚由于熔点低(640 ℃)，熔点以下有 6 种同素异构形式(α、β、γ、δ、δ′、ε)，化学稳定性不好，并且生物学上有毒性而缺乏实用价值。

(1) 金属铀

金属铀是一种致密的、中等硬度、银白色的、化学性质非常活泼的金属。它从室温到熔点有 3 个同素异构体，分别为 α、β、γ 相。从室温到 668 ℃为 α 相，属正交晶系，密度为 19.06 Mg/m^3；从 668 ℃到 774 ℃为 β 相，属四方晶系，相变时体积增大 1.15%，密度为 18.81 Mg/m^3；从 774 ℃到熔点 1 133 ℃为 γ 相，属体心立方晶系，从 β 相到 γ 相体积增加 0.71%，γ 相密度为 18.06 Mg/m^3。

金属铀的优点是不含稀释原子，裂变原子密度高；金属铀的导热性对金属来讲是较小的[在室温下是 25 W/(m·K)]，仅为铝的 15%，但与堆内所用的其他核燃料相比，导热性能是高的。它的另一个优点是加工性能好，可用各种常规方法加工，包括铸造、轧制、挤压、模锻、拉拔和切削。

缺点是它的熔点(1 133 ℃)较低，在熔点下随温度变化而引起相变，而且 α 相(正交晶系)各向异性，三个轴向上的热膨胀系数不同，a 向最大(39×10^{-6}/℃)、c 向次之(27.6×10^{-6}/℃)、b 向为负(-6.3×10^{-6}/℃)，因此相变和热膨胀会造成温度循环下的严重扭曲；辐照引起的尺寸变化是金属铀燃料的另一个缺点，由于核燃料裂变，一个重的易裂变元素核分裂为两个或两个以上较轻的裂变碎片，而且裂变气体以小气泡形式集聚在金属铀晶格内，造成材料肿胀。因此金属铀辐照稳定性差，几何变形严重，它的堆内寿命短。

引起几何尺寸变化的因素，在 450 ℃以下，变形主要由 α 相的各向异性所引起；大于 450 ℃，变形主要源于辐照肿胀，体积增大，密度减小；由于金属铀有很强的化学活性，即使在常温下也能与空气、水、氢气发生反应。因此应用受到限制。早期的英国、法国反应堆曾采用它作反应堆燃料，用二氧化碳气体冷却，但堆龄很短，燃耗只有几千 MWd/tU，因而现代商用动力堆不用金属铀为燃料。

(2) 铀合金

铀通过合金化可使材料稳定在某一相，从而避免相变造成的体积变化和扭曲，以此提高辐照时的尺寸稳定性和抗腐蚀性能。比如，加入适量铜，可以稳定 α 相；加入钼、锆、铌可以稳定 γ 相。含铀量 60%的锆-铀合金曾用于希平港动力反应堆，U-ZrH 用于脉冲堆。铀-锆合金仍是一种有希望的金属燃料，铀-钼合金也得到很大的重视，开展了深入的研究工作。美国的一体化快堆燃料曾计划采用金属型的铀-X 钚-10%(X＜20%)锆合金作钠冷快中子堆的燃料。

4.1.2 陶瓷型燃料

铀、钚、钍与非金属元素(氧、碳、氮等)的化合物组成了陶瓷型核燃料。由于这些燃料有很高的熔点,耐腐蚀,辐照稳定性好等有利条件,动力堆普遍采用这类材料作核燃料。

陶瓷型核燃料有氧化物型[二氧化铀、二氧化钚、二氧化钍及氧化铀钚(MOX 燃料)等]、碳化物型(碳化铀、碳化钚、碳化铀钚等)及氮化物型(氮化铀、氮化钚、氮化铀钚等)。各种核燃料的性能对比见表 4-1。

表 4-1 各种核燃料的性能对比

	U	UO_2	UC	UN	Pu	MOX	$(Th+U)O_2$
熔 点/℃	1 133	2 865	2 380	2 850	640	2 400	1 750
晶体结构	α(正交)RT-668 β(四方)668-774 γ(BCC)774-MP	FCC	FCC	FCC	6 个相: α、β、γ、δ、δ′、ε	FCC (以 20% PuO_2 为例)	≤1 325 FCC ≥1 325 BCC
理论密度/(Mg/m^3)	18.06~19.04	10.96	13.63	14.3	15.92~19.82	11.04	11.72(RT)
热胀系数/(10^{-6}/℃)	a:39.0, b:−6.3, c:27.6	(0~1 500 ℃) 10	(20~1 000 ℃) 10		δδ′相负值	(RT-1 600 ℃) 11.6	11.4(RT)
热导率/[W/m·K(℃)]	25(25 ℃)	2.8(1 000 ℃) 8.4(20 ℃)	21.7(1 000 ℃) 33(44 ℃)	24.5(1 000 ℃)	4.2(RT)	3.3(600 ℃)	38 (1 000 ℃) 45(650 ℃)
断裂强度/MPa	344~1 380	110	62				241
弹性模量/10^{11} Pa	1.0~1.7	2.0	2.1	1.9	1.0	1.8	6.9
辐照效应	≥450 ℃肿胀	0.5×10^{22}没明显肿胀	比 UO_2 肿胀略多	氮的寄生俘获		U 从心部向边缘迁移	辐照稳定性好
化学稳定性	与氢、水、空气在 RT 作用	稳定	至 500 ℃与钠不作用,与水作用		与氧、氢、水作用	稳定	与空气、水作用,与钠不作用
生 产	容易	粉末冶金法	从 UO_2 制得	从 UO_2 制得	生物学上有害	FBR20% PWR3%~5%	容易
尺寸稳定性	差	好	好	好	差		

碳化物燃料(UC)可用在很高温的条件下。由于 UC 的裂变原子密度比 UO_2 燃料高 25%~30%;热导率也比 UO_2 高,温度梯度比较平坦,可采用较大直径的芯块,在高温和高

燃耗下有很好的辐照稳定性；但它比 UO_2 易肿胀，也没有 UO_2 包容裂变气体的能力强，并且与水作用，与液态金属钠不起作用，所以成为有实力的另一种陶瓷型燃料用于液态金属冷却的快中子增殖堆，在使用中要考虑与包壳材料的相容性问题。

氮化物燃料（UN）曾是一种很有前途的陶瓷型燃料。UN 有很好的导热性能；与很多材料的相容性也比 UC 好；它在高温下有很好的抗变形能力和很好的辐照稳定性。但它的致命弱点是氮-14 的寄生俘获会降低增殖比，并且氮的（n，p），（n，α）反应会产生较多气体，产生的碳-14 带来放射性污染，会引起生物学方面的问题。

二氧化铀是所有核燃料中用得最广泛，因而也是最重要的一种。

4.1.3　弥散型燃料

弥散型燃料是将含有易裂变核素的化合物加工成粉末或颗粒，均匀地散布在非裂变材料中形成的。含有易裂变核素的燃料颗粒为燃料相，非裂变材料为基体相。

根据燃料相的不同，弥散型燃料可分为金属型、合金型和陶瓷型弥散燃料。目前常用作燃料相的有：铀与铝、铍的金属间化合物，铀的氧化物、碳化物、氮化物、硅化物等。作基体相的材料有：铝、镁、铍、锆、铌、石墨和不锈钢等。

弥散型燃料具有熔点高、与包壳相容性好、抗腐蚀、抗辐照、导热性能好等优点。燃料的形态与传统燃料不同，如板状元件，它是一种“三明治”的结构，两边是金属（铝）包壳，中间是呈弥散体的燃料颗粒埋在金属（铝）基体中。弥散型燃料主要用于试验堆，也用于动力堆和生产堆做燃料。如我国的 CARR 堆就是使用 U_3Si_2 弥散在铝中（U_3Si_2-Al）为芯体，6061 铝做包壳。

用于核潜艇动力堆的燃料元件是用 UO_2 弥散在锆中作芯体，锆合金做包壳。在早期的游泳池堆中，也曾应用 UO_2 弥散在镁中作芯体，镁合金作包壳。还有利用 UO_2 弥散在氧化铍中的弥散型燃料用于一些特殊用途的堆中作燃料。

4.1.4　其他形式燃料

还有一些燃料。如包覆颗粒燃料是一种用于高温气冷堆的燃料。裂变燃料或增殖燃料用溶胶凝胶法制成小颗粒，外面再包覆上多层复合材料，如多孔碳（储气）或氧化硅，最后一层是高温热解碳（做包壳）。

另一种燃料是在研究中的快堆燃料。它直接由后处理产生的铀的硝酸盐，通过溶胶凝胶法制成大小不同的颗粒，或用电解精炼法从乏燃料熔融盐中直接提取铀钚氧化物颗粒，装入包壳，经过振动密实，得到所要求的燃料装量，用于快堆。

为了得到高性能燃料和方便的后处理过程，科学家在不断的努力，燃料材料也在不断的发展。

4.2　二氧化铀燃料

铀-氧系有 20 多种化合物，但热力学稳定的只有 UO_2、UO_3、U_4O_9、U_3O_8 4 种。其中得到实际应用的是 UO_{2+x}，x 的范围在 0～0.25，二氧化铀作为燃料，它的性能优缺点如下。

(1) 优点

1) 熔点高，晶体结构为面心立方(FCC)，各向同性，并且从室温到熔点没有相变；

2) 高温稳定性和辐照稳定性好；

3) 化学稳定性好，与高温水不起作用，与包壳相容性好；

4) 在 1 000 ℃以下能包容大多数裂变气体；

5) 有适中的裂变原子密度，非裂变组合元素氧的热中子俘获截面低(<0.002 b)。

(2) 缺点

1) 热导率小，使芯块的中心温度高，温度梯度过大；

2) 机械强度低、脆，在反应堆条件下易裂，且加工成型困难。

4.2.1 二氧化铀的基本性质

4.2.1.1 物理性能

(1) 晶体结构

化学计量的二氧化铀是 CaF_2(AB_2)型面心立方结构(FCC)，晶格常数 a=0.547 nm，对铀离子而言，晶胞是面心立方的，氧离子处在(1/4,1/4,1/4)的位置上，每个晶胞中含有 4 个 UO_2分子，以及 4 个间隙空穴，它处于(1/2,1/2,1/2)位置，与 8 个氧原子等距离，如图 4-1 所示。

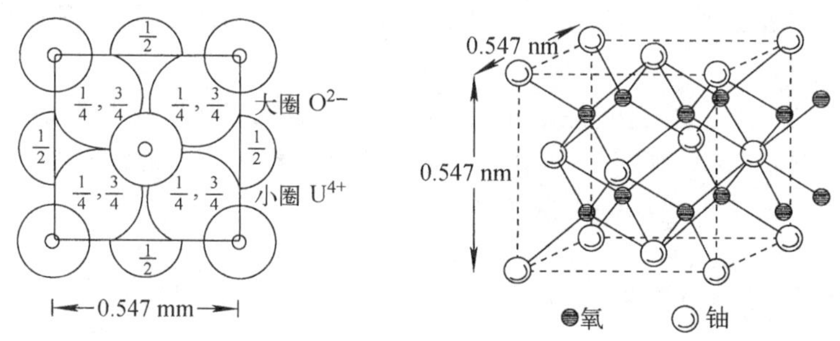

图 4-1 二氧化铀的晶体结构

在相图(见图 4-2)上氧/铀(O/U)比为 2.00～2.25 的区域，超化学计量的氧渗入二氧化铀晶格间隙，形成 UO_{2+x}固溶体。相图中的垂线代表化合物 UO_2(O/U=2.0)和 U_4O_9(O/U=2.25)，O/U 比较大的其他化合物是 U_3O_8和 UO_3。

低温下，O/U<2 的是 UO_2和金属铀的混合物，高温下是 UO_2和液态金属铀的混合物。在一个 O/U 不等于 2.0 的很宽的区域，系统是单相。是氧在氧化物中的真正的固溶体。在各种化合物 U_aO_b 的垂线之间存在很多的两相混合物。

(2) 密度

二氧化铀的理论密度是 10.97 Mg·m^{-3}。一般压水堆燃料烧结芯块的密度为理论密度的 93%～95%，不过在提高燃耗的情况下，密度值会相应的放宽。燃料芯块的密度太高，对裂变气体的储存不利，因此不能用于高燃耗；而密度太低，在辐照的初期又容易由于燃料的密实而造成燃料棒的早期失效。

(3) 熔点

二氧化铀的熔点随氧/铀比和微量杂质而异，由于 UO_{2+x} 在高温下析出氧，在加热过程中氧铀比逐渐减少，很难测出真正的熔点，目前公认的熔点是(2 860±40) ℃。

由于通常存在于二氧化铀中的杂质都有使熔点降低的倾向，推荐采用熔点为 2 805 ℃×(1±0.53%)进行核燃料设计。

从相图(见图 4-2)上看，氧/铀比增加和减少都会造成熔点的降低。燃耗对熔点也有影响，燃耗增加，熔点降低。铀燃耗每增加 10 GWd/tU，熔点下降 32 ℃。熔点下降的原因是裂变导致阳离子裂变产物的积累和氧的释放。

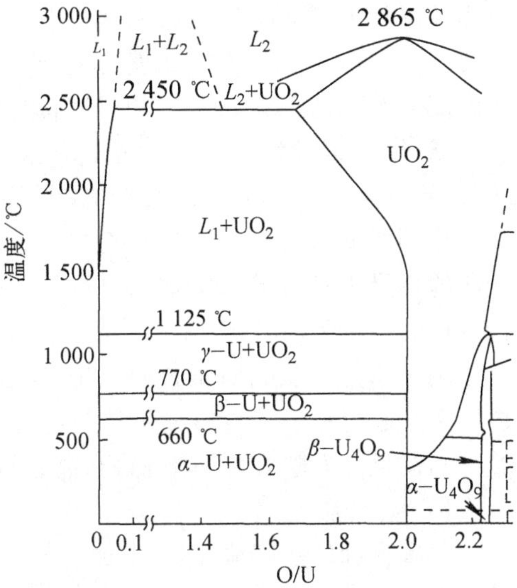

图 4-2　铀-氧系平衡图

(4) 比热容

二氧化铀的比热容是用于事故工况分析中的一个极为重要的热力学量。对于一个给定的燃料温度变化，比热容控制了热容量的变化幅度。

二氧化铀的比热容按下式随温度变化：

$$C_p = -84.053 \times 10^{-7} T^2 + 48.753 \times 10^{-3} T + 36.707 \tag{4-1}$$

式中：C_p 的单位是 $J \cdot mol^{-1} \cdot K^{-1}$，1 065 ℃<$T$<2 030 ℃。

(5) 热导率

热导率是核燃料非常重要的热物理性能之一。燃料棒的线功率密度是热导率的函数，热导率越高，允许的线功率密度也就越大。在燃料棒设计中，通过热导率的测定可计算出燃料芯块的中心温度和径向温度分布。

从室温起，二氧化铀的热导率随温度上升而急剧下降，室温下为 8.4 W/(m·K)，在 1 727 ℃(2 000 K)时达到最小值 2.2 W/(m·K)而后又稍有上升(见图 4-3)。在低温段，热

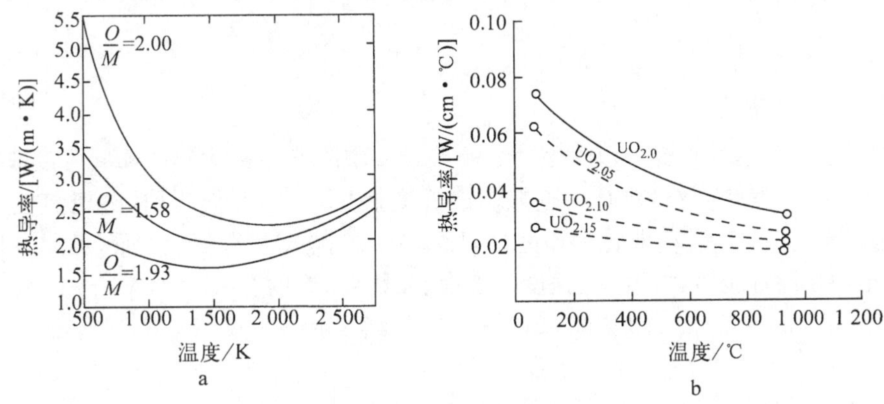

图 4-3　UO_2(不同氧/铀比的)热导率随温度变化趋势

a. 亚化学剂量的 UO_2，氧/铀比越高，热导率升高；b. 过化学剂量的 UO_2，氧/铀比越高，热导率越低

导率随温度上升而降低。研究认为在这个温度段的热传导主要是晶格振动，即声子传导所作的贡献。以化学计量的二氧化铀为例，到约 2 000 K 时达到最低点。高于此温度，热导率随温度上升又呈上升趋势，研究认为这是由于高温时电子导热所占份额增大所致。

燃料中的孔隙率增加，密度下降，热导率也下降。热导率不仅与孔隙率有关，还与孔隙的大小、方向、分布、形态有关。此外，氧/铀比、杂质、晶粒度都会影响热导率。

热导率低的材料在加热和冷却时会产生较大的热应力，核燃料的热导率低，核裂变反应生成的热量不易传导出来，会导致中心部温度的升高，在燃料中形成大的温度梯度，造成燃料在堆内环境下的开裂、重结构等一系列变化。

热导率与二氧化铀所含的氧份额也有关。亚化学剂量的二氧化铀，随氧/铀比的增加，热导率升高（见图 4-3 a）；过化学剂量的二氧化铀，氧/铀比越高，热导率越低（见图 4-3 b）。

晶粒尺寸对热导率也有影响，晶粒越大，热导率越大。

（6）热膨胀

二氧化铀的热膨胀系数为 10.8×10^{-6}/℃。2 000 ℃以上体膨胀大大增加，体膨胀由下式给出：

$$\frac{\Delta V}{V}=9\times10^{-6}T+6\times10^{-9}T^{2}+3\times10^{-12}T^{3} \tag{4-2}$$

由于 UO_2在 2 450 ℃以上显著蒸发，故高温热膨胀数据只是定性的。

当二氧化铀发生熔化时，其体积膨胀为 7%～10%。

（7）蒸汽压

UO_2的汽化现象比较复杂，因为它与 O/U 比，以及气氛中的氧分压等因素有关，具有一定 O/U 比的固态 UO_2的汽化机制至少在 2 000 K 以下主要是升华，其蒸汽压可见表 4-2。

表 4-2 二氧化铀的蒸汽压

温　度/℃	蒸汽压/(托)	温　度/℃	蒸汽压/(托)
1 351	1.65×10^{-8}	1 955	3.60×10^{-3}
1 504	7.06×10^{-7}	2 151	4.21×10^{-2}
1 727	6.57×10^{-5}	2 388	9.66×10^{-1}

注：1 托＝133.322 4 Pa。

4.2.1.2 力学性能

UO_2在常温下是脆性陶瓷体，力学性能没有确定值，断裂强度约为 110 MPa，强度取决于试验方法和温度。在韧脆转变温度以上，随着温度升高，强度急剧降低，同时出现塑性。1 200～1 400 ℃呈现半塑性，高密度，非化学计量的 $UO_{2.06}$在 1 800 ℃发生塑性变形（见图 4-4）。

二氧化铀在脆性范围内的断裂强度与密度、晶粒度、温度有关。

$$\sigma_f=170\times[1-2.62(1-D)]^{12}G^{-0.047}\exp(-1\ 590/RT) \tag{4-3}$$

式中：

σ_f——断裂强度，MPa；

D——密度；

G——晶粒尺寸，μm；

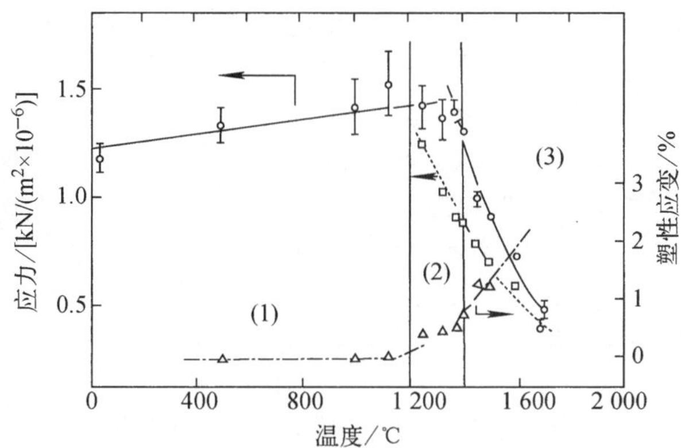

图 4-4　UO_2 断裂应力、应变与温度的关系

T——绝对温度；

R——气体常数[8.134 J/(mol·K)]。

晶粒尺度在 0～20 μm 的二氧化铀的压缩强度在 420～980 MPa。

弹性模量与温度、气孔率有关。室温时约为 2.1×10^5～2.3×10^5 MPa，随温度增加，该值呈直线下降，系数为 3.09×10^{-2}/K；随气孔率增加，弹性模量减小。关系式如下：

$$E_P = E_0(1-2.62P) \tag{4-4}$$

P 为气孔率，E_0 为室温时理论密度的 UO_2 的弹性模量，为 2.26×10^5 MPa。

泊松比与气孔率有关：

$$\nu=\frac{0.361-1.439P}{1-1.660P} \tag{4-5}$$

95%TD 的二氧化铀的泊松比计算值为 0.315，90%TD 的为 0.260。

高温时的变形可用高温蠕变机制来描述。二氧化铀的高温蠕变可用下式来表示：

$$\dot{\varepsilon} = (A_1\sigma/G^2)\exp(-Q_1/RT) + A_2\sigma^{4.5}\exp(-Q_2/RT) + CF\sigma \tag{4-6}$$

式中：

A_1、A_2、C——裂变有关的常数；

Q_1、Q_2——裂变激活能；

$\dot{\varepsilon}$——稳定蠕变速率；

σ——施加的应力；

G——晶粒尺寸；

R——气体常数；

T——温度；

F——裂变率[n/(cm²·s)]。

4.2.1.3　化学性能

从三氧化铀和八氧化三铀通过氢还原生成二氧化铀的自由能见表 4-3。一般来说，很难得到化学计量的 UO_2，而只能得到 UO_{2+x}，(x=0.01～0.04)。

(1) 二氧化铀与大多数反应堆冷却剂几乎不起作用

在大气中二氧化铀可选择吸附其中的水，被吸附的量与大气湿度、接触时间、温度及 UO_2 表面状态有关。在较干燥的大气中，块状 UO_2 能吸附几个单分子层的水；在高湿气氛中，它的表面可吸附 6 个单分子层的水；UO_2 芯块的吸湿速率相当快，几分钟到几小时就可以达到饱和。

表 4-3 UO_2 的生成自由能 kJ/(mol·K)

温　度/K	573	673	773	873	1 273
由 UO_3 还原	106.8	110.5	113.9	116.8	128.1
由 U_3O_8 还原	191.8	196.9	205.1	210.2	228.6

二氧化铀芯块在 300 ℃的去氧水中仍有很好的抗腐蚀性能，但一旦超过 360 ℃，抗腐蚀性能便显著变差。

二氧化铀在去氧的水蒸气中，直到高温也十分稳定，但在含氧的水蒸气中，如 UO_2 芯块，在 650 ℃，含 30 μg/g 氧的水蒸气(压力为 420 MPa)中，只要 10 天就产生严重的浸胀和破裂。

二氧化铀与氢到极高温也不发生作用；

二氧化铀与二氧化碳在 500～900 ℃的氧化速率比金属铀低得多；

二氧化铀与液态钠在 600 ℃以下非常稳定。

(2) 二氧化铀与包壳材料的相容性好

二氧化铀与铝在 500 ℃会有点作用，生成 UAl_2 和 UAl_3；

二氧化铀与锆在 600 ℃会有点作用，使锆变脆；

二氧化铀与不锈钢，即使长时间暴露在 1 400 ℃下也不反应。

当 UO_2 的颗粒尺寸小于 0.5 μm 时，它是可以自燃的。

4.2.2 二氧化铀燃料的制造

二氧化铀燃料的制造流程简单描述如下：

铀矿石 $\xrightarrow{\text{转化}}$ U_3O_8 $\xrightarrow{\text{萃取、净化}}$ UF_6 $\xrightarrow{\text{气体扩散等}}$ UF_6(浓集 ^{235}U) $\xrightarrow{\text{ADU、AUC、IDR}}$ UO_2 粉末 $\xrightarrow{\text{粉末冶金工艺}}$ UO_2 芯块 $\xrightarrow{\text{加锆包壳等}}$ 燃料棒 $\xrightarrow{\text{与上下管座、格架等组装}}$ 燃料组件

4.2.2.1 八氧化三铀的获取

(1) 铀矿的开采和选矿

铀矿开采是把工业品位的铀矿石从地下矿床中开采出来。铀矿石品位一般较低，根据目前水平，含铀千分之一的铀矿就有开采价值。由于铀矿有放射性，开采时一定要有辐射防护措施。

世界上铀矿开采大多采用地下开采法，少数采用露天开采。20 世纪 70 年代由美国研发的地浸采矿法(In-situ Leaching)由于工艺简单，基建投资少，建设周期短，劳动条件好，成本较低，因而用该方法生产的铀占铀生产总量的比例不断上升。

地浸采矿法是把化学溶剂通过钻孔直接注入地下矿体内，浸出矿石中的铀，再收集含铀的浸出液，提升到地面进行处理。

选矿是将开采出来的矿石通过物理的方法，如：放射性选矿、浮游选矿、重力选矿、选择性磨矿选矿、电磁选矿等将铀矿石与废石分开。

(2) 天然铀的冶炼(铀的水冶)

天然铀的冶炼分为三个阶段:

1) 把铀矿石加工成为铀的化学浓缩物黄饼(Yellow Cake),大部分为八氧化三铀。

铀矿石的加工可以归纳为以下几个主要的生产步骤:

① 矿石准备:存放、运送、配矿、破碎、磨细等。

② 矿石浸出:用化学溶剂(酸或碱)或其他手段将矿石中有价值的组分选择性地溶解出来。

③ 铀的提取:用离子交换法或溶液萃取法将浸出液中的铀与其他杂质分离并使铀得到部分浓集。

④ 铀产品的沉淀产出:通过淋洗和反萃得到铀化学浓缩物黄饼,含铀量可达 40%~70%。

2) 铀的精炼:把铀化学浓缩物精制成为核纯产品。

纯化的方法一般采用萃取法、离子交换法、分步结晶法或两种方法交替使用。得到的产品是铀的氧化物。

3) 还原为金属铀或转换为六氟化铀。

4.2.2.2 铀的同位素分离

(1) 转化为六氟化铀

在这一步也可以把铀的氧化物还原成金属铀或直接转化为二氧化铀(如重水堆燃料制造)。由于压水堆燃料必须经过富集,因此在这一步要转化为六氟化铀,进入同位素分离工序。

(2) 铀的同位素分离

铀的同位素分离是把铀-235 和铀-238 分开。由于它们的化学性质相同,仅是质量上有微小的差别,因此分离很不容易。当前,在工业上应用的气体扩散法、气体离心法和分离喷嘴法。

1) 气体扩散法:应用的原理是基于两种分子在热运动平衡时具有相同的平均动能,而速度不同,较轻分子的平均速度大于较重分子的,因而较轻分子与容器壁和隔膜碰撞的次数大于较重分子,比较容易通过分离膜到达低压腔,因此得到富集。

2) 气体离心法:在高速运转的离心机中,较重的分子靠近外周富集,较轻的分子靠近轴富集,分别从外周和轴线附近引出气流就可以得到铀-235 贫化和富集的分离。

3) 分离喷嘴法:应用的原理与离心法相似,但它是用约 95%的氩气或氢气同六氟化铀混合成为工作气体,使工作气体从狭缝喷嘴通过而膨胀,在膨胀过程中加速到超声速的气流顺着喷嘴沟的曲面弯转,这样由于轻、重分子受到的离心力不同而得以分离。

以上三种方法由于分离系数小,需要多级分离才能获取压水堆所需要的燃料富集度。需要用级联装置。目前我国采用的是气体扩散法和离心法,气体扩散法需要用昂贵的分离膜,但设备比较简单,维修方便;离心法分离效率比扩散法高,但旋转设备的维修保养量大。分离喷嘴法由于经济上缺乏竞争力还没有达到商业运用。

现在比较有前途的是激光分离法。它是利用同位素的质量差,选择性地将某种原子(或分子)激发到特定的激发态,再用物理或化学方法将之与未激发的原子(或分子)相分离。目前对铀同位素最具实用价值的是原子蒸汽激光分离法。它的分离系数很大,经一次分离就可达到压水堆核电厂所要求的富集度。但这种方法的工业规模运行可行性和经济性还需进一步论证。

4.2.2.3 二氧化铀粉末的制造

二氧化铀粉末的制造是一个化工过程。目前,世界各国的轻水动力反应堆主要以低富集度的 UF_6 为原料,经化工工艺转化成 UO_2 粉末,再用粉末冶金的方法压制成型,烧结成芯块。在粉末和芯块制备过程中产生的废品和废料经硝酸溶解,纯化为硝酸铀酰[$UO_2(NO_3)_2$]作为原料返回再制取 UO_2。

二氧化铀的制备流程如图 4-5、图 4-6 所示。

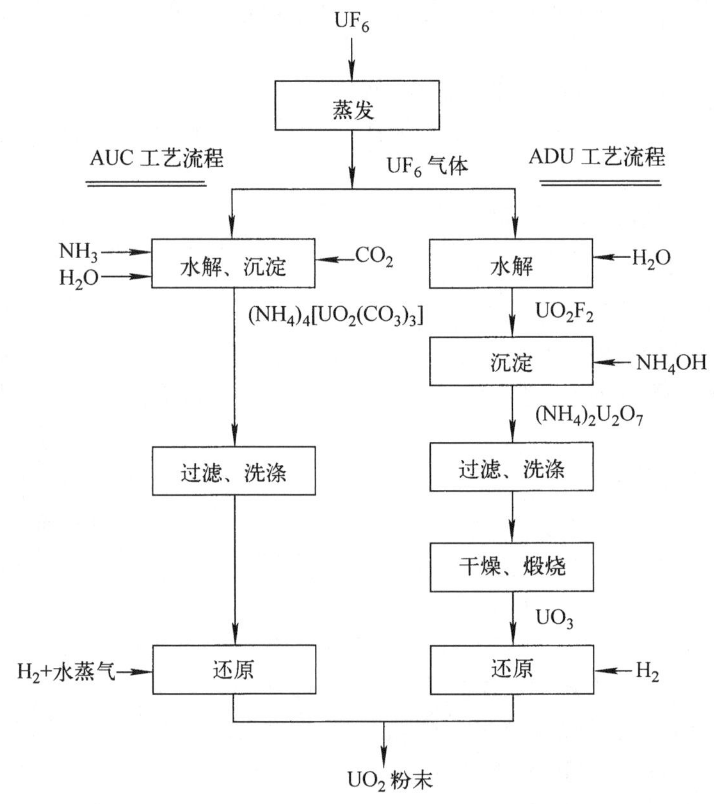

图 4-5 制造 UO_2 粉末的 AUC/ADU 工艺流程

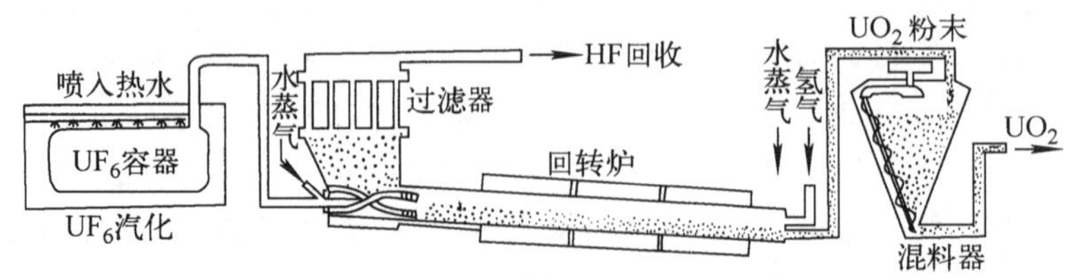

图 4-6 制造 UO_2 粉末的 IDR 工艺流程

ADU(Ammonium Diuranate Process)工艺,也称“重铀酸铵法”,是我国核燃料制造厂常用的燃料制造工艺，也称湿法。

用六氟化铀或铀的氧化物为原料。当以 UF_6 为原料时，经过水解、沉淀、干燥，在氢气氛下还原成二氧化铀粉末；当以铀氧化物为原料时，经硝酸溶解得到 $UO_2(NO_3)_2$，然后与氨水沉淀，得到 ADU(重铀酸铵)，进一步分解还原为二氧化铀粉末。因此它可以用原料生产，也可以处理返料。

AUC(Ammonium Uranyl Carbonate Process)工艺，称“三碳酸铀酰胺法”，也是一种湿法工艺，也称为“三气沉淀”法。它是 UF_6、NH_3 和 CO_2 的共同反应，得到中间产物 AUC(三碳酸铀酰铵)，再在氢气氛下还原成二氧化铀粉末。

IDR(Integrated Dry Route)工艺，称“一体化法”是采用转炉直接将六氟化铀转化为二氧化铀粉末的一种工艺。俗称一步法，是干法工艺。原料是 UF_6 气体、水蒸气、氢气。产品是二氧化铀粉末和氟化氢。

反应方程式为：　$UF_6+2H_2O+H_2 \longrightarrow UO_2+6HF$

IDR-干法转化流程是以 H_2、H_2O 与 UF_6 直接气相反应生成 UO_2 粉末的 DC(Dry Conversion)工艺。ADU 工艺和 AUC 工艺都具有流程长、废水处理量大的缺点，而 DC 流程具有流程短、生产量大、产生的和要处理的废液少，铀的直接回收率高，尾气中的 HF 有可能回收利用，对环境污染小的优点。但干法只适用于 UF_6 转化，不适用于处理返料。

4.2.2.4　二氧化铀芯块制造

二氧化铀芯块一般是圆柱形的，直径和高度的比在 1 左右(大亚湾核电厂所用的芯块和高度之比是 13.5/8.19=1.65)。由于二氧化铀芯块在堆内要发生种种变化，尤其是径向和轴向变形，为了减少燃料棒的径向变形，芯块两端要有倒角和碟形。

二氧化铀芯块的制造采用粉末冶金的工艺，即制成的二氧化铀粉末要经过球磨、筛分、混合得到各种添加剂(造孔剂、黏结剂、润滑剂和密度调节剂等)成分分布均匀的粉末；再经过冷压成型，在还原性气氛中烧结，得到初始芯块；由于芯块在烧结过程中不可避免地会发生变形，因此这种初始芯块还必须进行磨削才能得到尺寸满意的成品芯块，磨削在无心磨床上进行；经过研磨的芯块还要历经检验和清洗才能成为成品芯块。

这一过程简述如下：

UO_2 粉末⟶球磨⟶筛分⟶混合⟶冷压成形⟶烧结⟶研磨⟶检验⟶清洗⟶芯块

由于燃料在堆内发生密实的原因与燃料中的微小气孔在裂变穿过时消失有关，为了稳定化，得到大于 5 μm 的气孔，减小燃料辐照初期的密实可能。混合时一般要加入造孔剂。

芯块的质量控制主要是：

1) 铀含量、杂质含量、化学计量、水分含量；

2) 同位素含量、当量硼含量；

3) 直径、高度、垂直度、表面粗糙度、芯块的完整性等；

4) 芯块的密度、晶粒度、孔隙率等；

5) 清洁度、标识等；

6) 辐照稳定性(试验条件和采用标准可以双方约定)。

4.2.2.5 压水堆燃料元件(棒)制造

典型的压水堆燃料棒见图 4-7，它由锆合金包壳、端塞、芯块、隔热芯块、弹簧等组成。

在切成定长的锆合金包壳管内装入 UO_2芯块，芯块柱的两端再装入 Al_2O_3隔热芯块，上端留有贮气空腔，用压紧弹簧将芯块定位，焊上端塞，端塞之一留有充气孔，充入一定压力的氦气(压水堆燃料棒预充压 2 MPa)，然后堵焊密封。

隔热芯块的安装是为了防止轴向传热，贮气空腔是给裂变气体释放留有空间而准备的，压紧弹簧用于运输过程中阻止芯块的窜动，预充入 2 MPa 的氦气是为了防止辐照初期燃料棒被压塌而设置的，同时也可以增加间隙热传导和检漏。

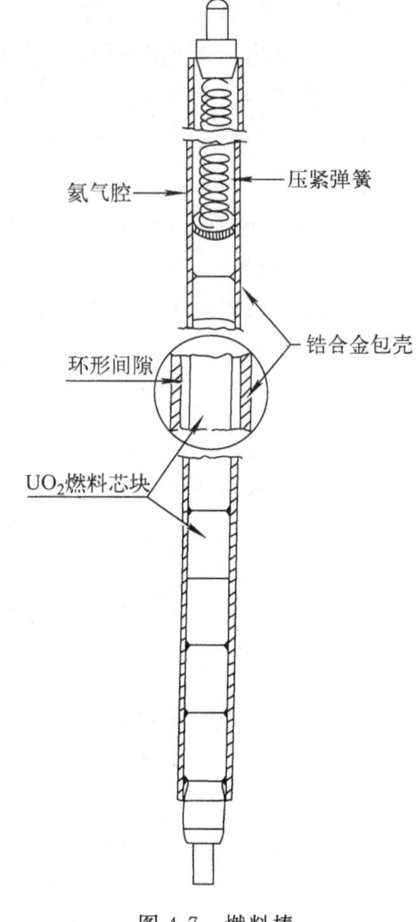

图 4-7 燃料棒

燃料棒的质量控制主要实施外观及尺寸检查、焊接质量检查、芯块富集度检查等。

1) 外观及尺寸检查：主要检查燃料棒的长度、外径、垂直度、贮气空腔长度、芯块柱长度和表面刻痕划伤等。

2) 焊接质量检查：主要检查焊缝表面状况；X 射线法检查气孔和夹杂的分布、排列情况；氦气找漏法测定泄漏率；金相法测量焊接熔深，并对焊缝进行内压爆破试验和抗腐蚀试验。

3) 富集度检查：主要为防止其他富集度的 UO_2芯块装入。

4.2.2.6 燃料组件

压水堆燃料组件骨架是由控制棒导向管和与之固定的定位格架及上下管座组成的(见图 4-8)。

先把若干个定位格架固定在平台上，导向管按给定的数目插入定位格架的给定格子里，并机械连接或点焊，然后将燃料棒插入各定位格架的格子中，再将上下管座用铆接或点焊的方法与导向管连接固定，组装成 $n \times n$ 的燃料组件。

如秦山一期的组件为 15×15 排列，其中有 20 根控制棒导向管，204 根燃料棒，一根中子注量率测量管。

4.2.3 二氧化铀燃料的堆内行为

UO_2燃料在反应堆内产生热能，由于二氧化铀导热性能差，燃料棒内沿径向的温差较大，芯块中心温度高达 2 000 ℃以上，而外缘温度只有 500～600 ℃形成大的温度梯度。运行初期，芯块就由于热应力大而开裂，随着燃耗的加深，还将出现燃料密实化，裂变产物析出，肿胀，裂变气体释放等，参见表 4-4，以下将对 UO_2的堆内行为逐一进行介绍。

(1) 芯块开裂

辐照时燃料芯块内的温度梯度可达 10^3～10^4 ℃/cm，热应力超过了燃料的断裂强度。热应力在外区切向和轴向的为拉伸应力，超过了燃料的拉伸断裂强度；而在燃料中心区，热应力是压应力，燃料的压缩强度比拉伸强度大一个量级。

这个现象与 UO_2 芯块的塑性行为有关，见图4-4。燃料芯块截面可分为三个温度区：第一区处于1 200 ℃以下，为脆性区；第二区处于1 200～1 400 ℃，为半塑性区，破坏前有一定塑性变形；第三区约在 1 400 ℃以上，强度显著降低，为塑性区。

内侧第三区燃料在塑性-脆性转变温度以上，在断裂前能承受相当大的塑性变形。所以燃料棒内由温度梯度而产生的热应力将使第一区开裂(事实上当 $\Delta T=100$ ℃/cm 时热应力就达到了断裂强度)，第三区在低应力下容易流动，因而不会开裂；在反应堆停堆以后，燃料冷下来，中心比周围收缩得多些，会产生出新的径向裂纹，在下次堆运行中裂纹会重新愈合而消失。在重力作用下，芯块成为沙漏状，见图 4-9。因此，辐照初期芯块径向产生裂纹是不可避免的。

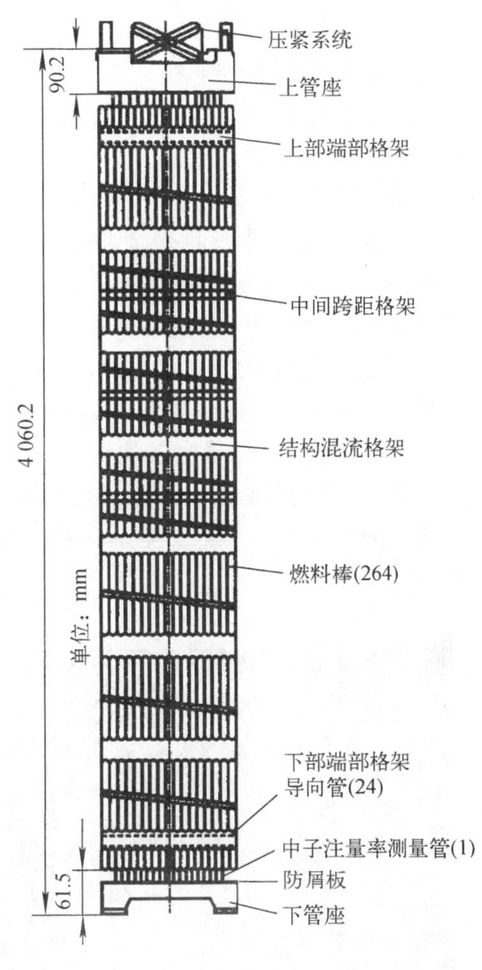

图 4-8　燃料组件

燃料开裂的最重要后果之一是将燃料-包壳间隙的体积移向燃料内部，在开裂的表面之间形成间隙。燃料开裂时，裂纹处的切向应力消失，裂纹的两个表面由于受到裂开后的楔形燃料内部的切向拉应力而被稍稍分开。因为燃料几乎是不可压缩的，所以在裂纹开放的同时，楔形燃料块就沿径向向外移动。

表 4-4　辐照下二氧化铀燃料中发生的现象

0～10^2 MW·d/tU	10^2～10^4 MW·d/tU	10^4～10^6 MW·d/tU
裂纹的产生与消失	密实化完毕	肿胀
重新结晶	肿胀开始	固态裂变产物析出
密实	燃料-包壳管相互作用	由于裂变气体释放，燃料棒内压上升
裂变元素和氧沿径向重新分布	由于裂变气体释放，燃料棒内压开始	包壳管内表面被腐蚀
释放出被吸收的气体	上升	裂变率降低

芯块开裂使芯块与包壳之间的间隙减小，热导率增加，这时燃料芯块中心的温度有所下降。芯块裂纹的存在和沙漏状的凸起会导致包壳应力过大产生裂纹。往往是包壳管内应力

集中的部位，也是造成燃料棒破损的原因之一。

辐照后的压水堆燃料元件的横截面(图4-10)和纵剖面(图 4-11)上可以观察到芯块在反应堆运行中的开裂情况。

(2) 芯块密实

芯块密实化是燃料寿命早期出现的另一组织改变，在热中子堆和快中子堆的氧化物燃料中都有发生。1972 年以来，在几个压水动力堆燃料组件卸料时，发现包壳管在冷却剂压力作用下发生倒塌，甚至包壳管被压扁。经热室检验，辐照后燃料柱明显缩短，每个芯块的直径和高度也明显减小。当燃耗超过一定值，密实趋势缓和。这种辐照条件下的芯块尺寸收缩，密度增加的现象称为辐照密实。

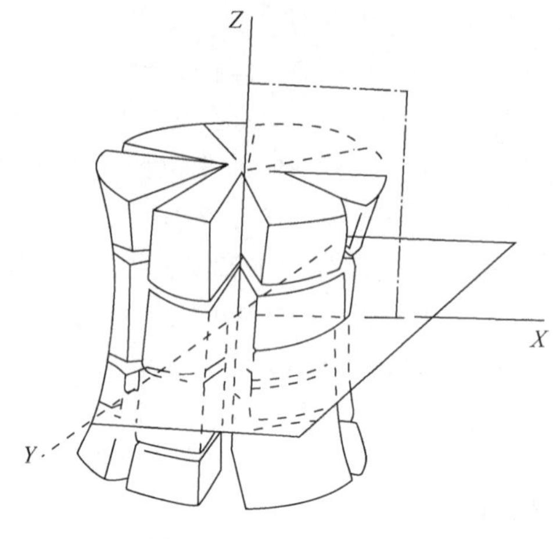

图 4-9 芯块开裂变形

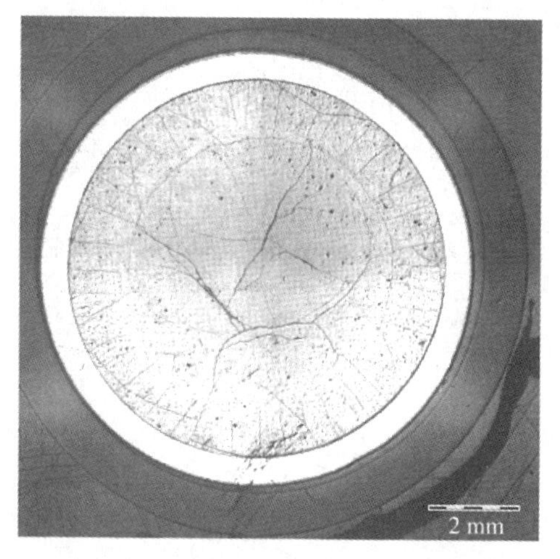

图 4-10 辐照后的燃料元件横截面图
第一区可见很多径向裂纹

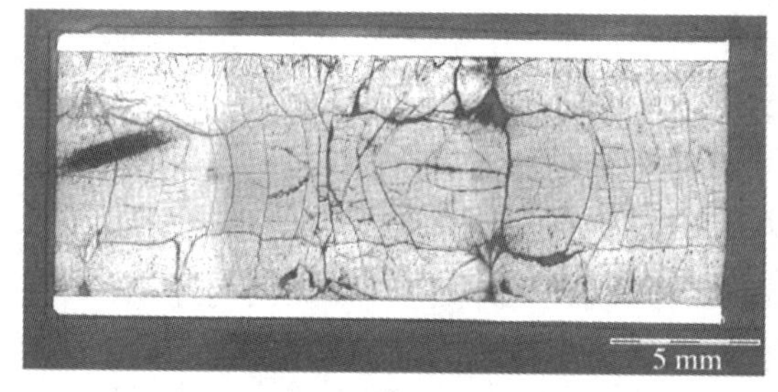

图 4-11 辐照后的燃料元件纵剖面图
可以见到两个芯块的界面，由于燃料肿胀，碟形空间已消失

辐照密实对反应堆的运行安全有重大影响。燃料棒芯块长度减小，使包壳局部缺少芯块支撑，在冷却剂压力作用下，包壳管被压扁，包壳管因应变集中而破损，造成裂变产物泄漏；芯块长度减小，线功率增大，芯块温度增高；芯块半径减小，间隙加大，导热下降，也使芯块温度升高，影响到燃料棒的安全性。

辐照密实的机制比较复杂，研究表明在辐照条件下，小于 1 μm 的孔明显减小或消失，而大于 5 μm 的孔隙体积几乎不变。一般认为，裂变峰在穿过或接近微小孔隙时，将微孔雾化，然后形成新孔隙，它们或由大孔捕集，或迁移到晶界，使芯块密度增加，体积收缩。芯块密实造成燃料棒的早期失效(变形或破损)，是燃料元件失效的原因之一。

减少密实化的措施：

1) 提高芯块的初始密度，芯块密度达 94%TD(理论密度)以上时孔隙减少，密实量也显著减小。

2）研制辐照尺寸稳定的芯块，如添加造孔剂，得到大于 5 μm 的原始孔隙，减少小于 1 μm的孔隙体积份额。

3）燃料棒内预充一定压力的氦气，防止包壳管的倒塌。

（3）重结构

UO_2燃料芯块内，由于热导率低，温度梯度大，中心温度高。当反应堆达到运行功率后，很快引起芯块微观组织的变化，原始烧结组织状态（即含有气孔的均匀晶粒）将随时间的延长而改变。最终形成 4 个区域（见图 4-12），这种现象称为重结构。四个区域的形式与燃料棒内芯块的径向温度梯度有关。

1）不变晶区：处于芯块外缘，因该部位工作温度较低（小于 1 400 ℃），仍保留原始的晶粒组织，称为不变晶区。

2）等轴晶长大区：该区紧挨着不变晶区，晶粒长大程度取决于温度（该区温度范围约 1 400～1 700 ℃），晶内的气孔逐渐扩散到晶界，因此在这区内除长大的晶粒外还可发现大量沿晶的气孔。

3）柱状晶区：该区温度约在 1 800 ℃以上，在温度梯度的驱使下，晶粒开始定向长大，形成狭长的柱晶，气孔沿温度梯度的方向向高温端迁移（迁移的机制大体是：UO_2在气孔的高温端蒸发，到低温端沉积，这样气孔就逐渐向中心移动），如图 4-13 所示。气孔向芯块中心部位迁移的结果是柱状晶区晶粒的致密化和裂纹愈合。

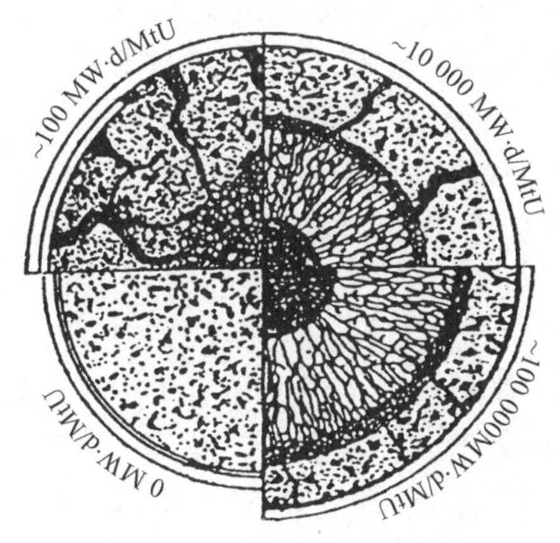

图 4-12　燃料的重结构

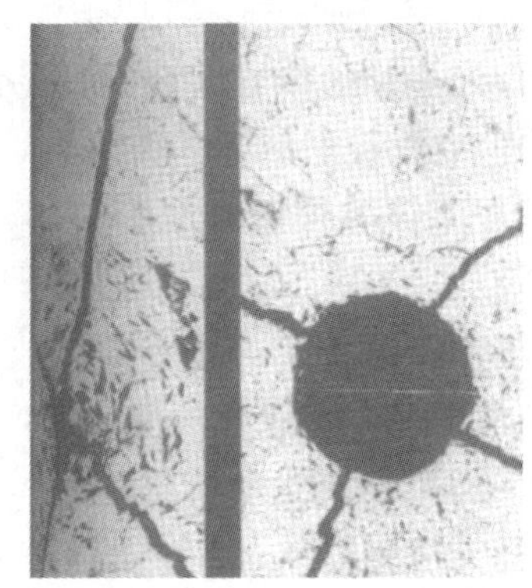
图 4-13　气孔向中心迁移

4）中心孔：由于气孔向中心高温区迁移，在中心形成空洞。

一般来说，由于压水堆的线功率较低，不出现柱状晶区。热室分析一般能见到不变晶区、等轴长大晶区，有时可见中心孔；而快中子堆燃料温度较高，会出现明显的 4 个晶区。因此我们可以说，一般压水堆在堆内辐照，不出现重结构现象。

（4）辐照肿胀

随着燃耗的增加，二氧化铀的密度减小，体积膨胀的这种现象，称为辐照肿胀。燃料肿胀主要是由两方面的因素造成的：一方面，一个裂变原子分裂后形成了两个质量相对较小的裂变产物原子，造成体积膨胀；另一方面裂变产物中的气体聚集形成气泡，镶嵌在燃料中，使燃料的密度下降,发生肿胀(见图 4-14)。

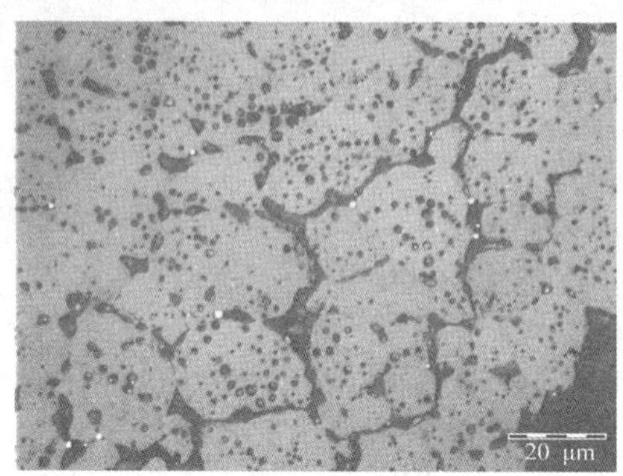

图 4-14 辐照后的燃料芯块

芯块中心可观察到气体裂变产物(晶内的黑点)和固体裂变产物(晶界的白点)

裂变产物有固体裂变产物和气体裂变产物,裂变气体的总产额为 25%~30%(原子分数),主要成分是氙(Xe)、氪(Kr),它们是稳定同位素,完全不溶解,几乎总是聚集成气泡,并在一定的条件下从燃料中释放出来造成燃料棒内压力增高,它们是肿胀的主体。另外还有一些可挥发性的裂变产物如碘(I)、铯(Cs)、碲(Te)、镉(Cd)、铷(Rb)有时也以气体的形式存在;固体的裂变产物对肿胀的贡献很小,每原子百分比燃耗的氧化物燃料的肿胀量约 0.32%。主要有金属态的钼(Mo)、钌(Ru)、锝(Tc)、钯(Pd)、铑(Rh)等和锆酸盐态的钡(Ba)、锶(Sr)等形成的嵌入物。氧化物态的铌(Nb)、锆(Zr)、钇(Y)、稀土等。

芯块的肿胀使燃料与包壳贴紧,芯块碟形消失,如图 4-10、图 4-11 所示,甚至发生芯块-包壳机械相互作用和化学相互作用,造成包壳管破损。所以辐照肿胀是燃料寿命的限制因素之一。

(5) 裂变气体释放

核裂变中产生的惰性裂变气体氙、氪,这些气体释放后,会使燃料棒的内压升高;如秦山核电一厂,初始燃料棒内压为 2 MPa,到寿期末内压升到 7.3 MPa,而且这些气体的导热很差,约是氦气热导率的 1/22,它们释放到间隙里会降低间隙的导热性,使芯块温度升高,所以裂变气体释放是氧化物燃料辐照和有关运行安全的重要研究课题。

裂变气体的产生量与燃耗有密切的关系。轻水型动力堆燃耗达 40 000 MW·d/tU 时,每 1 cm^3 的 UO_2 可产生 16 cm^3(标准温度,标准压力下)的氙、氪惰性气体。在一定的温度下这些气体可聚集、扩散形成气泡,迁移到晶界并在晶界长大、联网,在晶界上形成释放通道,气体可通过晶界或裂纹释放(见图 4-15)。

影响裂变气体释放的最主要的因素是温度,同时与燃耗及原始组织,堆功率变化等也有关。

1) 温度:低于 1 000 ℃,裂变气体基本上都包容在二氧化铀基体内,只有 1%的反冲和击出原子脱离基体而释放。因为在 1 000 ℃以下,裂变气体原子的可动性很低,它们冻结在固体内,只有靠近表面的气体原子(高能裂变碎片),从燃料内直接飞出去(反冲原子,Re-

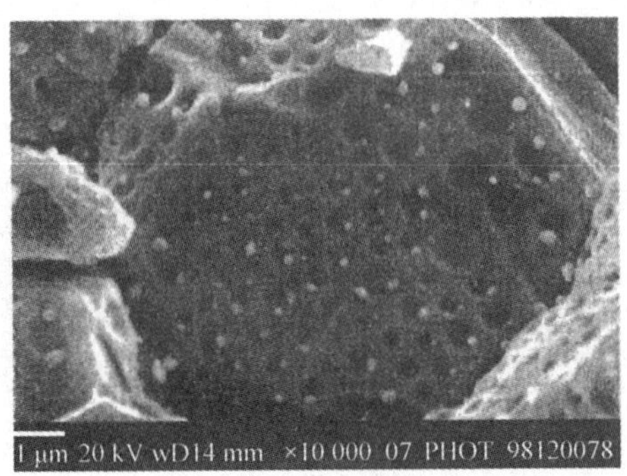

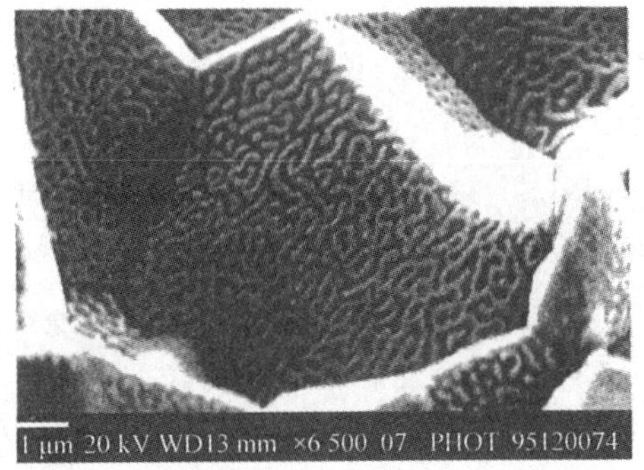

图 4-15　裂变气体在晶内、晶界聚集，形成释放通道(扫描电镜像)

coil)，或是裂变碎片碰撞处于表面的气体原子，把它击出去(击出原子，Knock-on or Knock-out)，这种释放机制与温度和温度梯度无关。

在 1 000～1 600 ℃范围内，裂变气体原子获得能量，有一定的可动性，可聚集形成气泡，气泡可短距离迁移。这时晶界的气泡密度明显增加，晶界变脆，并部分开裂，使聚集在晶界附近的气泡释放出来。约有 4%的裂变气体释放。

在 1 600～1 800 ℃范围内，气泡和闭口气孔有较大的可动性，在温度梯度的驱动下，气泡迁移到晶界及裂缝处，约有 50%的裂变气体释放。

大于 1 800 ℃，裂变气体全部释放。

2) 燃耗：随燃耗的增加，裂变气体释放率也增加。当芯块温度大于 1 250 ℃时，增加的趋势较明显，低于 1 250 ℃，裂变气体释放率较低，趋势不明显。

3) 原始组织：晶粒尺寸大，裂变气体被晶界捕获的概率小，释放率相应的也小。但在小于 1 000 ℃和大于 1 600 ℃时晶粒尺寸对气体释放率几乎没有影响。

4) 堆功率变化：堆功率提升或下降时，芯块温度发生突然的变化，热应力使已脆化了的晶界开裂。这样，裂变气体就会随着开裂而释放。因此伴随着每次功率变化，气体释放量就增加。

(6) 氧及可挥发性裂变产物的再分布

辐照过程中，氧化物燃料芯块内发生氧及可挥发性裂变产物的再分布，这种再分布将影响到芯块物理性能(熔点、热导率等)(见图 4-2 和图 4-3)的改变和对包壳管的腐蚀。

1) 氧的再分布：燃料棒内不可避免地存在着少量的碳和氢，它们以 CO、CO_2、H_2、H_2O 的形式存在。在温度梯度和燃耗的影响下，CO_2 承担输送氧的任务。在过化学计量的氧化物中，CO_2 从冷区经裂纹和连通的孔隙扩散到热区，将氧沉积在固体中，同时转变成 CO 扩散回冷区，并重复这个过程，逐渐将氧输送到热区。而在欠化学计量的氧化物中，呈反向输送，将氧输送至冷区。辐照下氧的重新分布影响了燃料的热学性能，并对芯块中心熔融温度的计算及包壳的氧化行为有影响。

2) 可挥发性裂变产物的再分布：裂变产物中可挥发性裂变产物铯、铷、碘、碲等元素往冷端迁移，特别是铯的迁移是一种蒸馏过程，铯冷凝在锆包壳管壁上，对锆包壳有侵蚀性，使包壳管壁受到侵蚀及应力腐蚀开裂(见图 4-16)。

4.3 MOX燃料及其应用

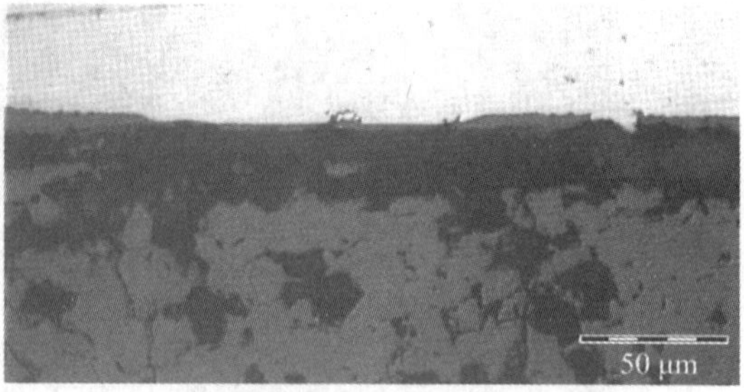

MOX燃料是氧化铀和氧化钚混合燃料(Mixed uranium and plutonium oxide fuel)的简称。一般在压水堆中使用的MOX燃料中钚仅占5%～10%,而在快堆中使用时可达15%～30%,甚至高达45%。

图4-16 包壳应力腐蚀开裂的初期

MOX燃料的开发不仅可以使钚得到和平利用,也能使核燃料的经济性大大提高,核电成本下降。

引入钚燃料带来的问题,主要是材料基本物理性质变化。如:燃料热导率、熔点的降低。由于钚的吸收截面及裂变截面比铀大,引起性能的变化,主要表现在芯块中心温度、裂变气体及氦气的产生与释放行为、棒的径向功率分布、芯块与包壳相互作用行为等与UO_2燃料棒略有不同,这些都对燃料棒的性能有一定的影响。

钚的加入对燃料元件后处理也会有影响,过多的钚会造成燃料在硝酸中的溶解不完全,因此也对MOX燃料中钚的加入量有所考虑。

而且在堆内辐照过程中铀-235是单纯消耗,而钚-239是既有消耗(裂变),又有生产(增殖)的动态过程。因此压水堆MOX燃料中Pu的含量究竟能加多少还要在研究发展中不断探索。

目前世界上对混合物燃料的研究不仅有氧化物,还有碳化物和氮化物以及前面提到的金属型铀-钚-锆燃料。不过这些燃料与水不相容,只能用于快堆。由于它们的导热性比氧化物好,燃料中的温度梯度较小;与钠相容性好;但它们包容裂变气体的能力不如氧化物好,为克服肿胀,燃料棒的间隙比较大,并在间隙中充钠,以导出裂变能。

4.4 核燃料循环

核燃料循环从铀的制取开始,制成燃料组件,到堆内辐照,乏燃料出堆、冷却、储存,再从乏燃料中或辐照过的增殖材料中,提取未烧尽的和新生的核燃料,再返回堆内使用,并将乏燃料处理过程中产生的剩余废物进行最终处置的整个过程称为核燃料循环。

核反应堆燃料不是一次耗尽的,必须定期将燃料从堆内取出,进行后处理,再富集,再制成燃料元件,进入堆内循环使用(见图4-17)。用这种方法可以使自然资源得到最大利用,同时也减少了放射性废物的最后处置量。

裂变核燃料循环有铀-钚循环和钍-铀循环。

4.4.1 铀-钚循环

通常,核燃料循环从铀的制取开始,铀-钚循环的路径如下。

(1) 铀矿的采集和初选

采矿的技术可以采用地浸或堆浸。即用酸或碱浸出铀的化合物,用离子交换取得浓缩的化合物——黄饼(主要为重铀酸铵)。

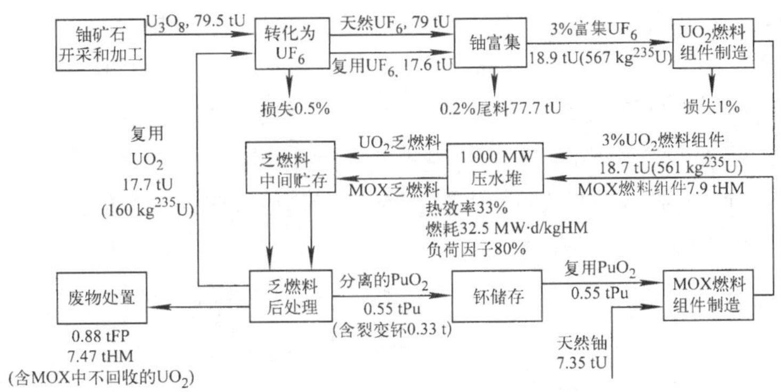

图 4-17　1 000 MW 压水堆的燃料循环(铀-钚闭路循环)

(2) 化学精制

黄饼经过硝酸溶解、萃取、纯化得到核级的硝酸铀酰,进一步制成六氟化铀。

(3) 铀-235 富集

用气体扩散、离心或激光分离的方法得到铀-235 浓集的六氟化铀。

(4) 燃料元件制造

在核燃料制造厂,经过化工工艺(ADU、AUC、IDR 等)制成二氧化铀,再通过粉末冶金工艺制造燃料芯块,然后加上包壳等通过燃料棒制造工艺制成核电厂所需的燃料元件。

(5) 入堆使用和转换

燃料元件进入核电厂的反应堆中,经过裂变后输出热能,转化为电能,这时新燃料就变成了乏燃料出堆。乏燃料元件中有未耗尽的铀-235,也有在堆内由铀-238 转换得到的易裂变核素钚-239 或由钍-232 转换得到的易裂变核素铀-233。

(6) 乏燃料后处理

乏燃料经一定时间的冷却、储存后,送入后处理厂,把有用的易裂变核素提取出来,进入下一循环再加工成燃料元件,重新进入核电厂的反应堆中使用。而留下的强放射性废物要进行处理和最终的处置。

乏燃料中的裂变产物大约有 300 多种,其中有很多是短寿命的放射性核素,乏燃料在后处理前要经过长时间冷却,使短寿命核素尽可能地衰变掉,这样乏燃料元件的总活度可以降低,后处理操作会简化。

这就是燃料循环的整个过程。这种循环称为闭路循环,闭路循环可以节省铀资源,但需要大的投入。现在世界上有的国家(如美国)不进行后处理,仅对乏燃料进行储存。这种循环称为开路循环。

4.4.2　钍-铀循环

钍本身不是易裂变物质,是可转换物质,在反应堆中经中子辐照可转换成铀-233,铀-233是另一种易裂变核素,可作燃料。因此钍不能直接用作核燃料,钍必须与易裂变核素(铀-235 或钚-239)合用才能实现核燃料的转换。

钍-232 转换为铀-233 的过程称为增殖过程,可以在热中子堆中进行,也可以在快中子堆中进行。在热中子堆中,可采用 ThO_2 或 ThC_2 作增殖材料。

钍-铀循环的开发工作在印度和加拿大小规模地进行,就增殖性能来讲不论是热中子堆还是快中子堆,都远比不上快中子堆的铀-钚循环。此外还有比较复杂的后处理问题,乏燃料中的铀-233和钍-232分别含有少量的铀-232和钍-228,它们的衰变链中包含一些强放射性的产物,会使后处理和燃料元件的再制造有很大的困难。

现今世界上采用钍和铀共同制成燃料芯块,在堆内辐照时,钍转化为铀-233,补充消耗的铀-235,可以达到增加燃耗的目的。

复习题

1. 什么是核燃料?理想的核燃料要具备哪些条件?
2. 天然存在的核燃料是什么?它在自然界的丰度是多少?
3. 什么是二次再生燃料?什么是可转换核素?举例说明。
4. 金属铀和二氧化铀作为燃料,它的优点和缺点各是什么?为什么商用堆都选择二氧化铀为燃料?
5. 燃料的辐照会产生哪些现象?对燃料的性能有什么影响?
6. 二氧化铀燃料在入堆初期就发生开裂的原因是什么?后果是什么?
7. 燃料芯块发生密实原因是什么?后果是什么?减少密实的措施是什么?
8. 燃料重结构是在什么条件下发生的?正常情况下,压水堆燃料会形成哪几个区?
9. 辐照肿胀的原因是什么?为什么说肿胀是燃料寿命的限制因素之一?
10. 裂变气体的主要成分是什么?裂变气体释放受哪些因素影响?简述裂变气体在不同温度下的释放率。
11. 氧在辐照条件下的再分布会影响燃料和包壳的哪些性能?
12. 可挥发性裂变产物迁移的方向是什么?对燃料棒会造成什么危害?
13. 简述二氧化铀燃料的制造工艺。
14. 简述燃料元件的结构,并叙述各部分的功用。
15. 简述燃料的闭路循环。燃料循环对核电厂和环境有什么意义?
16. MOX燃料用于压水堆的意义是什么?应用中要注意些什么?

第 5 章　包壳材料

包壳材料是核反应堆的核心材料。无论一个反应堆的物理理念怎么好，没有相应的材料来包容燃料，这个反应堆也是不能成功制造出来的。因此包壳材料是压水反应堆最重要的材料之一，也是高性能燃料元件的攻关项目之一。

5.1　包壳材料简介

包壳是反应堆安全的第一道屏障，它包容裂变产物，阻止裂变产物外泄；它是燃料和冷却剂之间的隔离屏障，避免燃料与冷却剂发生反应；它给芯块提供了强度和刚度，是燃料棒几何形状的保持者。

5.1.1　包壳材料的工作环境和对材料的要求

它工作在高温高压环境中（对压水堆来说平均温度是 370 ℃左右，15.5 MPa；对快中子堆来说是 700 ℃左右，常压）；暴露于快中子辐照场下；一边是燃料芯块（约 800 ℃），一边是冷却剂（压水堆约 320 ℃，快堆约 550 ℃），承受大的温度梯度（1 000～2 000 ℃/cm）；在寿期内承受不断增加的应力。应力一方面来自外部冷却剂的压力及功率改变产生的热应力；另一方面来自内部，燃料肿胀、裂变气体释放等不断增加的内部压力，还有芯块与包壳相互作用产生的机械应力及芯块与芯块相互作用对包壳壁的作用力等。因此包壳的设计非常苛刻，有足够多的因素希望包壳壁厚，如考虑强度要求、腐蚀减薄、形状保持等；也有足够多的因素希望壁薄，如考虑热中子吸收、热应力负荷、传热等。包壳壁的厚度必须综合两方面因素，因此精确到小数点后两位。对包壳材料的要求也是非常高的。因此能满足作包壳要求的材料是不多的，包壳材料应具备的条件叙述如下：

1）具有小的中子吸收截面；

2）具有良好的抗辐照损伤能力，并且在快中子辐照下不要产生强的长寿命核素；

3）具有良好的抗腐蚀性能，与燃料及冷却剂相容性好；

4）具有好的强度、塑性及蠕变性能；

5）好的导热性能及低的线膨胀系数；

6）易于加工，焊接性能好；

7）材料容易获得，成本低。

5.1.2　包壳材料的选择

在热堆中，为了中子的经济性，包壳材料必须采用热中子吸收截面小的材料。目前只有四种元素可考虑做包壳材料，它们具有小的中子吸收截面和较高的熔点。它们是铝（0.23 b）、铍（0.010 b）、镁（0.063 b）、锆（0.18 b），其中铝、镁、锆已经或曾用于制作燃料元件包壳，由于铍的加工性能差，且辐照脆性显著，不适宜用作包壳材料。下面我们分别讨论铝、镁、锆及其它们的合金。

商用动力堆无论是沸水堆、压水堆，还是重水堆都用锆合金作包壳。

(1) 铝及其合金

铝是首先被考虑用来制作反应堆燃料元件包壳的。在上述提到的包壳材料中，铝的热中子吸收截面并不是最小的，熔点较低，强度也不高。但铝有成熟的工业基础，生产、加工有成熟的工艺，有一定的强度，好的导热性能和在 373 K 以下较好的抗腐蚀性能。因此铝及铝合金是首先被用来作包壳材料的，并且至今还是研究堆、试验堆重要的包壳材料。

但铝的熔点低，因此铝合金一般用于 373 K 以下的，以水作冷却剂，功率较低的，用于研究、培训及试验的反应堆中作燃料元件的包壳材料。如 401 院的重水研究堆(101)、轻水研究堆(492)、微型中子源反应堆(MNSR)以及新堆(CARR)。

当前，常用的铝合金牌号是 6061。含有质量分数为 1.2% Mg、0.8% Si、0.4% Cu、0.35%Cr。6061 铝合金具有好的抗腐蚀性和机械强度，可以热处理强化。一般采用退火态(O 态)的做燃料元件包壳，采用固溶、时效处理(T6 态)的制作堆容器和工艺管。

以前也常用工业纯铝，相当于中国的 L5-1，如美国的 2S 铝，日本的 1100 铝，加入 1%(Fe+Si)，其中 Fe 和 Si 之比为 2。

(2) 镁及其合金

镁的中子吸收截面比铝低 3/4，对中子的经济性来说是很理想的材料，但镁在 70 ℃下就会与水发生强烈反应，在高温下会与二氧化碳起作用而被氧化，因此即使在气冷堆上使用也要严格控制二氧化碳冷却剂中的含水量。在冶金及生产上的问题则主要集中在防火、抗氧化和增加蠕变强度上，因此使用受到限制。

镁合金中的(Magnox Al-80)有好的抗蚀性和好的机械性能(主要是延展性)及可焊性。曾成功地用于以石墨为慢化剂，二氧化碳为冷却剂，金属铀为燃料的动力堆中，制作燃料元件的包壳。这种镁合金中含质量分数为 0.8% Al、0.02%～0.05% Be。由于镁合金的机械强度低，燃料元件的强度主要由金属铀承担，而镁合金良好的延展性使燃料元件在尺寸变化时不至于断裂。在英国早期的反应堆中，这样的燃料元件可用至 5 000 MWd/tU。

(3) 锆及其合金

锆的热中子吸收截面低，熔点高，有很好的抗腐蚀性能。但锆与铪共生，铪的热中子吸收截面大，因此在实现锆-铪分离前，锆是不能用作包壳材料的。目前大多数的热中子反应堆都用锆合金作包壳，沸水堆一般用锆-2 合金，压水堆和重水堆用锆-4 合金制作包壳，堆内的构件如格架、压力管等也用锆合金来做。关于锆及其合金的性能和锆合金的发展，在下面还要详细介绍。

(4) 奥氏体不锈钢

在快堆中，使用奥氏体不锈钢做包壳。原因是在快中子增殖堆中，中子经济性不十分严峻，而材料的高温性能和抗辐照性能成了主要的制约因素。奥氏体不锈钢以其优异的高温性能和价格优势在快中子增值堆中用作包壳材料。

(5) 其他

在快堆、核聚变堆应用中，为了满足抗肿胀的要求，发展了铁素体-马氏体钢，如 HT9、T91 等；为了抗肿胀、低活性，发展了 EUROFER97、H82、JLF-1 等，为了抗肿胀，同时又有高强度，发展了各种氧化物弥散分布的铁素体钢(ODS 材料)；还有镍基，如：尼莫尼克(Nimonic)PE-16(含 36%Fe，17%Cr，3%Mo，1%Ti)、钒基合金等都曾考虑过或正研究利用其一些优异性能来制作某种堆的燃料包壳。高温气冷堆的燃料包壳实际上是高密度热解碳。

5.2 锆及其合金

锆的中子吸收截面比较低，纯锆是一种银白色，有光泽的延性金属，473 K 时理论密度为 6.55 Mg/m^3，熔点为 2 125 K，在高温下强度高，延性好，中子吸收截面小，在高温水中抗腐蚀性能好，有较高的导热性和较好的加工性能，与二氧化铀芯块有好的相容性。

自然界中锆与铪共生，其含量约为 50∶1，铪的中子吸收截面约为 400 b，因此锆与铪必须分离才能用于反应堆作包壳材料。

5.2.1 金属锆的性能

金属锆的性能主要有：

1）金属锆从室温到高温存在着两个同素异型结构，相变点在 1 135 K(862 ℃)。即：

从室温到 1 135 K 为 α 相，密排六方结构(HCP)；

1 135 K 到 2 125 K 为 β 相，体心立方结构(BCC)；

2）线膨胀系数 a 向 $5.2\times10^{-6}\ K^{-1}$，c 向 $7.8\times10^{-6}\ K^{-1}$；

锆管平均值：轴向 $5.6\times10^{-6}\ K^{-1}$，径向 $6.8\times10^{-6}\ K^{-1}$；

3）热导率 23.7 W/(m·K)(473 K 时)；

4）抗拉强度 334 MPa；

5）延伸率 25%；

6）有些性能与加工的原始状态及过程有关。

① 存在织构

织构与拉拔过程有关，不能通过热处理改变。

② 在 573 K 温度时氢的溶解度只有 75 μg/g。

在高温下氢溶解于基体中，低温时以 $ZrH_{1.5}$ 的形式析出，氢化物析出的方向和数量会影响锆的性能，而氢化物析出的方向和分布与织构有关。

③ 与氧在高温反应

锆中的杂质元素(氮、碳、氧、铝等)尤其是氮，即使是微量(0.004%)对锆的抗氧化性能和抗腐蚀性能影响也很显著。

因此核工业中一般不用纯锆而用抗腐蚀性能好，机械强度高的锆合金制作部件。

5.2.2 锆合金

锆的合金化的目的是为了抵消锆中杂质，尤其是氮的有害影响。添加合金元素要考虑提高强度和耐蚀性，同时要考虑其中子吸收截面。因此与锆同族的锡及第 V 族的铌成为锆的主要合金元素。常用的锆合金有锆-锡系列及锆-铌系列，它们的成分如表 5-1 所示，机械性能列于表 5-2。

表 5-1 各种锆合金的标准成分及其质量分数 %

合金名称	Sn	Fe	Ni	Cr	Fe+Ni+Cr	Nb
Zr-1	2.5	—	—	—		—
Zr-2	1.2～1.7	0.07～0.20	0.03～0.08	0.05～0.15	0.18～0.38	—
Zr-4	1.2～1.7	0.18～0.24	<0.007	0.07～0.13	0.28～0.37	—
Zr-1Nb	—	—	—	—		1.1
Zr-2.5Nb	—	—	—	—		2.40～2.80

表 5-2 锆合金的常用机械性能[1)]

合金名称	强度极限/MPa	屈服极限/MPa	延 伸 率/%
碘化法锆[2)]	180～270	50～130	30～50
Zr-2 合金[3)](20 ℃)	700,510,450	527,422,352	12,16,28
(340 ℃)	280	225	20
Zr-4 合金(RT)	755	589	23
(385 ℃)	450	363	25
Zr-1Nb 合金	320～380	180～250	28～40
Zr-2.5Nb 合金	400～480	280～350	22～25

注:1) 表 5-2 的数据摘自扎依莫夫斯基. 核动力用锆合金. 姚敏智译. 北京:原子能出版社,1988;

2) 碘化法精炼纯锆(30 ℃)的机械性能;

3) 20 ℃时的三个数据分别为消除应力退火,部分再结晶退火,完全再结晶退火的性能值;340 ℃的数据为部分再结晶退火的性能值。

5.2.2.1 锆-锡系列合金

(1) Zr-1 合金

由于纯锆的抗腐蚀性能受氮的影响很大,研究发现,当加入 2.5%的锡时可以抵消 700 μg/g氮的有害影响,并能使生成的氧化膜牢固地附着在锆基体上,于是产生了以加入质量分数 2.5%锡为合金成分的工业合金“锆-1”。

(2) Zr-2 合金

进一步的研究发现,在锆中加入约 0.1%的铁和少量的铬及镍是极为有利的。很可能铁、铬和镍最初是从熔炼锆-1 的冶金设备的材料中脱落进去的,由于它们表现出有利的作用,因而确定为锆-2 的成分。与锆-1 合金相比,锡的含量适当降低,因为含锡量增高会降低合金的耐蚀性。

锆-2 合金的添加元素的质量分数为:锡-1.5%;铁-0.12%;铬-0.10%;镍-0.05%。经过近 30 年在沸水堆和压水堆上作燃料包壳及堆芯结构部件的应用,证明锆-2 合金在高温水和蒸汽中具有良好的耐蚀性能和强度,运行是可靠的。它的热中子吸收截面在 0.18～0.23 b,硬度为纯锆的两倍。

(3) Zr-3 合金

由于过多的锡含量会影响加工成型性,同时为了改善材料的吸氢所造成的缺陷,进行了大量的研究。研究证明，在 350 ℃水中和 400 ℃蒸汽中的吸氢与镍的含量有很大的关系，因此降低了锡含量和镍含量，把镍含量由原来的 0.05%降低到 0.007%。研制了Zr-3合金。

(4) Zr-4 合金

由于减少了镍含量，抗腐蚀性能有所下降，研究表明：铁、铬、镍的总量保持在 0.3%左右可以得到合适的第二相，获得较好的抗腐蚀性能。因而把铁含量由原来的 0.12%增加到 0.18%～0.24%，这就形成了锆-4 合金。锆-4 合金在 350 ℃高温水和 400 ℃蒸汽中有更好的耐腐蚀性能，而吸氢量仅为锆-2 合金的 1/2～1/3，其余性能与锆-2 相似。它已广泛被用于压水堆和重水堆中作燃料包壳材料和堆芯结构材料。

(5) 低锡 Zr-4 合金

为了加深燃耗，减少燃料包壳的水侧腐蚀，研制了低锡锆-4 合金。将含锡量控制到下限水平，铬和铁的总量控制到略高于上限水平，并把硅作合金元素考虑，控制沉淀相尺寸到 0.075～0.12 μm，得到低锡的 Zr-4 合金。用低锡 Zr-4 合金制造的燃料元件可以提高燃耗 1/4～1/3。

5.2.2.2 锆-铌系列合金

铌的中子吸收截面不大(1.1 b)，加入一定量的铌可消除一些杂质如碳、铝和钛的有害作用，并可以有效地减少锆合金的吸氢量。铌在 β 相中的固溶度很大，由于铌和锆有相同的晶体点阵，原子半径也很接近，可以形成一系列固溶体，并通过 β/α 的相变和时效硬化处理提高锆合金的强度。相变过程按贝氏体-马氏体机理和弥散硬化机理进行。

(1) 锆-1 铌合金

含有质量分数为 1.1%铌的合金制作压水堆燃料元件包壳其耐蚀性仅次于锆-2 合金，强度稍低于锆-锡合金，而吸氢是锆-锡合金的 1/5～1/10。该合金有足够的强度和延性，用于前苏联的列宁核电厂及我国的田湾核电厂，用于制作燃料元件的包壳。

(2) 锆-2.5 铌合金

含有质量分数为 2.5%铌的合金在高温水中的耐蚀性虽不如锆-锡合金，但吸氢率低，径向蠕变速率很小，同时可以热处理强化。Zr-2.5Nb 合金在重水堆上主要用于制作压力管，在动力堆中用于元件盒壳体的板材及堆芯部件的结构材料。

作为压力管材料，其低的径向蠕变率和低的吸氢速率是很诱人的，在使用中一个比较大的问题是氢化物的延迟开裂(DHC)。

氢化物延迟开裂被认为是在应力梯度的影响下，氢向裂纹尖端扩散所引起的。当氢的浓度超过极限固溶度时，在裂纹尖端形成氢化物小片，在应力作用下，氢化物沉淀择优取向，与拉应力垂直，与压应力平行。由于氢化物比较脆，在裂纹尖端应力作用下，容易在氢化物上开裂，并迅速扩展，当扩展遇到锆基体，会在锆基体上暂停，直到新的氢化区域在裂纹尖端再形成，再次快速扩展……如此不断重复。因此氢化物的延迟开裂不是一个连续的过程。在用声发射检测中这种情况已得到证明，它与扩散、相变、断裂的过程有关。

影响氢化物延迟开裂的因素是应力强度因子、裂纹传播速率和开裂发生温度。研究证明锆-2.5 铌合金的裂纹传播速率比较大，开裂发生温度与氢化物析出有关。大约在 517～525 K(224～252 ℃)，氢(氘)在锆-2.5 铌合金中的固溶度约为 20 μg/g，超过固溶度的氢(氘)化物会析出。在应力的作用下，裂纹在氢(氘)化物上形成；在一定速率下，裂纹前沿会不断重新聚集氢(氘)化物，引起裂纹的扩展(见图 5-1)。

因此，重水堆电厂针对此问题的措施如下：

1) 要求在运行条件下，一次热传导系统(PHTS)的温度要尽可能保持稳定，必要时可以通过加热来维持；

2) 如必须要冷却或加热时，温度升/降速率要大于 1 度/分，以减小裂纹尖端氢化物的生长；

3) 如一次热传导系统不得不把温度降至 533 K(260 ℃)以下，(如换压力管)，时间不要大于 1 h，如时间不能控制在 1 h 以内，则需要加热保持温度，并尽可能降低压力；

4) 保持低温状态 1 h 以上，必须进行评估，并确定所应采取的特殊措施。

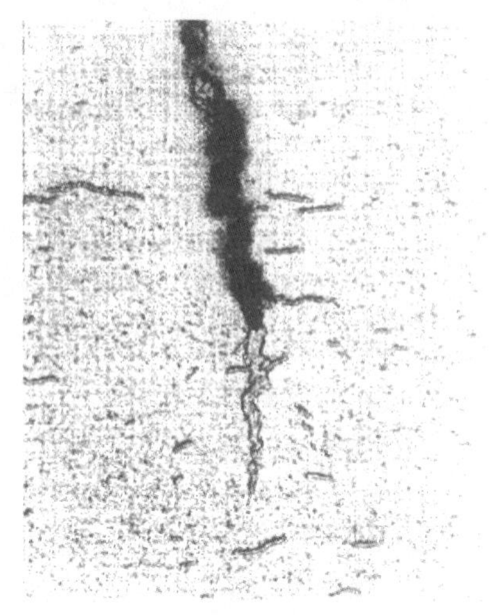

图 5-1 压力管中氢(氘)化物在裂纹前沿析出

压力管的温度无论是开堆还是停堆，应保持在533 K以上。长时间停堆的情况下，压力管应有辅助的加热设备，保持温度不低于 533 K，加热和冷却速率要大于 1 K/min，以免氢(氘)化物析出造成延迟开裂。

5.2.2.3 新锆合金

20 世纪 90 年代以来，为了提高压水堆燃料元件的性能，增加燃耗。各国都开发研制了新型的锆合金。新锆合金打破了锆-锡，锆-铌合金的界限，采用新的思维，互相融合。在原来锆合金的基础上取得了突破。

我国也进行了新锆合金的研制，开发了 N18，N36， NZ2，NZ8 等合金；法国开发了 M4，M5 合金；美国开发了 ZIRLO 合金；俄罗斯开发了 E635 合金；日本开发了 NDA 合金，韩国开发了 HANA 合金。这些合金的开发使燃料元件的燃耗得以提高。

它们大部分都兼含有一定量的锡和铌，并配以铁、铬和氧等。具体的成分如下：

1) N18 合金 Sn 1.06%，Nb 0.36%，Fe 0.30%，O 1 000～1 500 μg/g；

2) N36 合金 Sn 1%，Nb 1%，Fe0.31%，O 1 000～1 500 μg/g；

3) NZ2 合金 Sn 1.0%，Nb 0.3%，Fe 0.3%，Cr 0.1%；

4) NZ8 合金 Sn 1.0%，Nb 1.0%，Fe 0.3%；

5) M4 合金(法) Sn 0.5%，Fe 0.6%，V 0.4%，采用再结晶退火工艺；

6) M5 合金(法)Nb 1%，O 0.125%，S 0.002%；

7) ZIRLO 合金(美)Nb 1%，Sn 1%，Fe 0.1%；

8) E635 合金(俄)Nb 1%，Sn 1.3%，Fe 0.35%；

9) NDA(日) Sn 1.0%，Nb 0.1%，Fe 0.28%；

10) HANA-4(韩)Nb 1.5%，Sn 0.4%，Fe、Cr。

新锆合金的性能在以下几个方面得到提高：

1) 热蠕变强度及辐照蠕变强度；

2) 抗腐蚀能力；

3) 抗辐照生长能力；

4）减少吸氢量。

与 Zr-4 合金相比，ZIRLO 合金在高温水和含 70 μg/g 锂的水中的耐腐蚀性比 Zr-4 好。水侧腐蚀减少 60%；辐照生长减少 50%；辐照蠕变降低 20%。

M5 合金与 Zr-4 合金相比，在高燃耗下的氧化膜厚度为锆-4 合金的 1/3；吸氢量为锆-4 合金的 1/4，辐照生长比锆-4 合金减少 2 倍。

目前，我国研制的 NZ2 和 NZ8 合金的研究已进入工程化研究阶段，它们的力学性能优于 Zr-4 合金，在含锂离子的高温水中的耐腐蚀性得到明显改善，在 500 ℃过热蒸汽中长期工作没有出现疖状腐蚀现象。

M5 合金已用于大亚湾核电厂 AFA3G 燃料组件的燃料元件包壳管，燃耗可达到 55 GW·d/tU；ZIRLO 合金为美国西屋公司所研发，将在 AP1000 核反应堆中作燃料元件的包壳材料。

5.3　锆-4 合金

目前世界各国的压水堆和重水堆大都采用锆-4 合金为燃料元件包壳用材。下面对锆-4 合金的性能作详细介绍。

5.3.1　锆-4 合金堆外性能

锆-4 合金是锆-锡系的合金，它的性能在锆合金中是比较好的，强度比纯锆大（见表 5-2），抗氧化、耐腐蚀性能都比较好，特别是吸氢，比锆-2 合金少，仅为锆-2 合金的三分之一到二分之一。

锆-4 合金的性能归结如下：

1）具有小的中子吸收截面；

2）具有良好的抗辐照损伤能力，并且在快中子辐照下不产生强的长寿命核素；

3）具有良好的抗腐蚀性能，不与二氧化铀燃料反应，与高温水相容性好；

4）具有好的强度、塑性及蠕变性能；

5）熔点高（1 852 ℃），熔点以下存在两种同素异构体，相变温度在 862 ℃，α 相（室温到 862 ℃）是 HCP 结构，862 ℃以上为 β 相，是 BCC 结构；

6）好的导热性能及低的线膨胀系数；

7）工艺性能好，易于加工和焊接；

8）价格相对较贵；

9）存在织构，不能用热处理的方法改变；

10）有吸氢和氢脆问题，氢化物的析出方向与织构和应力有关，并会影响锆-4 合金包壳管的堆内性能；

11）高温下与氧反应，限制在 400 ℃以下使用。

（1）锆-4 合金的机械性能

锆-4 合金有较好的强度、塑性和蠕变性能。表 5-3、表 5-4 所列的是锆-4 合金包壳管的力学性能。

表 5-3 压水堆 Zr-4 合金包壳管的纵向拉伸力学性能[①]

状态	试验温度/K	σ_b/MPa	$\sigma_{0.2}$/MPa	δ_{10}/%
再结晶退火	室温	527～535	398～401	30～36
	648	269～274	175～188	30～33
消除应力退火	室温	800～925	585～590	15～16
	648	508～532	354～384	13～16

表 5-4 CANDU 重水堆 Zr-4 合金包壳管的室温纵向拉伸力学性能[①]

试验者	试样编号	σ_b/MPa	$\sigma_{0.2}$/MPa	δ_{10}/%
NWZ	1	640	495	27.5
	2	645	500	28.5
	3	635	495	27
加拿大 ZPI	1	641	503	26
	2	651	512	29
	3	638	503	27
	技术条件要求	≥450	≥385	≥21

(2) 锆-4 合金的腐蚀性能

锆-4 合金在 633 K 水中的均匀腐蚀行为表现为：转折时，氧化膜厚度遵循幂函数定律，然后保持线性关系。在转折后的相当长时间里，氧化膜仍牢固均匀地黏附在其体表面的基础之上。表 5-5 列出了 Zr-2 与 Zr-4 合金堆外转折后的腐蚀速率。锆-4 包壳管的最终退火温度对腐蚀性能的影响较大，再结晶退火的管材试样的腐蚀增重大于去应力退火试样的。这可能与 α-锆基体中 Fe、Cr 的析出有关。

表 5-5 Zr-2 与 Zr-4 合金堆外转折后的腐蚀速率[①]

温度/℃	腐蚀速率		
	mg/(dm·d)	μm/a	
310	0.06	1.2	超过 510 ℃以上，温度每增加 30 ℃，腐蚀速率大约增加一倍。 1 mg/(dm·d)约相当于 20 μm/a
360	0.3	6	
400(105 kgf/cm²)	1.0	20	
455(105 kgf/cm²)	3	60	
510(105 kgf/cm²)	20	400	

(3) 锆-4 合金的吸氢和氢脆

氢在 Zr-2，Zr-4 合金与非合金锆中的极限固溶度差别很小。燃料元件包壳管中存在温度梯度，造成氢化物在温度较低的表面层上的不均匀分布，这一层比金属内部氢化物有大得

① 刘建章. 核结构材料. 北京：化学工业出版社，2007.

效应趋于严重。

锆-4 合金的延性随氢含量的增加急剧下降，当氢含量从 0～1 000 μg/g 变化时，断裂时的延伸率从 33%～3%，断面收缩率从 50%降到 2%。锆合金包壳管的氢含量要求低于 250 μg/g(也有改为 600 μg/g 的说法，可能要根据各国自己的标准来定)。

锆-2 和锆-4 合金在堆外不同温度下试验中腐蚀转折后的吸氢速率如表 5-6 所示。

表 5-6　锆-2 和锆-4 合金在堆外试验中腐蚀转折后的吸氢速率

温　度/℃		290	310	360	400
吸氢速率/[mg/(dm^2 · d)]	Zr-2	0.001	0.004	0.015	0.030
	Zr-4	0.000 4	0.001 5	0.007	0.003

尽管锆-4 合金的吸氢速率很低，锆-4 合金的疖状腐蚀比锆-2 合金严重，因此沸水堆依然使用锆-2 合金做包壳材料。

5.3.2　锆合金包壳管的制造工艺

由于对沸水堆和压水堆燃料包壳的一些要求，如强度、塑性、抗蠕变性能及尺寸精度等都是相同的，制造工艺也相通。

锆-2 或锆-4 合金包壳管的制造流程如下：

锆-铪分离

↓

金属锆(碘化法锆棒，海绵锆或粉末锆)＋合金元素＋回收料

↓

压制块，进行烧结

↓

将压块接到自耗电极上

↓

真空自耗(或电弧)熔炼(二次重熔铸锭)

↓

锻成一定尺寸的棒料，进行热处理

↓

锻棒切成定尺长的坯料

↓

加热穿孔或机加工钻孔，制成空心管坯，管坯包铜套

↓

加热挤压使空心管坯成为厚壁管(套筒或套管)

↓

在皮尔式机床上进行冷轧(预先除铜套或不除)

↓

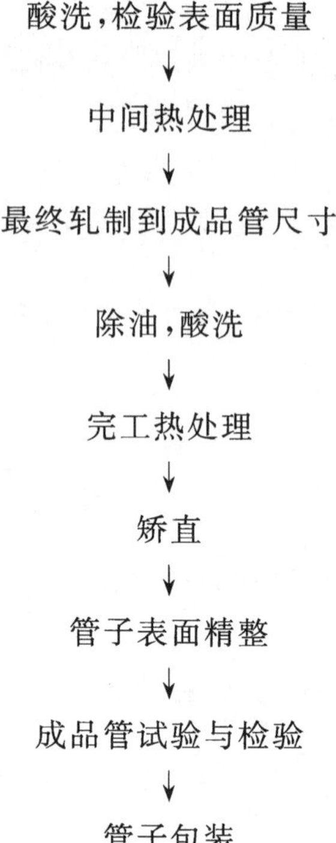

燃料包壳通常在专门的工厂制造。采用专门的真空炉、矫直机、酸洗装置等。

制造工艺包括：制取金属锆（碘化法锆、克劳尔法镁热还原的海绵锆、电解法的粉末锆）；熔炼及铸锭，用热压力加工或机加工方法将铸锭制成管坯；将厚壁管（5～8 mm）加热后挤压；通过多次冷加工与中间退火制造出成品管。关键工艺如下：

(1) 锆铪分离

由于铪的中子吸收截面大（400 b），必须把铪从锆中清除，而锆铪性质相近，不易分离。用碘化法可以达到此目的。由于锆、铪分离的研究是用碘化法实现的，现在用氯来进行分离比用碘更经济，但方法还用“碘化法”称呼。

$$\begin{matrix}ZrSiO_4\\ZrO_2\end{matrix}\xrightarrow{\text{氯化}}Zr(Hf)Cl_4\xrightarrow{\text{与水反应}}Zr(Hf)OCl_2\xrightarrow{\text{萃取}}Zr\xrightarrow{\text{二次氯化}}ZrCl_4\xrightarrow{\text{加镁还原}}Zr+MgCl_2\xrightarrow{\text{分离}}\text{海绵锆}$$

(2) 合金的熔炼

原料为海绵锆按比例加入合金元素后压制成块，然后焊接成棒，做成自耗电极，在真空自耗式电弧炉中熔炼成锭，为充分除气和使成分均匀，要多次熔炼，然后锻成棒料，再切成坯料。

(3) 挤压成管坯

在 500～700 ℃，α 相区内，在液压机上使坯料通过模具。为了防止吸气和提高润滑效果，在坯料外包铜，通过挤压成为厚壁管。

(4) 冷加工

在 Pilger 轧机上进行加工，逐渐拉拔成薄壁管。为了消除管材的冷作硬化，采用中间退火以驱除冷加工的应力，并恢复再结晶；使管子达到成品尺寸的终轧是燃料包壳管制造工艺过程中最重要的工序之一。

为了获得取向为切向的氢化物,以减少氢化物析出对力学性能的影响,管壁厚度的变形量必须大于直径的变形量,而且要求使 α 晶粒的基极取向接近径向,或与径向成 10°～15°,为了表征这种变形关系,引入指数 Q 值,以下式表示:

$$Q=\frac{\text{管壁变形量}}{\text{管径变形量}}\text{或}\frac{\text{减壁}}{\text{减径}}$$

一般 Q 值应取大一些(见图 5-2)。

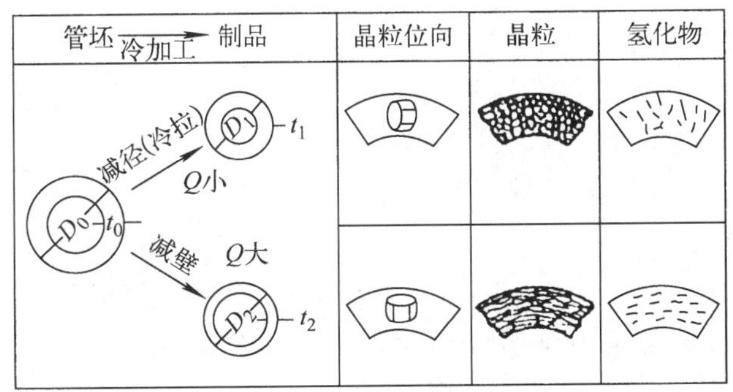

图 5-2 包壳管性能与加工方式的关系

(5) 最终退火

按包壳管的要求来选择退火制度。可选择 450～500 ℃消除应力退火或选用 600 ℃以上再结晶退火制度。

(6) 表面处理

成品管的最后处理:沸水堆用包壳多用化学抛光,再经高压釜预生致密氧化膜,以提高耐蚀性和抗磨能力;压水堆用包壳则多采用机械抛光,在堆内再形成氧化膜。

(7) 成品管检验与试验

1) 非破坏性检验:肉眼检查、表面光洁度分析、管子的长度与垂直度检查、测量内径与外径、测量壁厚,以及超声波无损探伤试验。

2) 破坏性检验:化学分析、室温、高温下的机械性能、管子内压试验(结构强度试验)、腐蚀试验、显微组织及氢化物取向的研究分析。

5.3.3 锆合金包壳管的堆内行为

5.3.3.1 表面腐蚀

包壳管工作在高温水介质中会发生腐蚀,根据美国国家标准"固定式压水堆燃料元件设计准则"规定,寿期末,包壳最大腐蚀深度应低于壁厚的 10%。

堆内锆包壳的腐蚀包括均匀腐蚀和非均匀腐蚀:

(1) 均匀腐蚀

锆合金在高温水中具有两个性质不同的腐蚀阶段,其间有转折点,转折前腐蚀速率低,腐蚀增重与时间的关系近似立方规律,形成薄的黑色黏着膜,有光泽且平滑。它具有很高的耐腐蚀性能。这种保护膜成分未达到化学剂量值。它的分子式为 ZrO_{2-x},这里 x

小于等于 0.05。当膜厚达到 2～3 μm 出现转折时，膜变成灰色，然后当膜厚增至 50～60 μm 时变成白色。这种白色的膜具有化学剂量的分子式，它是疏松的易剥落的。氧化增重与时间呈线性关系，见图 5-3。

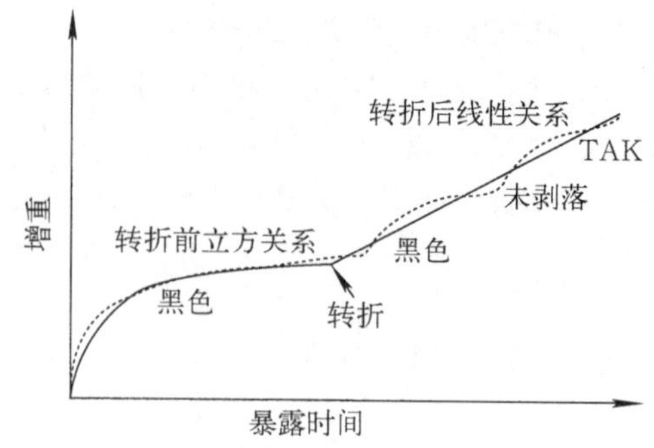

图 5-3　Zr-2 和 Zr-4 合金的腐蚀动力学曲线示意图

一些杂质，尤其是氮的存在会加速转折，锆材中氮的临界质量数是 0.004%。中子辐照对锆合金腐蚀有加速作用。出现白色膜是锆制件因腐蚀事故而报废的标志。当燃耗接近 40 000～50 000 MW・d/tU 时，氧化膜厚度达 50～60 μm，已接近包壳壁厚的 10%，因此高燃耗下锆包壳管的腐蚀行为是元件寿命的制约因素之一。

(2) 非均匀腐蚀

主要有疖状腐蚀（Nodular Corrosion），它是沸水堆中常见的腐蚀现象，在压水堆中也有出现，外观形貌呈白色氧化膜圆斑，直径约 0.5 mm，局部深度达 10～100 μm，随着燃耗加深，腐蚀斑扩展成片，它发生在富氧水质条件下。

另一常见的非均匀腐蚀为缝隙腐蚀，它发生在定位格架和包壳管接触部位，由于缝隙处水流阻力大，几乎不流动，在热流作用下，水质发生变化，冷却水中碱性离子浓集，局部 pH 值增加，引起严重碱蚀，有一定腐蚀深度，并且随燃耗加深而增加。严重的非均匀腐蚀行为也会影响燃料棒寿命。

5.3.3.2 吸氢与氢脆

锆合金包壳管的氢来自加工时的自然吸氢，芯块残留水及氢含量，而最主要的是腐蚀吸氢。按压水堆元件设计安全准则，寿期末包壳中氢含量应小于 250 μg/g（也有改为 600 μg/g的说法，可能要根据各国自己的标准来定）。

锆合金与高温水氧化反应生成氢，部分被合金基体吸收，在高温时固溶在基体中。氢在锆-2 和锆-4 合金中的固溶度用下式表示：

$$N_0 = 9.9 \times 10^4 \exp\left(-\frac{8\ 250}{RT}\right) \tag{5-1}$$

式中：

N_0——固溶度，μg/g；

R——气体常数；

T——温度，K。

氢在锆中的固溶度随温度而变化，室温下固溶度很小，当合金中固溶度超过极限固溶度时，氢将以氢化物（$ZrH_{1.5\sim1.7}$）小片析出，因其体积比锆基体增大 14%（有的测定为 17%），氢化物 260 ℃（有的认为 150 ℃）以下为脆性相，氢化物的析出破坏了 α 晶粒的完整性，成为材料中的裂纹源，使锆合金的延性降低，造成氢脆。氢化物析出的惯析面见图 5-4 中粗线组成的棱锥面。

对燃料元件包壳来讲，氢化物的排列方式对包壳管的力学性能影响很大，包壳管工作时以承受周向应力为主，氢化物析出后，如呈周向排列取向，对强度影响还不大；如呈径向排列取向，就会使强度和延性大大下降。

织构是决定氢化物取向的主要因素，在没有内应力的情况下，氢化物取向主要取决于锆管的织构，为了得到周向氢化物取向，在加工时要求获得径向基极（*C* 轴）结构。如果锆管中存在残留内应力、热应力及工作应力等，氢化物取向还会自行转向，其再取向与拉应力垂直，与压应力平行，称为应力取向效应，又称应力再取向。

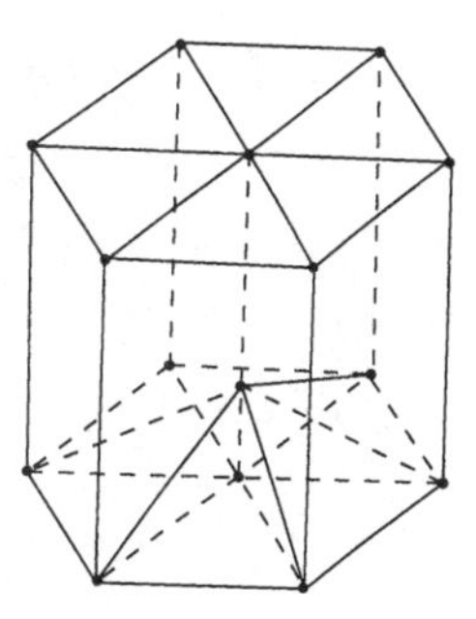

图 5-4　氢化物惯析面

反应堆中另一类氢脆破损是燃料包壳管的内氢化破损。它是从 60 年代以来水堆运行中所遇到的危害最严重的问题之一。

内氢化破损是指芯块中的水分，或包壳破损后进入其中的水侵蚀包壳内壁，造成贯穿管壁的裂缝，引起燃料元件破损。

按氢的来源，把燃料元件制造过程中混入含氢杂质而引起的内氢化称为一类氢化，把通过初始裂纹而使冷却剂流入燃料棒内而产生的局部氢化称为二类氢化。

内氢化缺陷一般呈日爆状，见图 5-5。其形成过程是：

在反应堆运行中，燃料中的水分释放出来，与锆管内壁发生反应，生成氧化锆与氢。这样燃料棒中的氧不断消耗，氢分压不断增加，使燃料棒内的气氛由氧化气氛转变为非氧化气氛。到变成缺氧富氢气氛时，局部氧化膜就可能被击穿，这种缺陷是氧化膜在长期高温缺氧中逐渐形成的。氧化膜一旦出现缺口，此处就迅速大量地吸氢，同时氢向温度低的方向扩散，当吸氢速率超过扩散速率时，氢化物就析出。由于析出氢化物时体积膨胀，局部应力场使氢化物的取向呈放射状，在温度梯度作用下，氢不断从内壁向外壁扩散，并在内壁造成裂纹，促使氢化物缺陷向外扩展，在包壳外壁形成突起和鼓包。在功率变化时，包壳受到拉应力，这些脆弱的鼓包就会破裂，导致燃料元件破损。

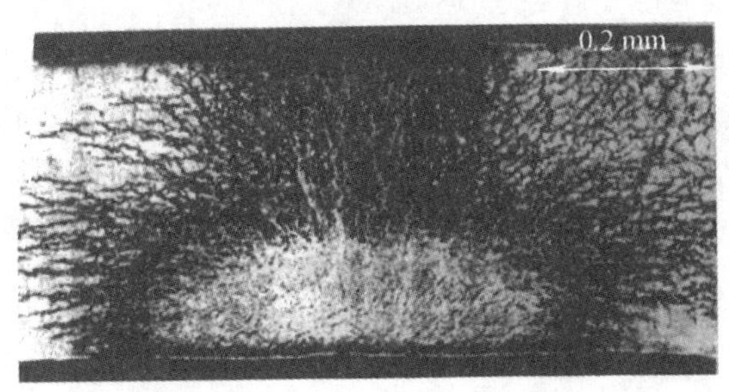

图 5-5　内氢化缺陷（Sunburst）

从上述可知，锆包壳的内氢化破损具有局部性，它与腐蚀-吸氢造成的均匀吸氢不同。氧化膜缺陷是导致内氢化破损的必要条件。因此消除内氢化破损的措施如下：

1）提高燃料芯块的密度（94%～95%TD），减少开口孔率，降低芯块吸水量；

2）芯块装管时应经高温真空除气和干燥处理，严格控制芯块吸水量；

3）限制芯块中氟杂质含量，锆管内壁喷丸（砂）处理，使表面氟含量低于 0.5 $\mu g/cm^2$，以防氟等杂质释放，击穿氧化膜；

4）用吸气剂吸收残留在燃料棒里的氢。

5.3.3.3 锆合金辐照生长

所谓辐照生长就是在快中子辐照下，金属晶体在某个特定的方向上伸长，其他方向上收缩，体积不变的现象。辐照生长排除了在应力与温度影响下的生长量，定义为只与辐照快中子注量有关，而与应力、温度无关的那部分生长量。

辐照生长与快中子注量有一定的关系，与应力、温度无关，可以用经验公式表示：

$$\Delta L/L = 常数 \times (\phi \cdot t)^n \tag{5-2}$$

式中：

ϕ——单位时间快中子注量；

t——辐照时间。

锆合金在常温下为密排六方晶系，具有明显的各向异性。对于 α 锆单晶，当受到快中子辐照时，在 a 向伸长，在 c 向缩短。这种现象可以解释为，辐照引起的空穴易在六方晶系的柱面上聚集，而间隙原子易在基面上聚集，由此造成 C 轴缩短，与 C 轴垂直的各方向伸长，体积不变的现象。

由于锆包壳管是多晶体，存在加工织构，晶粒有择优取向，合适的加工制度可以得到接近径向基极织构，如图 5-6 所示。可以预料，这种管材经中子辐照后轴向会伸长，壁厚和直径方向减小，最后会造成燃料棒弯曲失效。因此辐照生长造成的畸变是反应堆燃耗极限的又一个因素。

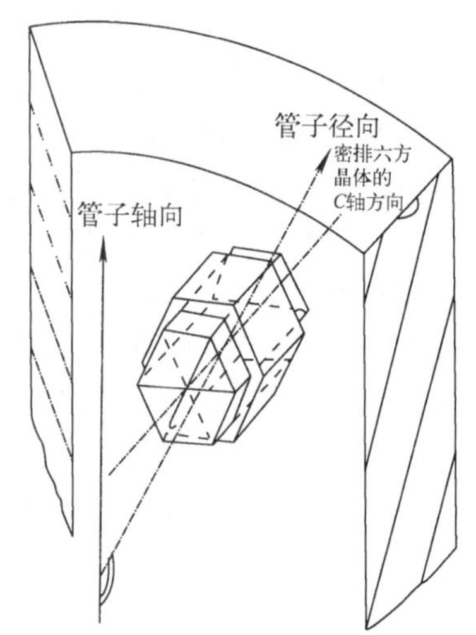

图 5-6 中子辐照下锆合金包壳管的织构与辐照生长示意图

实验表明，辐照生长量与冷加工量、杂质含量、辐照中子注量以及辐照的温度都有关。冷加工的材料生长量与辐照中子注量呈线性关系，温度越高，变形量越大。退火材料的变形速率比较低，但当中子注量达到 3×10^{25} n/m^2 时，发生转折，转折后的斜率与冷加工的相似。

5.3.3.4 力学性能变化

燃料棒包壳管在堆内工作时承受一定的应力，同时包壳平均工作温度为 370 ℃（压水堆）。包壳管材料在高温下应有高的强度极限和屈服极限，有高的周向塑性及较低的蠕变速率。

按照元件设计安全准则要求，在整个寿期内燃料棒包壳不发生蠕变倒塌，包壳应力低于锆合金的屈服强度，包壳的周向应变应低于 1%。

（1）拉伸性能

快中子辐照使锆合金发生强化和脆化。即抗拉强度和屈服强度提高而延伸率和断面收缩率下降。当快中子注量达到 $5\times10^{24\sim25}$ n/m^{2}后，强度和延性达到饱和，同时延伸率迅速下降，从 20%降至 2%～4%，见图 5-7。饱和值与热处理状态无关。在高的快中子注量下，抗拉强度和屈服强度逐步接近。影响拉伸性能的因素有冷加工度、织构、晶粒度和氢含量。

（2）辐照诱导蠕变

中子辐照使锆合金的蠕变加速。由于辐照蠕变的机制比较复杂，不能用一个机制来解释。在辐照中子注量达到一定值时会发生蠕变坍塌，形成环脊。中子辐照对再结晶退火材

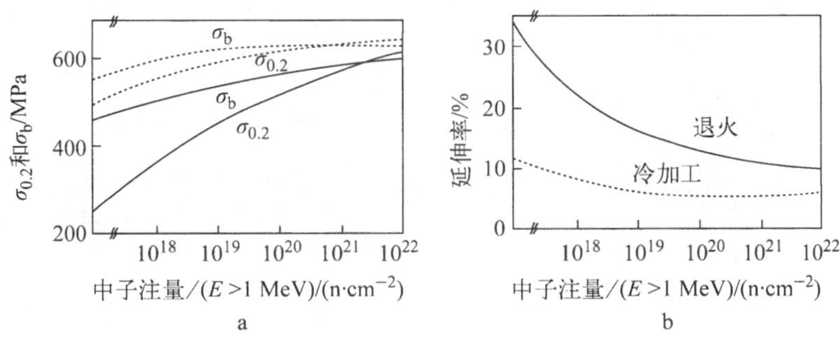

图 5-7　辐照对力学性能的影响

料的蠕变性能影响不大，而对冷加工材料的影响较大。

5.3.3.5　芯块与包壳相互作用 PCI(Pellet-Clad Interaction)

锆合金包壳管在堆内受力，应力主要来源于芯块的变形。当燃耗达到一定值后，芯块与包壳贴紧，在反应堆功率循环和功率剧增时，芯块畸变使包壳受到很大的应力，包括包壳管轴向拉应力和径向局部(环脊处)应力。同时在高燃耗下，燃料元件内侵蚀性裂变产物浓度增加，超过临界值，会产生应力腐蚀条件。20 世纪 70 年代以来压水堆已发生过多起功率剧增引发的 PCI 破损事故。所以芯块与包壳相互作用是燃料棒安全使用寿命的限制因素之一。

(1) 芯块与包壳机械相互作用 PCMI(Pellet-Clad Mechanical Interaction)

芯块与包壳机械相互作用是包壳承受应力的主要来源。由于 UO_2 芯块的热膨胀系数比锆合金包壳管的大(分别为 10.8×10^{-6}/℃和 6.2×10^{-6}/℃)，而且芯块温度又高，又有裂纹和辐照肿胀，因此到一定的燃耗或热负荷值后，便相互贴紧，发生机械相互作用。引起包壳管长度和直径的变化。

1) 轴向变形(棘轮机制)：燃料棒在出厂时，芯块与包壳间留有间隙。运行初期，芯块与包壳各自按其热膨胀系数而伸长，但是不久芯块由于热应力而开裂，使间隙变小，导热性能得到改善，燃料心部温度下降。继续运行，到一定的燃耗，芯块与包壳发生接触。这时，由于芯块热膨胀量大，使包壳承受拉应力，包壳对芯块的作用力又使芯块进一步开裂，当它们贴紧后芯块与包壳之间的摩擦力足够大时，包壳就会随芯块一起伸长，当功率下降时，芯块柱与包壳脱开，芯块因重力落下。下次功率提升时，芯块还能再次引起包壳伸长，而每次都有一定的塑性变形，这就是燃料棒轴向变形的棘轮机制。燃料棒的轴向变形导致燃料棒在堆内辐照后变长，会引起燃料棒的弯曲变形而失效。

2) 径向变形(形成环脊)：燃料芯块是有限长的圆柱体，在温度梯度下，芯块中心温度明显地比外围高，因此芯块发生热膨胀而变形，在自重的作用下，呈现沙漏状，见图 5-8。

当芯块与包壳贴紧后，燃料元件外观出现竹节状(形成环脊)，见图 5-9。环脊位置在两个芯块的界面上，该处是包壳承受应力最集中的地方，也是应变最集中的地方，往往在芯块裂纹的部位发生包壳开裂，造成燃料元件破损。环脊高度与芯块端面形状有关，平端面和倒角的芯块在高的发热率下可能产生的环脊高度较小；而碟形端面芯块可能产生的环脊高度较大，这与芯块凸肩受压力向外翻转有关。碟形端面主要是为抵消芯块肿胀引起的轴向变形，采用碟形端面和倒角的芯块可使芯块变形减小，因此实际的芯块是带有碟形和倒角的。

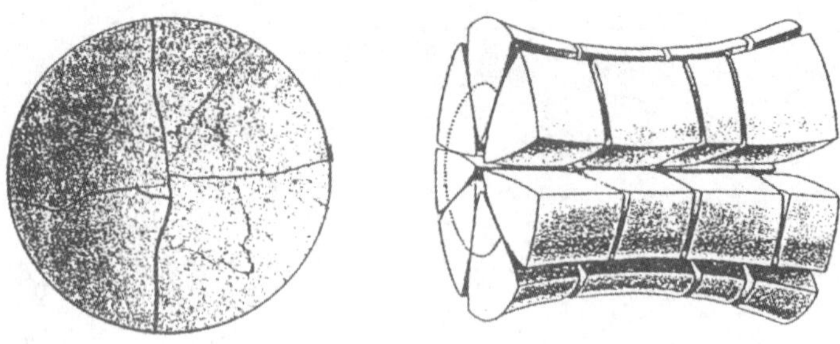

图 5-8 二氧化铀芯块径向开裂

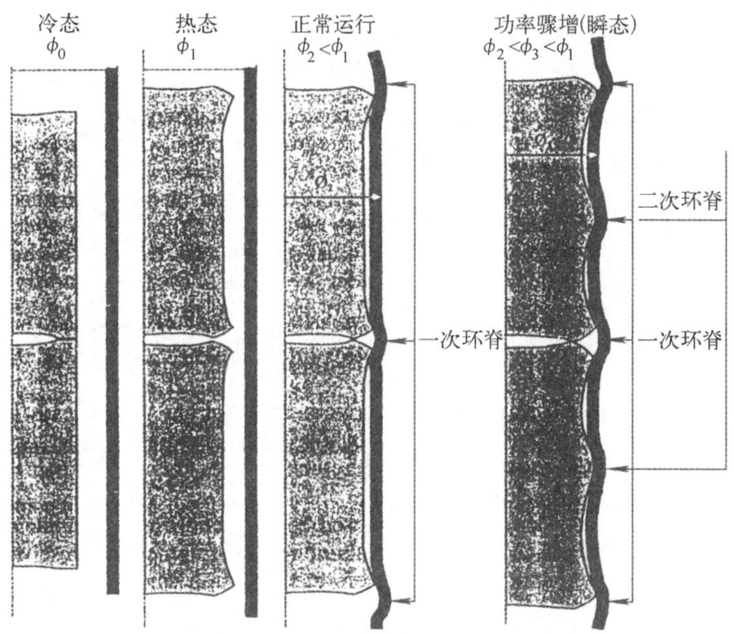

图 5-9 燃料与芯块之间的机械相互作用

(2) 芯块与包壳化学相互作用 PCCI(Pellet-Clad Chemical Interaction)

燃料元件在堆内辐照的中、后期,特别是芯块与包壳接触后,产生很大的拉应力,芯块间和芯块开裂处应力比较集中;同时侵蚀性裂变产物,如碘、铯、镉等已有相当浓度,并沉积在芯块与包壳之间,就会造成燃料包壳的应力腐蚀开裂(SCC),见图 5-10 和图 5-11。

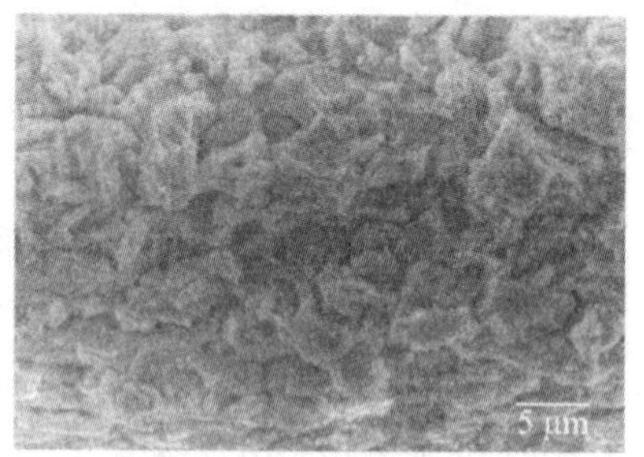

图 5-10 锆合金包壳管的应力腐蚀断口

侵蚀性裂变产物引发的应力腐蚀开裂都有阈值,如应力阈值、应变阈值、浓度阈值等。低于这些阈值可避免发生应力腐蚀开裂。

因此有可能通过调整堆的换料及运行制度来避免这种破损,当然这样做会在经济上遭受很大损失。

5.3.4　失水条件下锆合金包壳的行为

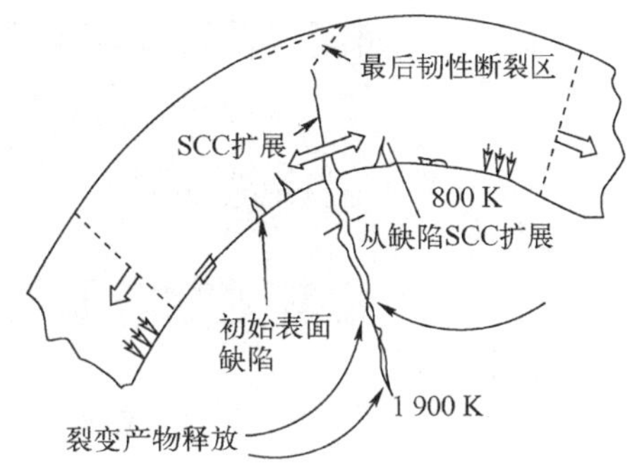

图 5-11　包壳管的应力腐蚀开裂机制

失水事故 LOCA(Loss Of Coolant Accident)发生后，冷却剂从破口喷出，堆内压力迅速下降，包壳管处于内压鼓胀的张力状态，同时包壳管温度上升。

尽管全部控制棒插入堆芯，而且活性区危急冷却系统 ECCS(Emergency Core Cooling System)开始向活性区注水，但是反应堆滞后的裂变能、燃料储能、裂变产物衰变热和锆-水反应热使包壳温度达到最高值。

失水条件下，包壳管承受高温、高内压和蒸汽氧化的苛刻作用，使包壳管发生高温氧化、脆化和鼓胀变形。

研究这些问题对燃料元件失水事故时的安全分析和轻水堆危急冷却系统验收标准的制定提供了依据。

5.3.4.1　高温氧化

失水事故中，锆合金与水蒸气发生反应，反应按下式进行：

$$Zr + 2H_2O = ZrO_2 + 2H_2 + Q \tag{5-3}$$

每克参与反应的锆放出 1 550 cal 热量，同时放出大量易爆气体氢。锆-水反应符合抛物线规律，表达式为：

$$W^2 = K_p \cdot t \tag{5-4}$$

式中：

W——单位面积上参与反应的锆的质量；

t——反应时间；

K_p——氧化速率常数。

它与温度有关，可表示为：

$$K_p = K_{p0} \cdot \exp\left(-\frac{Q}{RT}\right) \tag{5-5}$$

式中：

K_{p0}——常数；

Q——反应激活能；

R——气体常数；

T——反应温度，K。

通过测定不同温度下的氧化速率常数 K_p，可计算出锆的氧化量，释放的热量和氢气量。这些数据是制定危急冷却系统验收标准的重要依据。

同时，对蒸汽氧化后锆包壳断面金相组织进行观察，见图 5-12。它是双面氧化后的金相图，当温度超过 820 ℃时，外层为氧化膜(ZrO_2)依次是富氧 α-锆、α′-锆。其中 α′-锆是 β-锆冷却后的相。

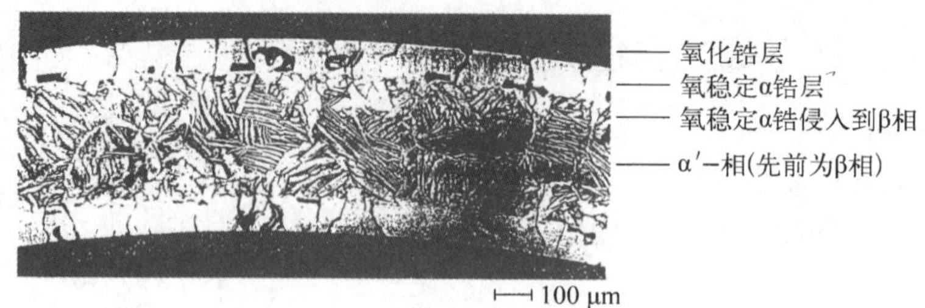

图 5-12 经双侧蒸汽氧化(1 400 ℃,2 min)Zr-4 管壁的横截面金相

5.3.4.2 脆化

失水事故后,包壳承受多种应力,其中最主要的是在危急冷却系统注水淹没活性区时,由于急冷,包壳中产生的淬火应力。

蒸汽氧化时,锆包壳内氧化膜和富氧 α-锆相含氧量很高,是脆性相,只有高温时的 β-锆是延性的,它冷却后转变为 α′-锆相,仍保留一定的延性。所以,氧化后包壳的延性取决于包壳中高温存在的 β 相份额,即 F_W。

$$F_W = \frac{\text{高温时 } \beta \text{ 相的厚度}}{\text{包壳厚度}} = \frac{\beta}{w} \tag{5-6}$$

由于包壳管的延性直接与 F_W值有关,即与氧化膜和富氧 α-锆脆性相总厚度有关,总厚度 ξ 与时间的关系符合抛物线规律:

$$\xi = \delta t^{1/2} \tag{5-7}$$

式中:

t——时间;

δ——常数,与反应温度有关。

5.3.4.3 高温胀破

失水条件下,锆包壳管发生胀破,就会堵塞一部分冷却剂流道,这是研究胀破行为的主要目的。

燃料包壳管在失水条件下为双轴应力状态,通过内压爆破试验,研究爆破温度和内压对周向应变的影响规律,周向应变是发生可能的流道堵塞的必要条件。

(1) 爆破温度对周向应变的影响

图 5-13 表示爆破温度对周向应变的影响。

非氧化性气氛(氩气)的试验中,在 α+β 双相区温度范围内进行爆破试验,周向应变明显减小,这是由于含氧高的 α 相颗粒散布在软的 β 相基体中,变形时在 β 相中应变集中而导致破裂。

在蒸汽氧化气氛的试验中,在双相区内周向应变也明显减小,与氩气气氛中的试验规律相同,但在所有试验温度范围内,其周向应变比非氧化气氛的试验数据小,这是氧化和脆化的结果。

(2) 爆破压力对周向应变的影响

图 5-14 表示锆-4 合金包壳管的爆破温度与爆破压力的关系,爆破温度越高,爆破压力越小。

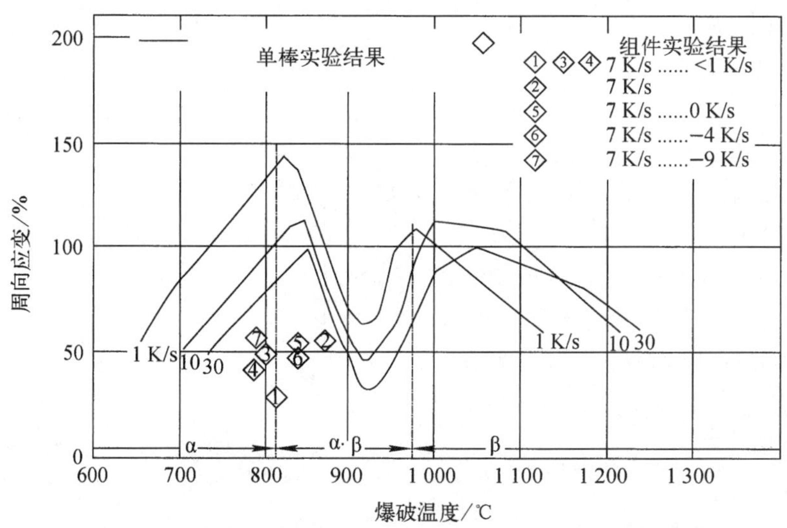

图 5-13　Zr-4 管氩气和蒸汽中的应力破裂试验结果：最大周向应力与温度曲线

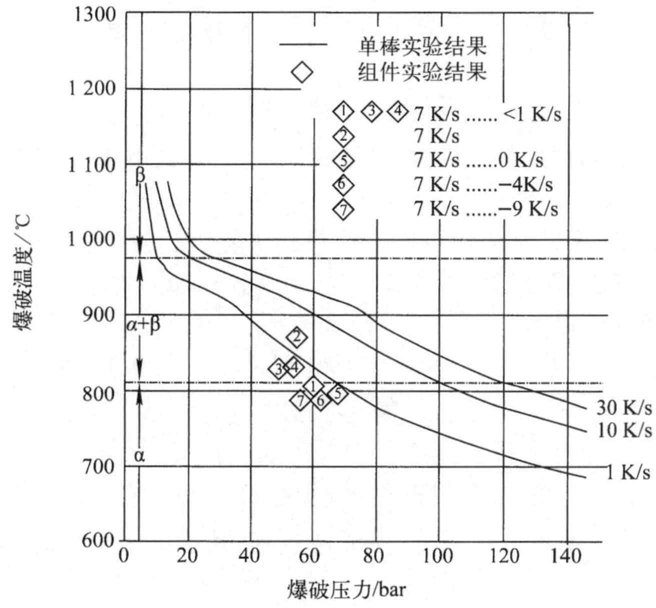

图 5-14　Zr-4 包壳管的爆破温度与爆破压力的关系曲线

图 5-15 表示周向应变与爆破压力的关系，在低压或高压爆破时分别对应的爆破温度在 α 或 β 相区，周向应变较大；而在中等压力爆破时，对应于双相区温度范围内，其周向应变较小。

(3) 冷却剂流道堵塞份额与周向应变

包壳鼓胀侵占的面积与原始流道面积之比定义为冷却剂流道堵塞份额，用 F_A 表示：

$$F_A = \frac{\pi}{4}(d^2 - d_0^2) / \left(P^2 - \frac{\pi d_0^2}{4} \right) \tag{5-8}$$

式中：

d_0，d——鼓胀前后的棒径；

P——棒栅距。

周向应变为 ε_0，

$$\varepsilon_0 = (d - d_0)/d_0$$

同样，在双相区范围内进行爆破时，F_A较小；多棒束要比单棒 F_A 的实验值低。这是因为鼓胀不可能同时发生在同一断面上的缘故。所以包壳管温度和内压是影响流道堵塞份额的重要因素。

通过对失水条件锆包壳管行为的研究，已为制定危急堆芯冷却系统验收标准提供了实验依据。

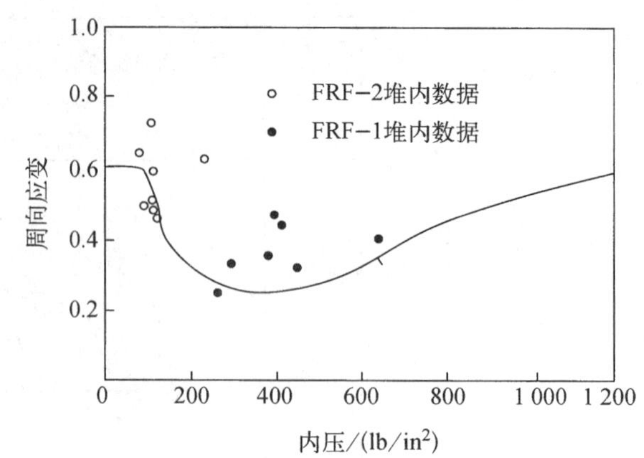

图 5-15　周向应变与爆破压力的关系

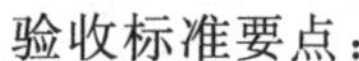
验收标准要点：

1）峰值包壳温度小于 1 200 ℃；

2）最大包壳氧化量不超过氧化前包壳壁厚的 17%；

3）不超过活性区包壳总量的 1%的锆参与锆-水反应或锆-水蒸气反应；

4）裂变产物释放量控制在≤10%惰性气体；≤3%碱金属；≤2%挥发性固体裂变产物；≤0.1%其他裂变产物；

5）不允许有妨碍堆芯冷却的几何形状变化。

根据验收标准重新修改元件设计和运行功率水平。如减小棒径，降低线功率密度等，增加了燃料元件的安全性。

通过堆内堆外试验，现已证明危急堆芯冷却系统能满足使用要求。在 PWR 大多数的燃料棒包壳温度低于 700 ℃，1%以下达到 1 000 ℃，小于 10%的包壳在 800 ℃左右；最高包壳温度维持时间在 2 min 以内。

复 习 题

1. 包壳的作用是什么？对包壳材料的要求是什么？
2. 作为商用堆 PWR、BWR、PHWR 的包壳都用什么牌号的锆合金材料？为什么？
3. Zr-2 合金与 Zr-4 合金成分和性能上有什么异同点？
4. 锆-4 合金的优缺点是什么？
5. 新锆合金研制的方向是什么？有哪些突破？
6. 锆合金的氢脆是怎么一回事？以内氢化腐蚀为例，谈谈其预防措施。
7. 锆合金的表面腐蚀有什么特点？转折前后的腐蚀产物有什么不同？为什么锆合金的使用限制在 400 ℃以下？
8. 锆合金的局部腐蚀有什么特点？为什么要关注疖状腐蚀和缝隙腐蚀？
9. 为什么对锆包壳管的织构需要进行关注？它与锆包壳管的堆内性能有什么紧密的关系？

10. 锆合金包壳管制造的关键工艺是什么?
11. 什么是 PCI? 它由哪两部分组成? 发生 PCI 的先决条件是什么? 后果是什么? 试举例说明。PCI 会使燃料元件失效的原因是什么?
12. 由 PCMI 引起的包壳管轴向变形的机制是什么? 径向变形形成的环脊使包壳管发生哪些变化?
13. 在什么条件下会发生 PCCI? 发生锆包壳管应力腐蚀的机制是什么?
14. 描述失水条件下(LOCA)的锆包壳管行为。
15. 失水条件下(LOCA)的锆包壳管脆化的原因是什么?
16. 失水条件下(LOCA),控制棒插入堆芯,ECCS 系统启动堆芯的温度为什么还会上升?
17. 研究 LOCA 事故的意义何在?
18. 为什么水堆用锆合金而快堆用不锈钢作包壳材料?
19. 简述燃料元件(棒)失效的原因(包括变形失效、破损失效及氧化物氢化物超量失效)。

第 6 章　结构材料

本章要讨论除包壳材料以外的其他堆用结构材料。

包壳外的其他结构材料(见表 6-1),从表中可知堆芯结构材料,如格架、压力管等,一般用锆合金;而堆内的结构材料,如吊篮、热屏、下部支撑、导套管、控制棒包壳、压力容器内衬、一回路管道、泵、阀门等,一般都用奥氏体不锈钢;蒸汽系统中,如传热管、支撑板等使用耐热合金和耐热钢;堆内的螺栓、弹簧等也用耐热合金制作;大的壳体,如压力容器、蒸汽发生器壳体,以及二回路管道等用低合金碳钢;安全壳、二回路管道等用碳钢制作。

表 6-1　压水堆、重水堆常用结构材料

部　件	PWR	PHWR
燃料组件格架	锆-4 合金	锆合金
控制棒包壳	奥氏体不锈钢 304	奥氏体不锈钢 304L
反应堆压力壳	低合金碳钢 A533B,$A508_3$	
压力壳堆焊层	奥氏体不锈钢 308L	
压力管		Zr-2.5Nb 合金
排管容器		不锈钢
蒸汽发生器壳体	低合金碳钢 A533B	低合金碳钢
蒸汽发生器支承板	碳钢 SA515 铬-钼钢或不锈钢 Cr13	碳钢或铬-钼钢
蒸汽发生器传热管	Inconel 600,690 或 Incoloy 800	Inconel 600,Monel 400 或 Incoloy 800
一回路管道	奥氏体不锈钢 304,316	奥氏体不锈钢 304L,316
二回路管道	不锈钢内衬的铁素体钢	镀锌碳钢

下面分别对压力容器材料、奥氏体不锈钢、耐热合金以及一些核电厂结构常用的普通金属材料作简单介绍。

6.1　压力容器材料

压水反应堆压力容器是主冷却剂回路的一部分。主回路的可靠运行,保证着燃料组件的冷却和完整,因此压力容器是压水堆电站最关键的设备之一。

它是一个庞大的不可更换的密封壳体。其作用是容纳冷却剂,支撑堆芯,密封放射性和维持堆内运行压力。压力容器为反应堆安全运行提供必要的堆芯控制和参数测量,它的完整性关系到反应堆的安全和寿命,是压水反应堆的第二道安全屏障。

6.1.1　压水堆压力容器的特殊性

压水堆压力容器(见图 6-1)与常规压力容器不同之处在于:

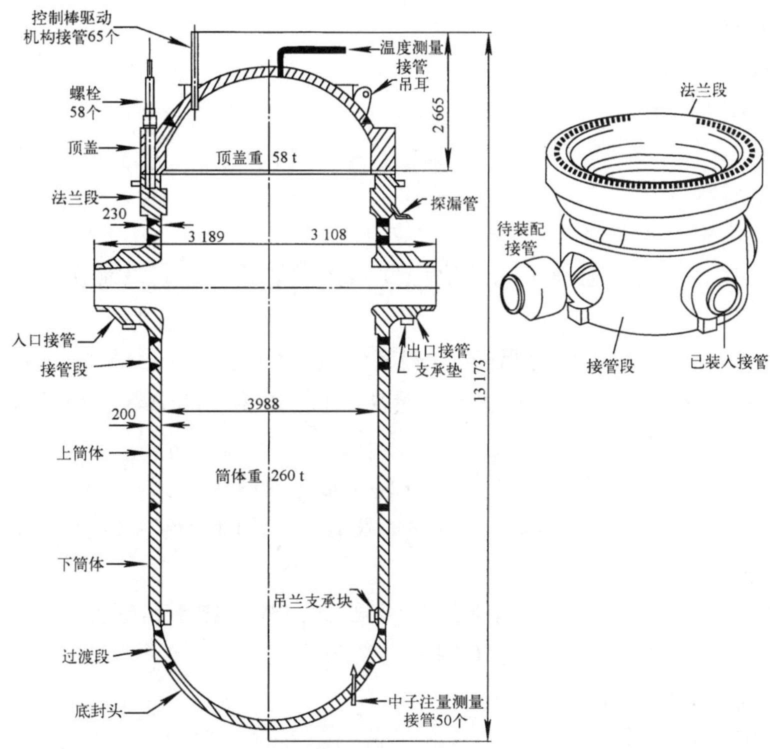

图 6-1　压水堆压力容器的分段结构图(法马通公司 900 MW 系列)

1）尺寸大(直径 3～4 m,厚度 200～300 mm,高 10～12 m)；

2）采用不锈钢衬里(防止高温水腐蚀)；

3）受中子辐照(辐照会引起材料脆化)；

4）在整个反应堆寿期(40 a 或 60 a)内不可更换,绝对不允许破裂,对脆性破裂的可能性必须给予特别关注；

5）反应堆启动后不能对压力容器进行充分的检查(由于材料活化,铁和钴活化后的半衰期分别为 44.5 d 和 5.27 a。停堆后即使卸出所有燃料,也很难接近反应堆进行检查和维修)；

6）存在不同金属间的焊接问题等。

6.1.2　压力容器的结构及选材要求

压水堆压力容器的结构如上图所示,由圆柱形的筒体和半圆拱形的上、下封头组成。下封头与筒体焊在一起,上封头与筒体连接处设有法兰,可以分开。在法兰附近有进出水管道,一回路管道采用的是奥氏体不锈钢。

一般,压水堆压力容器的设计压力为 17.6 MPa,设计温度是 350 ℃。压力容器承受的载荷除温度和压力以外,还有因吸收 γ 射线引起的热应力；各种工况变动所引起的温度、压力变动,以及由此引起的热冲击；温度循环几百到几万次所引起的热疲劳等。因此压力容器的运行工况是严峻的,对材料的要求也是很高的。

对压力容器材料的要求如下：

1）强度高、塑韧性好；

2）抗辐照，耐腐蚀；

3）偏析与夹杂物少、晶粒细、组织稳定；

4）工艺性能好（冷热加工、焊接、热处理）；

5）成本低、使用经验丰富。

目前世界上压水堆压力容器都采用高强度的铁素体低合金碳钢制作，用得最多的是锰-钼-镍低合金碳钢。

锰-钼-镍低合金碳钢是在普通锅炉钢（碳素钢）的基础上加入少量的合金元素锰、钼、镍所组成的，低合金碳钢的组织为铁素体加少量珠光体（如美国的 $A508_3$ 和 A533B 钢）。一般称之为铁素体低合金碳钢。

采用低合金碳钢来制作是从性能和价格两方面考虑的结果。

低合金碳钢有与奥氏体不锈钢相近的机械强度，良好的延性，除此以外，与不锈钢相比还具有下面一些优点：

1）导热性能好，其热导率是不锈钢的 3 倍，因此热应力比不锈钢低 2～3 倍；

2）热膨胀系数低，热膨胀系数比不锈钢小 1.5 倍；

3）对应力腐蚀开裂的敏感性小；

4）加工性能和可焊性好；

5）价格便宜并有丰富的使用经验。

但是，低合金碳钢存在着较复杂的腐蚀问题，并且在快中子辐照下其屈服强度和抗拉强度增加、延伸率下降、韧脆转变温度提高。这是在使用中不得不加以关注的问题。

为了控制使用中的材料降级问题，它的成分控制很严格。世界各国都对压力容器钢进行了研究开发，同类钢的牌号虽不同，成分却相差不大，各国压力容器钢的成分见表 6-2。

这些材料都是从碳素钢的基础上开始研究的，研究中逐渐添加一些合金元素以增加强度和淬透性；降低碳、铬、钼含量和提高锰含量以改善焊接性能；严格控制铜、磷、钒、砷、锑等微量有害元素的含量以减少辐照脆化效应。

压力容器内壁所有接触冷却水的表面堆焊有 1～2 层奥氏体不锈钢，约 6～8 mm 厚，以增加压力容器的抗腐蚀性能和耐磨性。

6.1.3 压力容器全寿期监督的必要性

由于压水堆压力容器的工作条件是在 15.5 MPa 压力下、300 ℃左右，同时受到中子辐照；核电厂压力容器又是一个庞大的不可更换的密封壳体，是关系到反应堆安全和寿命的重要部件；又由于它是一个厚大部件，其加工、焊接性能很不容易掌握；而且由于 Mn-Mo-Ni 低合金碳钢是体心立方结构的铁素体钢，存在低温脆性，辐照会使材料降级，韧脆转变温度升高。因此如何保证压力容器运行安全是核心问题。

对压力容器来说，导致压力容器失效的可能原因是腐蚀、疲劳、蠕变和脆性断裂。其中对安全威胁最大的是脆性破坏。

脆性破坏的特点如下：

表 6-2　各国压力容器用材成分及质量分数　%

牌　号	C	Si	Mn	P	S	Cr	Ni	Mo	Cu	V
中国 $A508_3$	≤0.27	0.15～0.40	0.50～1.00	≤0.025	≤0.025	0.25～0.45	0.50～1.00	0.55～0.70	≤0.10	≤0.05
美国 $A508_3$	≤0.25	0.15～0.40	1.20～1.50	≤0.025	≤0.025	≤0.025	0.40～1.00	0.45～0.65	≤0.10	0.01～0.05
美国 A533B	≤0.25	0.03	1.50	≤0.035	≤0.040	≤0.025	0.70	0.60	≤0.10	
法国 $16MND_5$	≤0.20	0.10～0.30	1.15～1.55	≤0.008	≤0.008	≤0.25	0.50～0.80	0.45～0.55	0.08	0.01
日本 $SFVV_3$	0.15～0.22	0.15～0.30	1.40～1.50	≤0.003	≤0.003	0.06～0.20	0.70～1.00	0.46～0.64	0.02	0.007
日本 SFVQ1A	≤0.25	≤0.40	1.20～1.50	≤0.03	≤0.03	≤0.25	0.40～1.00	0.45～0.60		
日本 SQ2A	≤0.25	1.15～1.30	1.15～1.50	≤0.035	≤0.035		0.40～0.70	0.45～0.60		
德国 20MnMoNi55	0.17～0.23	≤0.35	0.50～1.00	≤0.02	≤0.02	0.3～0.5	0.6～1.2	0.5～0.8		≤0.05
俄罗斯 15X2HMΦA*	0.13～0.18	0.17～0.37	0.30～0.60	≤0.02	≤0.02	1.8～2.7	1.0～1.5	0.5～0.7	≤0.30	0.10～0.12
俄罗斯 15X2HMΦA-1**	0.13～0.18	0.17～0.37	0.30～0.60	≤0.010	≤0.012	1.8～2.3	1.0～1.5	0.5～0.7	≤0.08	0.10～0.12

注：*　俄罗斯 15X2HMΦA 中，Sn≤0.040，As≤0.030；

**　俄罗斯 15X2HMΦA-1 中，Sn≤0.010，As≤0.030，Sb≤0.005，P+Sb+Sn≤0.015。

1）断裂应力低于屈服强度；

2）断裂之前无征兆；

3）裂纹失稳后扩展迅速；

因此脆性断裂常常是爆发性的突然破坏，对于高压容器则是爆炸性的破坏，后果十分严重。

中子辐照脆化是一个需要特别警惕的问题。普通低碳钢和低合金碳钢都有低温变脆的特性，即存在一个韧脆转变温度（DBTT）或零塑性温度（NDT），这个温度一般在－30 ℃到5 ℃的范围内，低于此温度钢材便失去延展性，变成铸铁似的脆性金属。只要存在微细的缺口，如材料中的缺陷、偶然发生的裂纹、未焊透的焊缝、结构中的锐角、甚至较粗的加工刀纹、螺纹等，在低应力下就会迅速断裂。因此必须注意不要使加有载荷的压力容器处在参考零塑性温度（$T_{NDT}+33$ ℃）以下。

由于中子辐照会使韧脆转变温度升高，现行压力容器运行 40 a，接受的快中子注量为 5×10^{23} n/m^2，临界温度 T_{NDT} 有可能升高 70～100 ℃。这就给压力容器带来工作时发生脆性破坏的危险，例如由运行中偶然注入冷水所引起。因此国内外都把防脆断作为研究和考核核电厂安全的重点。

由于影响钢辐照脆化程度（用 ΔT_{NDT} 来表示）的因素很多，而且很复杂，它不仅取决于中子注量，还与钢的化学成分、辐照温度、中子注量率、冷热加工工艺等因素有关。因此寿期内对压力容器材料的脆化程度进行监督是必要的。

目前是采用在堆内放置监督管，定期取样的方法。即在运行的反应堆内放入足够数量，具有代表性的监督样品（包括母材、焊缝和焊接热影响区材料），样品由与压力容器同炉、同工艺的材料制作，分成若干份，放入监督管，随堆辐照，定期取出，进行样品的机械性能试验实测其 T_{NDT} 升高值，并与预先估计的 ΔT_{NDT} 值比较，作发展趋势的判断。用以决定反应堆的安全运行期限。

6.1.4 压力容器制造关键工艺

经过上面的讨论我们了解了压力容器的重要性和影响使用的关键因素。下面就要讨论怎么在实际情况下防止脆性的形成和发展。

缓解压力容器辐照脆化的主要措施有：

1）严格控制钢材中的杂质含量，尤其是铜、磷、硫的含量，分别小于0.08％、0.008％、0.008％；作为杂质，磷、硫的含量需要控制是一般的常识，而铜的含量在普通钢中是不加控制的，因为铜在普通钢中被看成是有益的合金元素，它可以细化晶粒，增加韧性。而在压力容器钢中它的作用恰好相反，铜的存在会增加辐照脆性。不仅如此，由于铜的存在，镍也会与铜协同起增加辐照脆性的作用，因此在压力容器钢中铜是要加以限制的元素。

2）采用环形锻件焊接，避免活性区的竖直焊缝，并且使焊缝远离中子注量率峰值位置。

3）加大容器内壁与堆芯之间的水间隙，减少径向中子泄漏，以降低容器接受的快中子注量。

为了改善压力容器的使用性能，提高安全性。多年来，各国在工艺上的努力从来没有停止过。最大的工艺改进在以下三方面。

(1) 炼钢

为了在锻造工序得到沿厚度方向均匀的材料，改善焊接性能，降低 NDT(零塑性温度)，必须得到纯净的钢水。

工艺上采用钢包精炼、真空除气、氩气搅拌、真空脱碳、脱氧以及随后加铝的方法得到晶粒细、偏析低，铜、磷、硫等杂质含量低的优质钢。

(2) 锻造

早先的容器是用钢板卷起后焊接成型的。通过活性区的竖直焊缝就成了隐患。如今采用大型水压机，把材料锻造成环，避免了活性区的竖直焊缝，同时环焊缝也应远离活性区峰值中子注量率的位置，因此活性区部分的锻造环要有一定高度，然后再到现场进行环对环的焊接(见图 6-1)。由于这是厚大部件锻造，一个这样的成品环，连同嘴子可达 150 t 重，需用 400～500 t 重的毛坯锭子。初锻成的锻坯，壁厚约 700 mm，最后加工成 200～280 mm。这么厚大的锻件，要求厚度方向的成分、性能均匀是不容易达到的。制造压力容器的重型水压机至少要 6 000 t。而且整个过程都需要有严格的质量控制。

(3) 焊接

焊接是至关重要的工序。焊接质量的好坏是压力容器安全使用的关键。焊接工艺包括以下三个方面的关键技术：

1) 锻件之间的连接，即环与环对接焊——厚壁工件焊接，要求全焊透。

生产中，焊接厚壁筒体采用了氩弧焊(Gap-shield Metal Arc Welding，GMAW)；埋弧焊(Saw Submerged Arc Welding，SSAW)和手工氩弧焊。

在一些环焊缝和长焊缝上采用微机控制的自动焊，排除了人为因素，提高了焊接质量；而在一些复杂的短焊缝或不易操作的面上仍采用手工焊。

2) 奥氏体不锈钢内衬堆焊，即铁素体的压力容器内壁的活性区部分堆焊一至两层奥氏体不锈钢。也就是奥氏体不锈钢堆焊到铁素体钢上。

筒体活性区部分堆焊不锈钢的目的是防腐蚀、防冲刷和耐磨。采用铌稳定的 18-8 不锈钢或低碳奥氏体不锈钢 309/308L，以防止产生沿晶的应力腐蚀开裂(IGSCC)。电极材料用 23/13 型合金来起补偿、稀释作用，以防止裂纹。

3) 奥氏体不锈钢与铁素体低合金碳钢焊接，如一回路水管与压力容器嘴子连接等。

高合金的钢(奥氏体)与低合金的钢(铁素体)之间的焊接，采用镍基中间合金 82 和 182 作缓冲。并在工艺上做到焊前预热，焊后热处理。

焊前预热是为了减少热应力；

焊后热处理(Post Weld Heat Treatment，PWHT)的必要性在于：可以避免脆性；保证运行中的尺寸稳定；降低应力，从而也降低了应力腐蚀开裂的敏感性。

一般在工厂里进行一回路进、出水管的过渡段焊接，即在进、出水管的嘴子上焊上一节奥氏体不锈钢的管子，到现场就可以进行同种金属焊接。

6.1.5 压力容器钢的性能要求与试验方法

6.1.5.1 性能要求

由于压力容器对反应堆安全有重要的影响，要求材料的强度高，以承受堆芯压力、正常工况及事故条件下的热应力、冲击应力和部件运输时的振动应力；韧性好，能抵抗低周疲劳；

要求抗高温腐蚀性能好，由于冷却剂有可能携带腐蚀产物，造成局部腐蚀；还要求抗辐照性能好，由于在快中子、γ射线辐照下材料会发生脆化，在低温时会丧失韧性；满足了以上性能外，还要求有良好的加工性能和焊接性能。

(1) 拉伸性能要求

其要求见表 6-3。

表 6-3 压力容器材料的力学性能

抗拉强度/MPa	屈服强度/MPa	延伸率/%	断面收缩率/%	备 注
552～670	≥400	≥20	≥45	室温
≥552	≥300			350 ℃

资料来源：引自 GB/T 15443—95。

(2) 冲击性能要求

1) 基本要求：参考零塑性温度 RT_{NDT} 应≤−12 ℃，上平台能量≥130 J，寿期末的参考零塑性温度 RT_{NDT} 应≤93 ℃。

2) 指定试验温度的韧性要求，见表 6-4。

表 6-4 指定试验温度的韧性要求

样 品 数	取样方向	试验温度 0 ℃	试验温度 20 ℃	试验温度−20 ℃
3 个平均值	垂直于主加工方向	≥70 J/cm²	≥130 J/cm²	≥50 J/cm²
3 个平均值	平行于主加工方向	≥100 J/cm²	≥150 J/cm²	≥70 J/cm²

资料来源：引自 GB/T15443—95。

3) 全寿期监督：用密封罐装与压力容器同批料加工的冲击试样，放置在压力壳内与压力壳一起辐照，定期抽验。

6.1.5.2 辐照效应

寿期末，压力容器的累计中子注量可达 3×10^{23} n/m²。抗拉性能受快中子辐照的影响见图 6-2，韧脆转变温度随辐照注量的变化见图 6-3。

影响辐照效应的因素有杂质元素，尤其铜的影响比较大，它们会增加辐照脆化。因此要严格控制材料中的铜及其他杂质元素的含量；此外材料的生产工艺，焊接等对辐照效应也有影响。如铸态的焊缝比加工态的母材辐照效应大，而热影响区的辐照效应居于两者之间；辐照温度对辐照效应的影响是温度越高，辐照前后的韧脆转变温度增值越小。原因是温度越高，缺陷的活动能力越强，产生复合的机会也就越多。

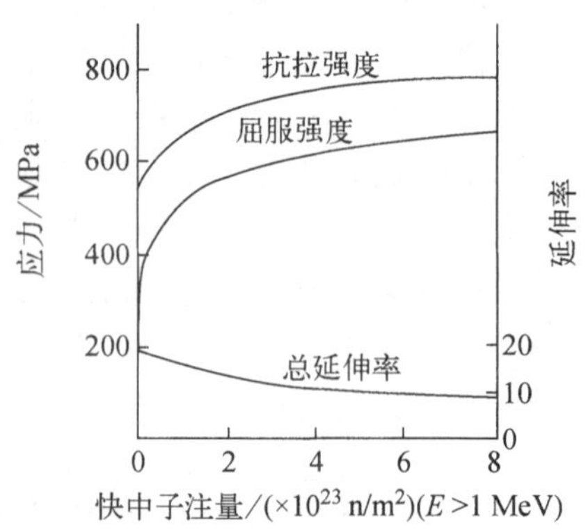

图 6-2 A533-B 钢在 260 ℃下受快中子辐照对抗拉性能的影响

6.1.5.3　试验方法

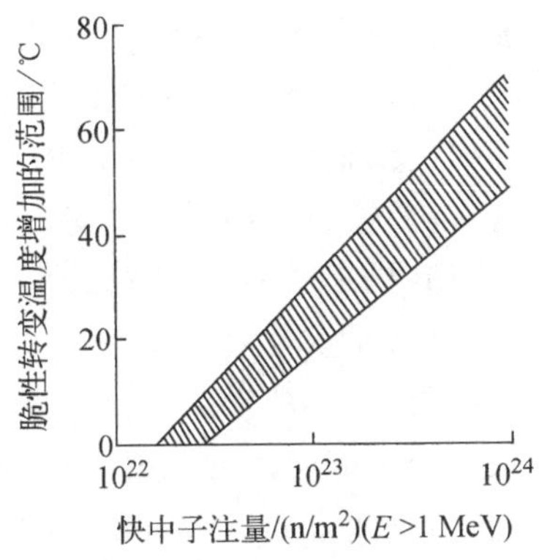

图 6-3　A533B 钢辐照后韧脆转变温度的变化与快中子注量的关系

测定韧脆转变温度的方法一般用 V 形缺口的冲击试样在冲击试验机上做不同温度的冲击试验。得出冲击性能随温度变化的曲线。

在未辐照时，测定 NDT 用落锤试验，然后用 V 形缺口试样的夏比(CHARPY)试验来取得原始的参考零塑性温度 RT_{NDT}。实际应用时用 RT_{NDT} 来代替 NDT。

因为经过试验，V 形缺口试样的夏比(CHARPY)试验值与落锤试验得出的 NDT 值有很好的对应关系，而堆内辐照采用落锤试验的试样是不可能实现的，因为太大了。因此采用 V 形缺口的夏比(CHARPY)小试样做试验来代替落锤试验不但是合理的而且也是可行的。

韧性相同的材料，由于成分、工艺不同对应的强度差别甚大。而强度相同的材料又因组织、析出相、夹杂物的形态、分布不同，而有不同的韧性。因此单凭一个参数确定 NDT 难以避免偶然性。根据 ASMI 标准规定，用参考零塑性温度 RT_{NDT} 来代替零塑性温度 NDT 作为防止脆断的依据。规定如下：

1）先由落锤试验测出 NDT；

2）选择一个略大于 NDT 的温度 T_{NDT}，在此温度上加 33 ℃，作三个 V 形缺口试样的冲击试验(CHARPY)，如冲断功都大于 68 J，侧膨胀都大于 0.89 mm 时，即可确认该温度就是，RT_{NDT}；如不能满足上述条件，需改变条件作补充试验，每组 3 个试样，温度递增为 5 ℃一个间隔，直至 3 个试样都满足要求，把满足要求的温度减去 33 ℃即为所求的 RT_{NDT}。

6.2　奥氏体不锈钢

核电厂的一回路管道、泵体、阀门等长期在高温高压下工作的部件都用奥氏体不锈钢来制作。因为奥氏体不锈钢的高温性能好、有足够的强度和韧性、耐腐蚀、焊接性能好。耐热合金主要是指镍基和铁镍基合金，由于它们的组织结构也是奥氏体，与奥氏体不锈钢有共同之处，在核电厂的应用主要为堆内紧固件，弹簧和蒸汽发生器传热管等。

严格地讲，不锈钢是指在大气、蒸汽和水等弱腐蚀介质中耐腐蚀的合金钢，而耐酸、碱、盐等化学介质腐蚀的合金钢称为耐酸不锈钢。在此我们把两者合起来统称不锈钢。

6.2.1　不锈钢的历史

在 20 世纪初，“不锈”与“钢”的概念还是对立的。不锈钢的发现是从研究刀具开始的，1913 年英国在研究刀具时发现钢中加入 9%～16%的 Cr 时有良好的抗腐蚀性能。并在 1916 年取得专利，主要用于刀具生产。

1916 年美国获得“斯太立”合金专利，斯太立合金是一种 Co-Cr，Co-Cr-W 合金。实验中发现当加入 10%的 Cr 和 5%的 Co 时即使加入铁也有很好的抗腐蚀性，因此 1919 年开始使用这种钢。

1912 年德国人在法国做研究时发现：如果钢中含足量的 Cr 和 Ni，就能抗氧化和耐酸腐蚀。研究报告在1920年发表并开始生产和应用这类钢。

这是不锈钢发现和使用的开始，由于这类钢的性能优良，因此在一个世纪里发展很快。现代不锈钢已经有很多的类型，它们被用来满足各种不同的需要。不锈钢中主要的合金元素有铬、镍、钼、铜、钛、钴等，碳含量在不锈钢中的作用也不可忽视。

铬是不锈钢最主要的合金元素。实验证明，当钢中的含铬的原子分数逐渐增加至12.5%(质量分数11.7%)时，阳极电位由－0.56 V突增至＋0.2 V。这时在钢的表面形成一层很薄而致密的氧化膜，阻止了钢基体被继续侵蚀，使钢的耐蚀性发生突变性上升，这就是不锈钢能防锈的原因，因此不锈钢的含铬的质量分数应不低于12%。当铬元素在12%以上时，表面形成稳定而致密的铬氧化膜，合金呈现钝化。

其他添加的合金元素是为了满足各种性能和组织的要求而加入的。按组织形态分，不锈钢可以分为铁素体类、马氏体类、奥氏体类、铁素体-奥氏体双相钢和沉淀硬化型不锈钢。

世界各国不锈钢的编号方法不同，我国的编号方法是以碳质量分数、合金元素的种类和数量及质量级别来编号的。在牌号前面的第一个数字代表碳质量分数，碳质量分数用千分数表示，如标为1，其意为0.1%；主要的合金元素及含量的百分数标于其后。如：1Cr18Ni9Ti，则表示的碳质量分数为0.1%左右，铬质量分数为18%左右，镍质量分数为9%左右，钛质量分数为1%左右。

6.2.2 不锈钢的分类及应用

按金相组织分类，不锈钢可分为铁素体类、马氏体类和奥氏体类。随着发展，还有一些介于其间的和满足特殊要求的不锈钢：如双相不锈钢、沉淀硬化型不锈钢等。不锈钢的组织主要取决于钢中碳、铬、镍的含量及相互配比。

(1) 铁素体类不锈钢(如美国牌号405，430钢)

当含铬量在17%～28%，并且含少量碳(0.05%～0.20%)时，从高温到低温可得到单一的铁素体相，这类钢约含1%锰、硅，不含镍。

铁素体类不锈钢的抗腐蚀性能呈现中等，热膨胀系数低，导热好，易于加工，对SCC不敏感，但强度较低、焊接性能较差，并且在使用中要注意σ相的析出问题。

这类钢常用于化工设备和食品加工设备等要求耐腐蚀，但强度要求不高的构件上。

在核电厂用得比较少，可以用作热交换器中的管板等。

(2) 马氏体类不锈钢(如1Cr13，2Cr13，3Cr13等)

这类钢含13%～17%铬，碳含量在0.10%以上。依含碳量的不同区别牌号。

这类钢虽然强度高，但只能耐大气、蒸汽和弱介质的腐蚀。

1Cr13是国际上通用的牌号，美国为AISI410，法国为Z10C-13、Z12C-13，日本为SUS410，德国为X15Cr13。化学成分见表6-5。

马氏体钢主要用于抗弱腐蚀介质，同时要求较高的韧性和承受冲击载荷的零部件。如汽轮机叶片、水压机阀、结构件和螺栓等。

在反应堆环境中主要用于2、3级辅助泵传动轴、蒸汽发生器支撑件、控制棒驱动机构等。

(3)奥氏体不锈钢(如美国牌号304，316钢)

这类钢含镍量高于8%，含铬量18%～27%，俗称18-8不锈钢。广泛用于核反应堆中，是压水堆堆芯容器内衬、堆内构件、热屏、管道、阀门等的主要选材。它的高温强度(500 ℃以上)好、韧性好、焊接性能好、耐腐蚀，对高温水等一般化学介质表现了出色的抗腐蚀性能。

表 6-5　马氏体钢的化学成分及其质量分数　%

国别	标　准	化学成分						
		C	Si	Mn	S	P	Cr	Ni
中国	GB 1220—92 1Cr13	≤0.15	≤1.00	≤1.00	≤0.03	≤0.035	11.50～13.50	—
美国	ASTMA182 AISI410	≤0.15	≤1.00	≤1.00	≤0.03	≤0.-040	11.50～13.50	≤0.50
法国	RCC-M3302 Z12C13	0.08～0.15	≤1.00	≤1.00	≤0.03	≤0.030	11.50～13.50	≤0.80
	RCC-M3303 Z10C13	≤0.15	≤0.50	≤1.00	≤0.03	≤0.030	12.50～14.00	≤1.00
中国	00Cr13Ni5Mo4	≤0.03	≤0.80	0.4～1.0	≤0.035	≤0.035	12～14	4.00～6.00

但它对应力腐蚀敏感，尤其在含氯离子和氧离子的环境中；并且在快中子辐照下会因硬化、肿胀、蠕变而造成性能下降，这是在使用中需注意的问题。

在核电厂中用得最多的是奥氏体不锈钢。为了得到单相奥氏体组织，如只用镍，含量需高达 27%，但当铬镍配合使用时，在 18%铬的钢中加入 8%的镍就可以得到单一奥氏体组织，再添加少量 Mo、Cu、Si 等元素提高耐蚀性，就得到奥氏体不锈钢。奥氏体不锈钢在美国牌号中是以 3 开头的，因此称为 300 系列；上面说过，由于这类钢的含铬量为 18%左右，含镍量为 8%左右，因此也称为 18-8 不锈钢。部分反应堆常用的奥氏体不锈钢见表 6-6。国内外部分不锈钢牌号对照见表 6-7。

表 6-6　部分反应堆常用的奥氏体不锈钢

牌　号	C 最高/%	Cr/%	Ni/%	其他元素
304	0.08	18.0～20.0	8.0～11.0	—
304L	0.03	18.0～20.0	8.0～11.0	—
309S Nb	0.08	22.0～26.0	12.0～15.0	Nb(最小 8×C%)
316	0.10	16.0～18.0	10.0～14.0	Mo(2.0%～3.0%)
316L	0.03	16.0～18.0	10.0～14.0	Mo(1.75%～2.5%)
316Ti	0.05	16.0	14.0	Mn1.7，Mo2.5，Ti0.4
317	0.08	17.0～19.0	9.0～12.0	Nb(最小 10×C%)
321	0.08	17～19	9.0～13.0	Ti(最小 5×C%)
15-15Ti	0.10	15.0	15.0	Mo1.2，Mn1.5，Ti0.4

表 6-7 国内外部分不锈钢号对照

中国	美国			英国	日本	德国	俄罗斯
GB	AISI SAE	ACI	ASTM	BS	JIS	DIN W-Nr	ГОСТ
0Cr13	410			En56A		X7Cr13 1.4000	08X13
1Cr13	403			En56A,En56AM	SUS21	X10Cr13 1.4006	1X13
2Cr13	410	CA15	A-296	En56B,En6C	SUS22	X20Cr13 1.4021	2X13
3Cr13	420	CA40	A-296	En56M	SUS23		3X14
4Cr13				En56D		X40Cr13 1.4034	4X13
Cr17	430		A-296	En60	SUS24	X8Cr17 1.4016	X17
Cr17Ti						X8CrTi17 1.4510	0X17T
Cr17Ni2	430			En57	SUS44	X22Cr17 1.4057	X17H2
Cr25	446	CC-50	A-296			X8Cr28 1.4083	X25,X25T
9Cr18		HC					9X18
0Cr18Ni9	304			En58E	SUS27	X5CrNi189 1.4301	0X18H10
1Cr18Ni9	302	CF-8	A-296	En58A	SUS40	X12CrNi189 1.4300	1X18H9
1Cr18Ni9Ti	321	CF-20	A-296	En58B,En58C	SUS29	X10CrNiTi189 1.4541	1X18H9T
1Cr18Ni11Nb	347,348			En58F,En58G	SUS43	X10CrNiNb189 1.4550	0X18H12B
0Cr18Ni12Mo2	316						
Cr18Ni12Mo2Ti	316Ti						
Cr15Ni15Ti	15-15Ti					1.4970	

(4) 双相不锈钢(如 1Cr21Ni5Ti,1Cr18Mn10Ni5Mo3N)

双相不锈钢是指奥氏体和铁素体双相钢,这类钢是在 18-8 型钢的基础上,增加铬或其他铁素体形成元素,因此含有一部分铁素体相。

研究表明,奥氏体钢中有部分铁素体相可以降低应力腐蚀开裂时的裂纹扩张速率。因此这类钢有比较好的耐晶间腐蚀能力和抗应力腐蚀能力。它兼有奥氏体和铁素体的优点,克服了两者的部分缺点:强度高、韧性好、抗晶间腐蚀和应力腐蚀。但由于 σ 相易在铁素体-奥氏体边界析出,因此长期在高温下工作会有 σ 相析出。

双相不锈钢有 Cr18、Cr21、Cr25 3 种型号,Cr18 以奥氏体为基,奥氏体占 80%~95%;Cr21 和 Cr25 以铁素体为基,铁素体占 50%~70%。

双相不锈钢可用于制造化工化肥设备和管道,海水冷却的热交换设备等。在反应堆条件下使用要注意 σ 相析出的问题。

(5) 沉淀硬化型不锈钢

沉淀硬化型不锈钢有马氏体型、奥氏体型、奥氏体-马氏体型和奥氏体-铁素体型四类。这类钢的成分介于各类不锈钢的成分之间,铬镍含量一般都不超过 18-8 型钢的相应值,碳含量都比较低,硬化主要靠加入 Al、Ti、Nb、Mo、Cu、Co 等元素形成的硬化相析出,如 Ni3Al、Ni3Ti 等。

这类钢有更高的硬度、耐蚀性、强度、韧性，焊接性能和冷加工性能也较好。

典型的牌号有：0Cr17Ni4Cu4Nb（相当于美国牌号 17-4PH）、0Cr17Ni7Al（相当于美国牌号 17-7PH）和 0Cr15Ni7Mo2Al（相当于美国牌号 PH15-7Mo）。

这类钢在反应堆中用得不多，主要是辐照效应比较复杂。

6.2.3 奥氏体不锈钢的性能

奥氏体不锈钢具有良好的耐腐蚀性能，良好的工艺性能和焊接性能。一般在固溶状态下使用。奥氏体不锈钢是单相固溶体，不能热处理强化，热处理的主要目的是为了增加钢的耐蚀性，提高这类钢力学性能的有效方法是冷加工。

（1）拉伸性能

1）奥氏体不锈钢的屈服强度比较低，一般用冷加工强化的方法来增加其机械强度，韧性依然可以满足要求。可以采用 10%～20%的冷加工量，有时为了防止应力腐蚀，冷加工量限制在 10%以内。

如 0Cr18Ni9 钢：

固溶后的，室温抗拉强度≥520 MPa；屈服强度≥205 MPa；δ_5≥40%；ψ≥60%

冷加工的，室温抗拉强度≥620 MPa；屈服强度≥310 MPa；δ_5≥30%；ψ≥40%

2）奥氏体不锈钢的高温强度比较好。

如 0Cr18Ni9 钢：

400 ℃时，抗拉强度＝410 MPa；屈服强度＝108 MPa；δ_5＝45%；ψ＝69%

480 ℃时，抗拉强度＝382 MPa；屈服强度＝98 MPa；δ_5＝45%；ψ＝69%

600 ℃时，抗拉强度＝333 MPa；屈服强度＝82 MPa；δ_5＝39%；ψ＝58%

在轻水堆条件下，奥氏体不锈钢和焊接部位没有热时效作用。

（2）腐蚀性能

总的来说，奥氏体不锈钢具有良好的耐腐蚀性能。不受硝酸、浓硫酸及磷酸等酸类的腐蚀。与铁素体钢相比，耐腐蚀性能有很大的提高，因此压力容器在与高温水接触的部位都要堆焊奥氏体不锈钢，以防止腐蚀。但奥氏体不锈钢在压水堆条件下应用，还是有晶间腐蚀、点腐蚀、应力腐蚀的倾向的。

1）晶间腐蚀：在 BWR 的冷弯管道（材料 304SS 或 316SS）上曾发现沿晶的应力腐蚀裂纹；在焊接热影响区也发现了这种应力腐蚀开裂。

大量的实验室工作发现：BWR 的运行环境中含氧量比 PWR 高，并且有 H_2O_2 和 H_2SO_4 的增强作用，甚至比氧含量的作用还强烈，因此产生了沿晶的应力腐蚀开裂（Intergranular Stress Corrosion Cracking，IGSCC）。

除此以外，还在焊接热影响区发现了这类腐蚀。在含氧水的环境下，存在残余应力的情况下发生了 IGSCC。发生的原因是焊接热影响区经历了 425～870 ℃高温，碳化铬沿晶界析出，形成晶界附近贫铬，引起了材料敏化，晶界成了腐蚀通道，因而产生了沿晶的应力腐蚀开裂。

2）辐照协助应力腐蚀开裂（Irradiation-Assisted SCC，IASCC）：用于轻水堆 PWR 和 BWR 做堆芯部件的稳定化奥氏体不锈钢，有时也会发生沿晶的应力腐蚀开裂。研究工作发现，辐照会引起合金元素迁移，迁移的结果，造成晶界敏化。而且辐照一方面使屈服强度增加，另一方面引起水的分解而产生氧，氧的存在又促进了SCC的敏感性，因此，这种辐照协助的应力腐蚀IASCC可以在很低的应力下发生。

(3) 辐照性能

奥氏体不锈钢在高能中子辐照下会发生辐照硬化和辐照肿胀。

1) 辐照硬化和脆化：辐照会造成这类钢的屈服强度升高，韧性下降。当中子注量达10^{26} n/m^2以上，不锈钢的在280～300 ℃时的断裂应变约为2%～4%。一般紧固件和弹簧在中子注量达10^{25} n/m^2以上时就会受到影响。因此在堆内使用要注重中子注量造成的影响，防止堆内紧固件发生大批损坏。

2) 辐照肿胀：奥氏体不锈钢的辐照肿胀与辐照参数，如温度、注量率、应力有关；也与材料的参数，如化学成分、冶金状态有关。同种钢，不同的炉次，常有不同的肿胀率；不同的冶金状态，如固溶态、冷加工态，肿胀率也不同。因此辐照肿胀是非常复杂的，也是研究最多的，尤其在以奥氏体不锈钢为包壳的快堆材料研究中曾做了大量的工作。

简单来说，奥氏体不锈钢的辐照肿胀有孕育值，如316不锈钢的孕育值大约为60 dpa，即在辐照损伤达到60 dpa以前肿胀量不大，60 dpa以后肿胀量急剧升高，见图6-4。

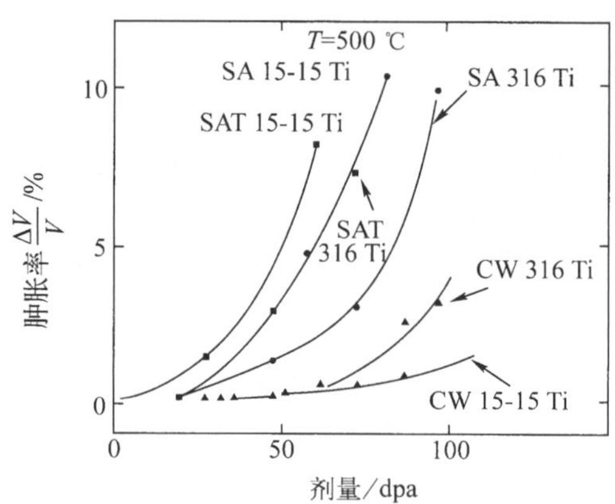

图6-4 钛稳定316和15-15钢的辐照肿胀
SA—固溶处理；SAT—固溶-回水处理；CW—冷加工

一般认为，当辐照中子注量达10^{26} n/m^2以上后，不锈钢材料内部的缺陷在一定的条件下聚集，造成不锈钢材料的辐照肿胀。当中子注量达到10^{27} n/m^2时，奥氏体不锈钢的肿胀可达15%。

奥氏体不锈钢的肿胀量与辐照温度的关系，在第3章中已有过说明，即有肿胀峰，这儿不再重复。大约在0.3～0.5T_m下辐照肿胀量最大。如：固溶处理的316不锈钢，肿胀峰在500 ℃左右，而冷加工的，在550 ℃左右。

由于压水堆中子注量比较低，一般在孕育值以下，影响不大；而在快堆和聚变堆中，这种效应就会成为寿命的制约因素。

6.2.4 奥氏体不锈钢中的常见相

奥氏体不锈钢中会有一些其他的组成相，其中最常见的或影响最大的相介绍如下：

(1) 碳化物相

碳在奥氏体中的溶解度很小，只有0.03%左右，而一般18-8钢的含碳量在0.08%，因此奥氏体不锈钢从高温快冷下来的组织是过饱和的固溶体。当再加热，或在420～870 ℃下使用时就会析出碳化物相（$M_{23}C_6$、M_6C、MC），造成晶界贫铬，即发生敏化。在使用过程中会因此而造成晶间腐蚀或形成沿晶的应力腐蚀开裂（SCC）。

稳定化的奥氏体不锈钢就是在普通不锈钢的基础上添加入Ti、Nb等，让碳与之形成稳定碳化物 TiC、NbC，使钢在敏化温度下不再析出 $M_{23}C_6$ 型碳化物，以这种方法来降低晶间腐蚀的敏感性。而低碳的不锈钢如 316L、304L 就是把碳含量控制在 0.03%以下，使之在加热时不析出碳化物的方法来降低晶间腐蚀的敏感性。

(2) σ 相

σ 相是一个复杂的四方结构相，又硬又脆，含有 30%～70%Cr。它是在 500～870 ℃长时间保温下析出的。它析出的过程很缓慢，需要几百或几千小时在高温(尤其 750～870 ℃)下保温才能形成。一般焊接和铸造的奥氏体不锈钢中由于成分偏析，会有一些铁素体相，σ 相就在铁素体的边上形成。冷加工变形会加速 σ 相析出。

由于 σ 相的析出，会造成不锈钢强度增加，韧性急剧下降。这是我们不希望的。但 σ 相是可逆的，因此可以用固溶处理消除，固溶以后材料可以恢复韧性。

(3) δ 相

高温时，奥氏体不锈钢中存在 δ 相，在焊缝的铸造组织里可以看到 δ 相。在奥氏体不锈钢中存在一些 δ 铁素体相，对材料的抗 SCC 有好处，因为当裂纹扩展中遇到铁素体相，裂纹前沿受阻，需要改变方向。因此一般要求在奥氏体不锈钢中有 5%的铁素体，有的扩大为小于 15%，但 δ 相不能太多，若 δ 相多的话，在焊缝中易产生微裂纹，而且 σ 相易在铁素体边界析出而造成脆性。

6.3 镍基及铁镍基耐热合金

金属镍是面心立方结构，在高、低温度下均有良好的力学性能和加工性能。镍的熔点高(1 455 ℃)耐腐蚀性和抗氧化性好，此外还有一些特殊的物理性能，如铁磁性、磁伸缩性、电真空性能等。因此广泛应用于高温、电真空、弹性、磁性、膨胀、精密电阻、热电偶等重要的部件材料中。

6.3.1 成分特点和强化措施

通常在合金中镍的质量分数大于 50%的，称为镍基合金；镍的质量分数大于 30%，而铁和镍的总质量分数大于 50%的，称为铁镍基合金。以含镍或铁镍为主的耐热合金具有良好的高温抗腐蚀性能，广泛应用于化工、航空航天及核工业中。在核电厂，这类合金用于制作弹簧、螺栓、蒸汽发生器的传热管等。

这类合金包括因科镍合金(Inconel，约含 15%Cr，7%Fe 及少量其他元素)；哈斯特合金(Hastelloy，含 15%～30%Mo，加上 Cr、Fe 等)；因科洛伊合金(Incoloy 800，含 Ni 32%～35%，Cr 20%～23%，Fe≥39.5%)等。

耐热合金的化学组成见表 6-8。合金内含碳量极少，由于镍是扩大奥氏体相区的元素，这类合金的金相组织为奥氏体，由于合金内含碳量极少，几乎无碳化物存在，强化相为金属间化合物 Ni_3Ti 或 $Ni_3(Ti,Al)$。因此这类合金的热处理为固溶-时效，提高合金强度的方法是冷加工。

表 6-8 几种常用的耐热合金的成分及其质量分数 %

合 金	C	Ni	Cr	Fe	Ti	Al	Co	中国牌号
M-400	≤0.3	63～70 (66.5%)	—	≤2.5 (1%)	(Mn1%)	(Cu31.5%)	≤0.015	()内为 M-400 标定成分＃
Inconel X750	0.04	≤70	14～17	5～9	2.25～2.75	Nb 0.70～1.20	1.00	0Cr28Ni65Ti2AlNb
Inconel 600	0.08	≥72	14～17	6～10	≤0.50	≤0.50	≤0.10	0Cr15Ni75Fe10
Inconel 690	0.03	≥58	27～31	7～11	≤0.50	≤0.50	≤0.10	0Cr30Ni60Fe10
Incoloy 800	0.03	32～35	20～23	≥39.5	0.15～0.60	0.15～0.45	≤0.10	0Cr20Ni32AlTi
Inconel 718	0.08	bal	17～21	18.5	0.65～1.15	Mo2.8～3.3	1.00	GH169
Inconel 182	0.10	bal	13～17	Nb1～2.5	Mn5～9	1.00	0.12	

资料来源：陈清. 材料科学技术百科全书. 北京：中国大百科全书出版社，1995：770.

6.3.2 腐蚀性能

这一类合金的应力腐蚀敏感性比奥氏体不锈钢低，在一些场合可以缓解 SCC 造成的危害，用于堆内代替不锈钢。但是镍与钴共生，不易分离彻底，镍中所含杂质钴具有大的中子俘获截面，且会生成长寿命同位素钴-60，因此镍基合金一般不用于堆芯。

用于堆芯的镍基合金 Inconel 718 由于其良好的耐蚀性、较高的屈服强度、抗拉强度、持久强度及较好的成型性和焊接性能，在压水堆中制作格架。制作格架的镍基合金还有 Inconel 625和 Inconel X750。为了中子的经济性，现有些反应堆用锆合金制作格架。

一种有希望用于堆芯的镍基合金是尼莫尼克(Nimonic)PE-16(含 36%Fe，17%Cr，3%Mo，1%Ti)，因其辐照肿胀比不锈钢低得多，因此有希望用于快中子堆作燃料元件的包壳材料。

这类合金在反应堆中用得最多的是制作蒸汽发生器的传热管。制作传热管的材料有 Inconel 600，Incoloy 800 和 Inconel 690。

值得注意的是，尽管镍基和铁镍基合金有缓解 SCC 的作用，但不能杜绝 SCC 的发生。如镍基合金 718，X750 主要用在压水堆中做紧固螺栓和弹簧。在堆芯附近工作，到一定辐照剂量时，螺栓会大批断裂，究其原因，是应力腐蚀开裂所引起。由于辐照引起的合金元素迁移，造成了晶界弱化，形成腐蚀通道。

这种辐照协助应力腐蚀开裂(IASCC)引起了科学家的注意，进行了机理和克服方法的研究。

研究显示：镍基合金通过热处理可以使 IGSCC 得到缓解。但热处理制度的复杂化又增加了成本。因此在德国和美国已开始回过来采用奥氏体不锈钢来替代 Inconel X750 和 Inconel 718做这些部件；原来用 Inconel 600 做的嘴子也用奥氏体不锈钢代替了。这不仅降低了费用，也降低了产生 IASCC 的敏感性和发生突然灾难的风险。

6.3.3 蒸汽发生器常见故障和预防措施

这一类合金在蒸汽-水系统中的腐蚀如图 6-5 所示。

蒸汽发生器是核电厂诸多部件中工作条件最恶劣的，其传热管壁既要承受温度差，又要

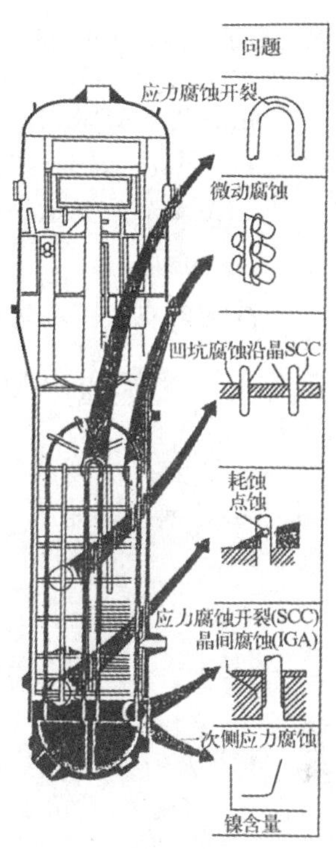

图 6-5　蒸汽发生器故障易发部

承受压力差，再加上振动和应力腐蚀问题，因此蒸汽发生器传热管破裂(Steam Generator Tube Rupture，SGTR) 事故的发生率几乎是 2×10^{-3}/(堆·年)。

在 PWR 中，蒸汽发生器的导热棒束使用的材料经过了多次改动，原因都是 SCC。

在过去的几十年里，为克服这些腐蚀做了很多工作。

最初传热管是使用 304 不锈钢制作的，1967 年美国的蒸汽发生器管子在初始压力试验中破损，究其原因是氯离子引起的 SCC；为了减少 SCC 的危害，改为用镍基合金 Inconel 600 制作，但还是有 SCC 引起的破裂，经研究 SCC 敏感性与镍含量有关，随镍含量的增加，敏感性增加；因此法国在 1978 年启动了 Inconel 690 的研制，而德国偏向于使用 Incoloy 800，由于这两种合金的使用是传热管 SCC 问题有所缓解。由于我国镍一直比较稀缺，采用 800 合金是理所当然。现在秦山核电厂蒸汽发生器传热管采用的都是 Incoloy 800 合金，而大亚湾核电厂由于引进的是法国技术，使用的是 Inconel 690 合金，运行状况都比较良好。

在蒸汽发生器中，一次水在 U 形管中流动，进口处温度 316 ℃，16 MPa，温差 35 ℃；二回路水在管外流动，270 ℃，6 MPa。腐蚀产物聚集在蒸汽发生器管板和管子之间的环形圈及管子间和管子支撑板的间隙里，使局部的化学状态变成酸性或碱性的，造成腐蚀。如表 6-9 所示，表 6-9 的数据是国际原子能机构(IAEA) 发布，由 Bouecke 等 1989 年统计的。

表 6-9　蒸汽发生器材料发生的问题调查(1989)

问　题	出现率	原　因	措　施
一次侧应力腐蚀开裂(PWSCC)	除用 800 合金的 SG 外，都发生过	U 形管弯头处高的残余应力 使用 600 合金	消除应力退火 玻璃球喷丸处理 换材料
微动腐蚀(FRETTING)	都有发生	流致振动	通过约束振动装置的安装减小 SG 管子的振动
凹坑腐蚀(DENTING)和晶间腐蚀(IGA)	除用不锈钢做支撑板的 SG 外，都发生过	由于打孔的铁素体支撑板的腐蚀性化学条件	用抗腐蚀的板材 改进机械设计 改善水化学
耗蚀(WASTAGE) 点蚀(PITTING)	都有发生	低流速的区域沉积了腐蚀产物和盐	AVT 水化学 PO_4的含量降到 2 mg/kg 管板清洗
沿晶应力腐蚀开裂(IGSCC)	特殊的 SG 型号	管子和管板之间的深缝隙造成了腐蚀和盐的沉积	改善水化学 避免管子和管板间的深缝隙

6.3.4 600合金,690合金及800合金性能比较

在除气的高浓碱水溶液中,抗高碱性应力腐蚀(碱脆)能力是Inconel 600最好,Inconel 690次之,Incoloy 800最差;

在含氯的水溶液中,抗应力腐蚀(氯脆)能力是Inconel 600最差,Incoloy 800次之,Inconel 690最好;

抗均匀腐蚀的能力是Inconel 690最好,Incoloy 800次之,Inconel 600最差。

6.3.5 腐蚀产物造成的一次系统放射性污染积累

在不锈钢和耐热合金中都不可避免地带有约0.10%的钴,若腐蚀下来,辐照后成为^{60}Co,会造成一次系统的放射性污染。改进的方法是尽量避免使用含钴高的合金;严格控制水化学。

6.4 核电厂结构常用金属材料

核电厂反应堆以外的结构材料由于不在辐射场中,因此可以用一些与一般机械工业相类似的材料。下面介绍一些使用的材料及它们的分类、牌号及用途。

6.4.1 碳钢

铁碳合金中碳质量分数在0.008%～2.11%的合金称为钢。常用的碳钢,按组织形态可以分为亚共析钢、共析钢和过共析钢;按所含的碳质量分数,又可以分为低碳钢、中碳钢和高碳钢。碳质量分数在0.008%～0.25%的为低碳钢,0.25%～0.60%为中碳钢,0.60%～1.3%的为高碳钢。高于1.3%以上的合金,因性能不好,很脆,应用较少。

碳钢由于其冶炼、加工方便,价格低廉,有一定的强度,同时塑性、韧性还比较好,因此广泛地在工业、农业、国防中得到应用。核电厂中也有应用。

6.4.1.1 碳钢的分类

如前所述,按钢中碳的质量分数可以分为:低碳钢、中碳钢、高碳钢;而按钢的质量要求,主要按照磷、硫含量的控制,碳钢又可分为:

普通碳素钢($P \leqslant 0.045\%$,$S \leqslant 0.055\%$);

优质碳素钢($P \leqslant 0.040\%$,$S \leqslant 0.040\%$);

高级优质碳素钢($P \leqslant 0.035\%$,$S \leqslant 0.030\%$)。

如按用途分还可以分为:

碳素结构钢,用于制造各种工程结构件和机器零件;

碳素工具钢,用于制造各种刀具、量具、模具等。

如按钢的冶炼方法分,还可分为:平炉钢、转炉钢。转炉钢又可进一步分为:碱性转炉钢、酸性转炉钢和顶吹转炉钢等。

6.4.1.2　碳钢的牌号和用途

(1) 碳素结构钢

碳素结构钢的牌号是这样制定的：这类钢要保证机械性能，故以机械性能（屈服强度）标注其牌号（Q＋数字）。

“Q”代表屈服强度，数字代表屈服强度值，单位为 MPa；

后缀“A”，“B”，“C”，“D”代表质量等级，即杂质元素磷、硫的含量，其中“A”等级最低，杂质含量最高；

若在牌号后面再标注“F”，“b”，“Z”或“TZ”，则为脱氧方式。其中，“F”为沸腾钢，“b”为半镇静钢，“Z”为镇静钢，“TZ”为特殊镇静钢（见表 6-10）。如：Q235A. F，即该钢是屈服强度为 235 MPa，A 级的沸腾钢。

表 6-10　碳素结构钢的牌号和化学成分及其质量分数　%

牌　号	等　级	C	Mn	Si	S	P	脱氧方法
Q195		0.06～0.12	0.25～0.50	≤0.30	≤0.050	≤0.045	F,b,Z
Q215	A	0.09～0.15	0.25～0.55	≤0.30	≤0.050	≤0.045	F,b,Z
	B				≤0.045		
Q235	A＊	0.14～0.22	0.30～0.65	≤0.30	≤0.050	≤0.045	F,b,Z
	B＊	0.12～0.20	0.30～0.70		≤0.045		
	C	≤0.18	0.35～0.80		≤0.040	≤0.040	Z
	D	≤0.17			≤0.035	≤0.035	TZ
Q255	A	0.18～0.28	0.40～0.70	≤0.30	≤0.050	≤0.045	F,b,Z
	B				≤0.045		
Q275		0.28～0.38	0.50～0.80	≤0.35	≤0.050	≤0.045	b,Z

资料来源：摘自 GB/T 700—1988。＊ Q235A，B 级沸腾钢锰质量分数上限为 0.60%。

碳素结构钢的用途：

Q195，Q215，Q235A，Q235B 等钢塑性较好，有一定的强度，通常轧制成钢筋、钢板、钢管等用于桥梁、建筑物等的构件，也可用来做普通的螺钉、螺帽、铆钉等。

一般在热轧状态下使用，不再进行热处理。但也可以进行正火、调质、渗碳等。

(2) 优质碳素结构钢

优质碳素结构钢用平均碳质量分数的万分数的数字表示，若钢中锰的质量分数较高，则在这类钢的后面附加符号“Mn”表示。

如：“20”表示钢中平均含碳质量分数为 0.20%的优质碳素结构钢；

“16Mn”表示钢中平均含碳质量分数为 0.16%，并且含较多的 Mn 的优质碳素结构钢。优质碳素结构钢的化学成分见表 6-11。

优质碳素钢主要用于制造各种机器零件。08F 钢塑性好，可用于制造冷冲压零件；10、20 钢冷冲压性和焊接性能好，用作冲压件和焊接件，经热处理（渗碳）也可制造轴、销等零件；35、40、45、50 钢经热处理可获得良好的综合机械性能，可用于制造齿轮、轴、套筒等零件;60、65 号钢主要用来制造弹簧。

表 6-11 优质碳素结构钢的化学成分及其质量分数 %

钢 号	C	Mn	Si	Cr	其 他
08F	0.05～0.11	0.25～0.50	≤0.03	≤0.10	Ni≤0.30 Cu≤0.20 S≤0.035 P≤0.035
0	0.07～0.13	0.35～0.65	0.17～0.37	≤0.15	
20	0.17～0.23	0.35～0.65	0.17～0.37	≤0.25	
35	0.32～0.39	0.50～0.80	0.17～0.37	≤0.25	
40	0.37～0.44	0.50～0.80	0.17～0.37	≤0.25	
45	0.42～0.50	0.50～0.80	0.17～0.37	≤0.25	
50	0.47～0.55	0.50～0.80	0.17～0.37	≤0.25	
60	0.57～0.65	0.50～0.80	0.17～0.37	≤0.25	
65	0.62～0.70	0.50～0.80	0.17～0.37	≤0.25	

资料来源:摘自 GB/T 699—1999。

(3) 碳素工具钢

碳素工具钢的碳质量分数为 0.65%～1.35%,钢号用平均碳质量分数的千分数的数字表示,数字前冠以 T("碳"的拼音字头)。如:"T10"表示碳质量分数 1.0%(千分之 10)的钢。

碳素工具钢均为优质钢,如在钢号后面标注"A"则表示为高级优质碳素钢。"T12A"表示碳质量分数为 1.2%的高级优质碳素钢。碳素工具钢的成分见表 6-12。

表 6-12 碳素工具钢的成分及其质量分数 %

钢 组	钢 号	C	Mn	Si	S	P
优 质	T7	0.65～0.74	≤0.40	≤0.35	≤0.030	≤0.035
	T8	0.75～0.84	≤0.40	≤0.35	≤0.030	≤0.035
	T8Mn	0.80～0.90	0.40～0.60	≤0.35	≤0.030	≤0.035
	T9	0.85～0.94	≤0.40	≤0.35	≤0.030	≤0.035
	T10	0.95～1.04	≤0.40	≤0.35	≤0.030	≤0.035
	T11	1.05～1.14	≤0.40	≤0.35	≤0.030	≤0.035
	T12	1.15～1.24	≤0.40	≤0.35	≤0.030	≤0.035
	T13	1.25～1.35	≤0.40	≤0.35	≤0.030	≤0.035
高级优质	T7A	0.65～0.74	≤0.40	≤0.35	≤0.020	≤0.030
	T8A	0.75～0.84	≤0.40	≤0.35	≤0.020	≤0.030
	T8MnA	0.80～0.90	0.40～0.60	≤0.35	≤0.020	≤0.030
	T9A	0.85～0.94	≤0.40	≤0.35	≤0.020	≤0.030
	T10A	0.95～1.04	≤0.40	≤0.35	≤0.020	≤0.030
	T11A	1.05～1.14	≤0.40	≤0.35	≤0.020	≤0.030
	T12A	1.15～1.24	≤0.40	≤0.35	≤0.020	≤0.030
	T13A	1.25～1.35	≤0.40	≤0.35	≤0.020	≤0.030

资料来源:摘自 GB/T 1298—1986。

碳素工具钢用于制造各种刀具、量具、模具等。

T7、T8 硬度高、韧性较好，可制造冲头、凿子、锤子等工具；

T9、T10、T11 硬度高、韧性中等，可用于制造刨刀、钻头、手锯条、丝锥等刃具及冷作模具等；

T12、T13 硬度高、韧性较低，可制作锉刀、刮刀等刃具及量规、样套等量具。

碳素工具钢使用前都要进行热处理。

6.4.2 钛及钛合金

钛是一种比较新的金属，约在 20 世纪 50 年代才被用作工程结构材料。钛及钛合金密度小（4.5 Mg/m^3）、比强度高、耐热性好[具有良好的中温（300～600 ℃）强度]，抗腐蚀（在硫酸、盐酸、硝酸、氢氧化钠等介质中都很稳定，尤其是在大气和海水中耐蚀性能好，其抗氧化能力优于大多数奥氏体不锈钢），并且具有良好的低温韧性。现已逐渐成为核电厂冷凝器的替代材料，以替代铜及铜合金。

钛的资源丰富，但在高温时异常活泼，钛及钛合金的熔炼、浇注、焊接和热处理都要在真空或惰性气体保护下进行，因此钛及钛合金的加工条件复杂，成本较昂贵。

钛的导热性差，只有铁的 1/5，弹性模量较低，屈强比较高。

纯钛塑性好、强度低，容易加工成型，可制成细丝和薄片。

钛有同素异型转变，882.5 ℃以下为 α 相，密排六方结构；882.5 ℃以上为 β 相，体心立方结构。纯钛在室温得不到 β 相，但若添加适量的合金元素，可在室温下得到 β 相。β 相较 α 相致密。

钛合金按其显微组织分，可分为 α 型（TA 系）、β 型（TB 系）、α+β 型（TC 系）三类。

(1) α 型钛合金（TA）

主要牌号有 TA1、TA2、TA3、TA5、TA7。其中 TA1、TA2、TA3 为工业纯钛。它们的塑性高、焊接性能好，长期工作温度可达 300 ℃，适于制造板材焊接结构件。TA5 的名义成分为 Ti-4Al-0.005B，有一定的强度，焊接性能好，耐海水腐蚀，多用作船板；TA7 的名义成分为 Ti-5Al-2.5Sn，焊接性能好，强度可达 780～980 MPa，长期工作温度可达 500 ℃。

α 型钛合金主要含有 α 稳定剂，钛中加入氧、氮、碳、铝、硼等 α 相稳定元素，获得 α 钛合金。六方结构的 α-Ti 是低温稳定相，在 α→β 转变温度以下的环境中组织是稳定的，不能通过热处理来改变强度，α-Ti 是耐热钛合金的基础，具有良好的焊接性。α 钛合金不能淬火强化，主要靠固溶强化，一般热处理只进行退火（变形后的消除应力退火或再结晶退火）。α 钛合金的室温强度低于 β 钛合金和 α+β 钛合金，但高温（500～600 ℃）强度比它们的高，并且组织稳定，抗氧化、抗蠕变性能好，焊接性能也很好。适合于制作耐高温蠕变的构件。

(2) β 钛合金（TB）

含有足够多的 β 稳定元素，在适当冷却温度下，其室温组织全部为 β 相的钛合金，具有体心立方结构。钛中加入 Fe、Cr、Co、Ni、Cu、Mo、V、W、Nb、Ta 等 β 相稳定元素，可以获得体心立方的 β 钛合金。β 钛合金又可以分为可热处理的（亚稳定）β 钛合金和热稳定 β 钛合金。可热处理的 β 钛合金固溶强化程度大，可通过热处理实现析出强化。β 钛合金在淬火状态下有非常好的工艺塑性，可以进行板材冷成型，并能通过时效处理获得较高的室温抗拉强度。

为了使高温的β相在室温附近稳定，必须添加较多的稳定性元素，因此固溶强化程度大，β钛合金可以通过加工和热处理技术获得高强度的钛合金。

典型的牌号是 TB1-(Ti-3Al-13V-11Cr)，TB2-(Ti-5Mo-5V-8Cr-3Al)及 TB8-(Ti-15Mo-2.7Nb-3Al-0.25Si)。

(3) α+β钛合金(TC)

含有较多的钛β相稳定元素，在室温稳定状态由α相和β相所组成的钛合金，β相一般为10%～50%。钛中加入β相稳定元素和α相稳定元素所得到的α+β钛合金兼有α钛合金和β钛合金的优点，塑性很好，具有良好的加工性能(锻造、压延和冲压)，焊接性能也可以，α+β钛合金与钢一样有淬透性，可通过淬火和时效进行强化，其强度与化学成分、淬火冷却速度、工件尺寸关系较大，热处理后强度可提高50%～100%。

典型的牌号是TC4，成分为Ti-6Al-4V。该合金经淬火和时效处理后，显微组织为α+β+针状α相，针状α相是时效时从β相析出的。该合金由于强度高、塑性好、低温时有良好的韧性，并有良好的抗海水应力腐蚀和抗热盐应力腐蚀的能力，所以应用比较广。用于制造在400 ℃以下长期工作的零件，要求一定高温强度的发动机零件和低温下使用的部件，如火箭、导弹的液氢燃料箱等。

工业纯钛和部分钛合金的牌号、成分、机械性能及用途见表6-13。

表6-13 工业纯钛和部分钛合金的牌号、成分、机械性能及用途

组别	代号	成分	室温机械性能			高温机械性能			用途
			热处理	σ_b/MPa	δ/%	试验温度/℃	σ_b/MPa	σ_{100}/MPa	
工业纯铁	TA1	Ti(杂质极微)	退火	300～500	30～40				在350 ℃以下工作、强度要求不高的零件
	TA2	Ti(杂质微)	退火	450～600	25～30				
	TA3	Ti(杂质微)	退火	550～700	20～25				
α钛合金	TA4	Ti-3Al	退火	700	12				在500 ℃以下工作的零件
	TA5	Ti-4Al-0.005B	退火	700	15				
	TA6	Ti-5Al	退火	700	12～20	350	430	400	
	TA7	Ti-5Al-2.5Sn		780～980					500 ℃长期工作
β钛合金	TB1	Ti-3Al-13V-11Cr	淬火						在350 ℃以下工作的零件
	TB2	Ti-5Mo-5V-8Cr-3Al	淬火	1 000	20				
			淬火+时效	1 350	8				
α+β钛合金	TC1	Ti-2Al-1.5Mn	退火	600～800	20～25	350	350	350	在400 ℃以下工作的零件，有一定高温强度的发动机零件，低温用部件
	TC2	Ti-3Al-1.5Mn	退火	700	12～15	350	430	400	
	TC3	Ti-5Al-4V	退火	900	8～10	500	450	200	
	TC4	Ti-6Al-4V	退火	950	10	400	630	580	
			淬火+时效	1 200	8				

资料来源：摘自GB/T 3620.1—1994。

工业纯钛以板材和管材的形式用于制造热交换器、冷凝器、发动机热影响区的飞机蒙皮和板弯型材。α 型钛合金主要用于制造焊接结构，如潜艇壳体、低温容器等。β 型钛合金主要用于制造弹簧、紧固件及厚截面锻件，稳定 β 型钛合金用于制造化工设备。α＋β 型钛合金主要用于制造航空发动机的压气机盘和叶片以及工作温度在 600 ℃以下的零件。

核电厂的冷凝器选材可以考虑使用工业纯钛或 α＋β 钛合金 TC4 合金。

(4) 钛及钛合金的热处理

其热处理有：

1) 退火：① 消除应力退火。目的是消除工业纯钛和钛合金零件机械加工和焊接后的内应力。退火温度一般为450～650 ℃，保温 1～4 h，空冷。② 再结晶退火。

目的是消除加工硬化。纯钛一般用 550～690 ℃，钛合金用 750～800 ℃，保温 1～3 h，空冷。

2) 淬火和时效：目的是提高钛合金的强度和硬度。

钛合金的淬火温度一般选择在两相区的上部，淬火后部分 α 保留下来，细小的 β 相转为介稳定的 β 相或 α′相或两者均有(取决于 β 稳定元素的量)，时效后获得好的综合性能。若加热到 β 单相区，β 晶粒极易长大，热处理后的韧性很低。一般淬火温度为 760～950 ℃，保温 5～60 min，水冷。

时效温度一般在 450～550 ℃，时间为几小时至几十小时。

钛合金热处理加热时应防止污染和氧化，并严防过热。β 晶粒长大后，无法用热处理的方法挽救。

6.4.3 轴承合金

滑动轴承是汽轮机、飞机、机车、拖拉机、汽车等内燃机、动力机械上的重要耐磨零件。在滑动轴承中，制造轴承内衬的金属材料称为轴承合金。轴承合金是制造滑动轴承中的轴瓦和内衬的材料。当轴旋转时，轴瓦和轴发生强烈的摩擦，并承受轴颈传给的周期性载荷。

(1) 轴承材料的性能要求

其性能要求有：

1) 足够的力学性能，(强度、硬度、塑性、韧性)抗疲劳、耐冲击和振动；

2) 良好的耐磨性和磨合能力；

3) 良好的耐蚀性能及较高的导热性能和较低的热膨胀系数

轴承材料应该是既软又硬。太硬，会磨损轴颈；太软，承载能力又太低。因此一般采用软基体上分布硬质点的方法，也可用硬基体上分布软质点的方法。常用的轴承合金有两类：一类为锡基，另一类为铅基。这两类合金也称为巴氏合金(见表 6-14)。

(2) 轴承材料的编号

编号方法为 Z(Ch)＋基本元素符号＋主加元素符号及含量＋辅加元素符号及含量，其中“Z”代表铸造，“Ch”代表轴承(但有时省略)。如 ZChSnSb11Cu6，有时就写为 ZSnSb11Cu6，代表锡基铸造轴承，含锑 11%，含铜 6%。

(3) 典型的轴承材料

1) 锡基轴承合金：最常用牌号是 ZChSnSb11Cu6(或 ZSnSb11Cu6)。其组织如图 6-6 所示，图中黑色的是α固溶体相，它是锑溶解在锡中的固溶体，为软基体；白色块状是β相，

表 6-14 部分轴承合金的牌号、成分、机械性能和用途

合金类别	合金牌号	化学成分/%					机械性能			用途
		Sn	Pb	Cu	Sb	杂质	抗拉强度/MPa	延伸率/%	硬度HB	
锡基巴氏合金	ZSnSb8Cu4	余量	—	3～4	7～8	≤0.55			24	一般大机器轴承和轴套
	ZSnSb4Cu4	余量	—	4～5	4～5	≤0.5			20	涡轮内燃机轴承及轴衬
	ZSnSb11Cu6	余量	—	5.5～6.5	10～12	≤0.55	100	6.0	37	较硬适于1 500 kW以上高速汽轮机
铅基巴氏合金	ZPbSb16Sn16Cu2	15.0～17.0	余量	1.5～2.0	15.0～17.0	≤0.6	95	0.2	27	汽车、轮船、发动机等轻载荷高速轴承
	ZPbSb15Sn5	4.0～5.5	余量	0.5～1.5	14.0～15.5	≤0.75			20	铁路车辆和拖拉机轴承
	ZPbSb10Sn6	5.0～7.0	余量		9.0～11.0	≤0.75	70	5.5	21	汽车、拖拉机、空压机轴承
铜基	ZCuPb30		27.0～33.0	余量		≤1.0	110	4	35	汽车、拖拉机轴承
	ZCuPb20Sn5	4.0～6.0	18.0～23.0	余量		≤0.75	160	6	55	中高功率柴油机轴承
	ZCuPb15Sn8	7.0～9.0	13.0～17.0	余量		≤0.75	210	3	70	轴套衬套止推片
铝基	ZAlSnCu1Ni1	5.5～7.0	Al 余量	0.7～1.3	Ni 0.7～1.3	≤1.5	130	15	40	中高速柴油机轴承

资料来源：摘自 GB/T 1174—1992。

这是以化合物(SnSb)为基的固溶体相，是硬质点；树枝状分布的是 ε 相(Cu_6Sn_5)，由于其硬度比 β 相高，也起硬质点作用。在制造时由于 β 相较轻，会漂浮，以至于造成严重的密度偏析。加入铜以后可以生成 Cu_6Sn_5 相，呈树枝状分布，阻止 β 相上浮。合金中锑含量超过 9% 就会有多边形的 β 相出现，铜的含量一般不超过 6%。

锡基轴承合金的摩擦系数和热膨胀系数小，塑性和导热性好，适于制作汽轮机、发动机和压气机等大型机器的高速轴瓦。但它的疲劳强度和使用温度较低，用于 150 ℃以下的场合。

2）铅基轴承合金：常用牌号为 ZPbSb16Sn16Cu2。含锑 16％，锡 16％，铜 2％。其组织如图 6-7 所示，基体为 Pb-Sn(Sb)共晶体（软基体），白色块状是 β 相，这是以化合物（SnSb）为基的 β 固溶体相作为硬质点，加入铜形成 Cu3Sn 相或 Cu2Sb（白色针状），防止比重偏析，同时起硬质点的作用。

铅基轴承合金的铸造性能好，耐磨性比锡基轴承合金稍低，价格便宜，可用于制造中、低载荷的轴瓦。

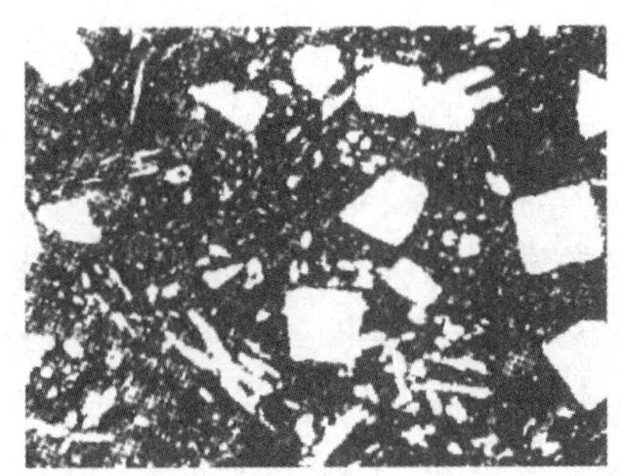

图 6-6 锡基轴承合金 ZSnSb11Cu6

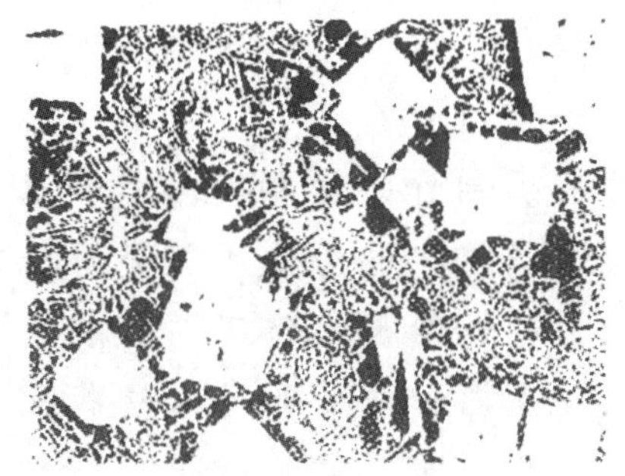

图 6-7 铅基轴承合金 ZPbSb16Sn16Cu2

表 6-14 列举了部分轴承合金的相关信息。其他两类轴承合金：铜基和铝基轴承合金。是在硬基体上分布软质点的一类合金。

3）其他轴承合金：铜基合金有铅青铜、锡青铜，代表性的合金牌号有 ZCuPb20Sn5 及 ZCuPb30，烧结铜铅合金为 CuPb24Sn 等。通常将预制成的铜铅合金粉末铺在钢背上，在保护性或还原性气氛的烧结炉中烧结成双金属板。

铜铅合金具有承载能力大，抗疲劳强度高、导热性好等优点，广泛用于制造中高速、中大功率发动机的轴承；高铅青铜常用于制造大功率、高负荷发动机上的轴承。含铅量较低的铅青铜和锡青铜主要用于制造轴套、衬套和止推片等。

铝基轴承合金种类繁多，主要有铝锡、铝锑镁、铝硅、铝铅、铝锌合金等。铝基轴承合金是一种新型减磨材料，它的比重小、导热性好、疲劳强度高、耐蚀性好，并且价格低廉，但其膨胀系数大，容易与轴咬合。

典型的牌号有 ZAlSn6Cu1Ni1，AlSn20Cu 等。一般用 08 钢作衬背，轧制成双金属带。为了使合金的黏接性好，通常在中间有一层纯铝。在汽车、拖拉机、内燃机上广泛使用。

6.5 材料选择基础

通过以上的讨论可以看出，其实材料无所谓好坏，关键是要使用得当。选择材料时我们必须对材料的服役环境和应力状态有清楚的认识，对材料的性能有很好的理解，然后再考虑以下几方面：

1）快中子辐照会造成强度增加，塑性减小；

2）辐照会诱导蠕变、肿胀、合金元素迁移；

3）低导热性会造成高的应力状态；

4）长期服役会有脆性中间相生成；

5）是否有晶间腐蚀和应力腐蚀开裂的敏感性；

6）是否有冲刷腐蚀。

经过分析，权衡利弊后，才能做出恰当的选择。在材料选择上永远需要折中，没有材料能包括所需的全部优点，必须有所取舍。

复习题

1. 压水堆压力容器有什么特点？压力容器用什么钢制作？为什么要全寿期监督？如何监督？
2. 压力容器制作的主要困难是什么？是怎么克服的(关键工艺)？
3. 压力容器焊接的关键工艺是什么？为什么要进行焊前预热，焊后热处理？
4. 低合金碳钢与奥氏体不锈钢相比较有什么优势和劣势？选材要注意些什么？
5. 蒸汽发生器传热管为什么选择因科镍 690 合金而不是 600 合金？
6. 蒸汽发生器常见的故障是什么？解决的措施又是什么？
7. 本章涉及的材料(碳钢、不锈钢、镍基合金、钛合金、轴承合金)各用在哪些地方？
8. 碳钢是怎么分类的？国内的牌号表示什么意义(如 16Mn)？
9. 在核电厂，哪一种不锈钢用得最多？为什么？请举例说明(如 304 不锈钢)我国牌号标注方法与美国牌号标注方法的区别。
10. 巴氏合金是哪种类型的轴承合金？有什么特点？
11. 镍基合金在反应堆中都用在什么地方？为什么说尽量不用在堆芯？
12. 钛合金有什么优点？用于冷凝器有什么优势？

第7章　反应堆其他材料

7.1　控制材料

控制材料是指中子吸收截面大的元素、合金、陶瓷等材料，它是反应堆实现可控与自持核裂变反应不可缺少的材料。人们利用它来对反应堆的反应性进行调控。

我们知道，当反应性 $\rho=0$ 时，中子有效增值系数 $K_{eff}=1$。此时反应堆处于临界状态，反应堆内产生的中子数和消耗(吸收和泄漏)的中子数相等，反应堆功率不变，核链式反应稳定进行；

当反应性 $\rho<0$ 时，中子有效增值系数 $K_{eff}<1$。此时反应堆处于次临界状态，反应堆内产生的中子数小于消耗的中子数，功率下降，直至终止链式反应，导致停堆；

而当反应性 $\rho>0$ 时，中子有效增值系数 $K_{eff}>1$。此时反应堆处于超临界状态，反应堆内产生的中子数大于消耗的中子数，功率上升；若此时得不到控制或控制不了，就形成超临界失控，其后果将是灾难性的。震惊世界的切尔诺贝利核电站事故就是这样的超临界失控造成的重大事故。

7.1.1　控制方式和控制特点

控制方式一般有三种：控制棒控制，化学补偿控制，可燃毒物控制。它们各有特点，在堆内的应用要根据实际情况来选择。

(1) 控制棒控制

根据不同的用途控制棒有三种。

1) 补偿棒：最初全部插入堆芯到一定高度，当燃耗增大，裂变产物毒性和慢化剂温度效应等使反应性下降时，逐渐抽出，释放被它抑制的反应性，以补偿反应性的亏损。这属于粗调，因为它的控制能力大。

2) 调节棒：快速跟踪反应性的变化，进行补偿。它的动作快、响应能力强，属于细调。如功率变化，变工况时的瞬态氙效应，电网负荷变化的快速跟踪等。

3) 安全棒：供停堆使用。它的落棒时间要短，抑制反应性的能力要大，要有一定的停堆深度，能在发生事故时紧急停堆。

控制棒控制的优点是：吸收中子能力强，动作灵活可靠，控制速度快，调节反应性精确度高；缺点是：对反应堆的功率分布和中子注量率分布的干扰大，影响运行品质。

(2) 化学补偿控制

化学补偿控制是指在压水堆的冷却剂中加入可溶性毒物硼酸，通过改变其浓度达到控制反应性的目的。

化控的优点是：硼酸随冷却剂循环，调节方便，堆芯各处反应性均匀，其作用与补偿棒相同。即可以进行长期反应性的补偿。

化控是压水反应堆重要的控制方法。但化控的应用是有限度的。它只能控制慢变化的反应性，在一定条件下，硼浓度的增加可能出现正的反应性温度系数，会给反应堆安全带来威胁。因此标准规定：堆芯硼浓度应在 1 300～1 400 μg/g 以下。用以保证反应堆慢化剂在运行中始终保持负的反应性温度系数，这个值称为临界硼浓度。

(3) 可燃毒物控制

利用某些中子吸收体随燃耗增加，毒物效应逐步下降的特性来逐步释放被其抑制的剩余反应性。可燃毒物的加入是为了储备剩余反应性，以增加燃耗，使反应堆处于充分可调的控制状态，改善运行品质，延长堆芯寿命。

可燃毒物控制的特点是不需要外部控制，一切都是自动进行的。

可燃毒物多为短寿命的控制材料，即：其嬗变核素的中子吸收截面小。可燃毒物用于首次装料堆芯来吸收堆芯过剩的反应性，以抵消随燃耗增加而出现的钐、氙毒物效应；降低冷却剂中的硼浓度，使堆芯冷却剂保持负温度系数。

压水堆在初装料时，有的加入含有氧化钆的燃料芯块；有的加入表面涂有 ZrB_2 的燃料芯块；有的采用硼玻璃可燃毒物组件；有的采用碳化硼与氧化铝混合可燃毒物芯块等。

压水堆控制是以控制棒控制为主，辅助控制以化控为主。首次装料要加入可燃毒物，因为如全用化控，就有可能硼酸的浓度会大于临界硼浓度值，从而有使反应堆的慢化剂温度系数为正，反应堆失去自稳性的危险。因此一般 20%为化控，8%为可燃毒物控制。

采用哪种方法控制与堆型有关，在石墨和重水慢化的反应堆中，由于初始剩余反应性较小(0.04)，控制棒的价值较高，所以都采用控制棒方式控制反应性；而在压水堆中因初始反应性较大(0.25)，控制棒价值较低，如果全用控制棒控制，需要的控制棒数目很大，而在上封头上开很多孔会影响上封头的强度。因此压水堆采用控制棒控制、化学补偿控制(冷却剂中加硼酸)和固体可燃毒物控制 3 种方法联合来进行控制。

7.1.2 主要的控制材料

对控制材料来说，最重要的性能当然是中子吸收截面要大，对于热堆来说，不仅是热中子吸收截面要大，还要注意它们对超热中子的吸收能力。除此以外，这种作用还不应随燃耗而降低，以保持毒物效应；它们的中子活化截面小，含长半衰期元素少；有足够的机械强度和抗腐蚀性；有良好的导热性能；同时经济性好，便于加工。

主要的控制材料是铪(Hf)、镉(Cd)、钐(Sm)、钆(Gd)、硼-10(^{10}B)、钽(Ta)等。

(1) 铪

铪是比较理想的控制材料。铪的熔点高(2 150 ℃)它的纯金属有足够的强度和耐蚀性，机械性能好，有满意的焊接性能和加工性能。

铪抗氧化，在高温水中显示良好的耐蚀性，并且抗辐照性能好，未发现辐照对加速铪的腐蚀有影响。因此用铪作控制棒可以不用包壳。

铪的热中子吸收截面较高(105 b)，而且吸收中子后发生(n,γ)反应，转变成原子量更高的稳定同位素，其二代、三代、四代同位素铪-177、铪-178、铪-179 的共振吸收截面都较高，每一种都有相当大的中子吸收截面和较长的半衰期(见图 7-1)，并且在较高能量外有若干共振峰。所以铪具有相当高的控制效率和较长的使用寿命。估计在压水堆内的工作寿命为 20 a(硼不锈钢只有 3～5 a)。

在自然界中铪、锆共生，含量为 1∶50，两者化学性能相仿，通常用溶剂萃取法将铪、锆分离。因此铪比较昂贵，因而在民用动力堆中的应用受到限制。一般用于军用潜艇动力堆和研究堆中。

(2) 银-铟-镉合金

虽然铪是轻水动力堆的一种理想的控制材料，但铪稀缺而昂贵，因此需要寻求一种替代材料。实验表明，银-铟-镉合金完全能满足对控制材料的要求，尤其是材料 Ag-80%In-15%Cd-5%，银-铟-镉的中子吸收谱见图 7-2。

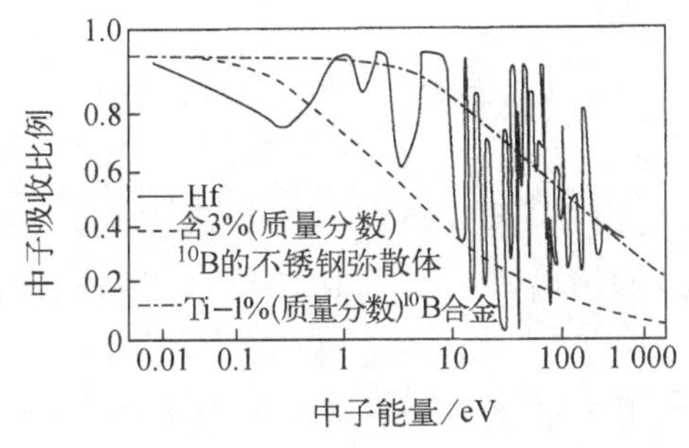

图 7-1　铪的中子吸收特性

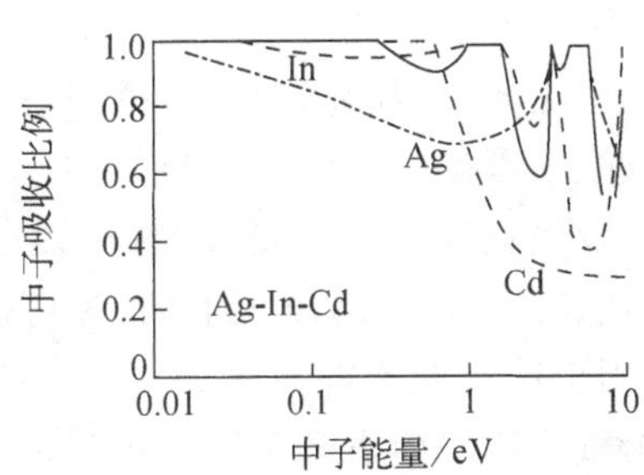

图 7-2　银-铟-镉的中子吸收特性

镉的热中子吸收截面很大(2 450 b)，但对超热中子没有共振吸收能力，它的强度低、熔点低、耐蚀性差，作为控制材料主要缺点是燃耗快、寿命短；但镉的价格低、加工性能好、耐辐照。

银-铟-镉合金中镉用于吸收热中子，银和铟的热中子吸收截面虽然小，但其共振吸收截面大，对超热中子吸收截面大。因此银-铟-镉合金是一种高效吸收体，它们的综合效果与铪相近。

此外，银-铟-镉合金易于加工，价钱便宜。银的熔点 960.8 ℃，铟的熔点 156.2 ℃，镉的熔点 320.9 ℃，Ag-80% In-15% Cd-5%合金的熔点约 775～823 ℃；银-铟-镉合金是单相固溶体，面心立方结构；27～500 ℃的热膨胀系数 22.5×10^{-6}/℃；室温下的拉伸强度为 262 MPa，在 316 ℃时 σ_b 175 MPa，$\sigma_{0.2}$53 MPa，δ54%，ψ57%，在通常的轻水堆运行温度有足够的强度，满足反应堆停堆时控制棒所承受的应力；辐照稳定性好，俘获中子后 Ag 变成 Cd，In 变成 Sn，Cd 变成 In，Ag-In-Cd 系合金转变为 Ag-In-Sn 系合金，仍为单相固溶体，因此辐照稳定性良好；这种合金对热水的耐蚀性中等，实验表明在 360 ℃的水中，年腐蚀耗损约 2.5×10^{-2} mm。在早期的压水堆中，将镀镍后的这种合金直接用于高温水中，但由于在反应堆中的腐蚀速率比预期的大，现这种合金装在不锈钢包壳中使用。

因此现今的压水堆一般都采用 Ag-15%In-5%Cd 合金作控制棒材料，它被装在不锈钢的包壳中使用。

(3) 含硼固体材料

硼的来源丰富，价格便宜。在天然硼中，只有硼-10 中子吸收截面大(3 837 b)，硼-10 的丰度为 19.8%，硼-11 几乎不吸收中子，因此，天然硼的中子吸收截面为 780 b。为了提高控制效率，常用加浓硼。热中子反应堆的控制棒和可燃毒物普遍采用含硼材料。

但硼的中子吸收反应是(n，α)反应，是一种转化过程：

$$^{10}B+n\rightarrow{}^{7}Li+{}^{4}He \tag{7-1}$$

硼作控制棒材料其寿命短，肿胀问题是个必须要考虑的问题。因此非合金化的硼不宜做控制棒。硼吸收体的主要使用形式是配成合金或制成弥散体。如：硼不锈钢、硼硅酸玻璃、碳化硼陶瓷体。

碳化硼(B_4C)的质地坚硬，熔点高，强度大，化学性质稳定，价格低廉。既可以以化合态使用，也可以与不锈钢、铝制成弥散体应用。

碳化硼在高温水中的耐蚀性为中上等，实际使用中通常用耐蚀材料包覆。在使用中应注意氦的释放及与300系列不锈钢的相容性。

含硼固体材料可以作控制棒，也可以作可燃毒物。

(4) 稀土氧化物

某些稀土元素，如钆、钐、铕、镝、铒等，既有大的热中子吸收截面，在超热中子区又有较大的共振吸收截面，可被用作控制材料。

稀土金属化学活性很高，成本也比稀土氧化物高，因此用它们的氧化物比较合理。其中，氧化钆(Gd_2O_3)已用作压水堆，为可燃毒物，使用时混入二氧化铀粉末中制成含氧化钆的芯块，用于第一次装料。

稀土氧化物的熔点高于2 000 ℃，但在热水中会迅速水解随后发生肿胀，因此一般不宜用于水冷堆，而适用于高温气冷堆。将稀土氧化物用于水堆时，通常将它与不锈钢等基体金属制成弥散体，加上包壳，或如压水堆那样混入芯块。这样，一旦包壳破裂，水解作用也仅限于表面裸露的氧化物颗粒局部范围内。

7.2 慢化和反射材料

慢化材料是指其在与高能中子发生弹性碰撞中能有效吸收中子能量，把核裂变时放出的快中子能量降到对裂变元素反应截面大的热中子水平的材料。

反射材料是指能够与从堆芯逃逸的中子发生碰撞后，把逃逸中子无吸收地反弹回堆芯的材料。应用反射材料能减少中子泄漏，降低中子损失，提高中子利用率；减小堆芯临界体积，缩小堆内的中子分布差，使功率分布平坦。

它们都要求对中子的散射截面大，吸收截面小，以便增大中子反射概率，对中子多碰撞少吸收。因此反射材料与慢化材料可以互相通用。

根据弹性碰撞时靶核(M)对入射粒子(m)能量的吸收率

$$\eta = 4Mm/(M+m)^2 \tag{7-2}$$

可知当$M \approx m$时，η值最大。所以慢化材料的质量M越接近中子质量，吸收中子的能量多，慢化效果也就越好。

根据这个目的，对材料的要求是：

热中子吸收截面小，散射截面大；热导率高，热膨胀系数低；抗辐照、耐腐蚀、化学稳定性及热稳定性好；与冷却剂相容性好；来源方便，制造成本低；固体的慢化剂还应有足够的强度。

适用的材料有轻水、重水、石墨、铍、氧化铍、氢化锆(见表7-1)。下面分述上述这些慢化(反射)材料的优缺点。

(1) 轻水

轻水的优点很多，它慢化效果好，价格低，而且能同时用作慢化剂与冷却剂。它的缺点是热中子吸收截面相对来说比较大($2.2\times10^{-2}\ cm^{-1}$),沸点比较低。

(2) 重水

重水的价格高,但它的慢化效果好,中子吸收截面小($3.3\times10^{-5}\ cm^{-1}$),因而当用重水作慢化剂时,可用天然铀为燃料。

(3) 石墨

石墨的价格中等,它的机械性能好,热稳定性好,导热好,但它的慢化效果不如重水和铍好,并且在稍高的温度下与氧、二氧化碳、水蒸气、液态钠都作用,还能与一些金属和金属氧化物形成碳化物,并且有复杂的辐照效应。

(4) 铍

铍的优点是熔点高、比热大、弹性模量高,有高的高温强度,中子吸收截面小,散射截面大。缺点是剧毒,高温抗氧化性能及辐照肿胀性能差。

(5) 氧化铍

氧化铍具有铍的优良性能,克服了铍的缺点。它的高温氧化性能好,在高温液态金属和二氧化碳、氦气中很稳定,因此可用在高温气冷堆和液态金属反应堆中。

铍和氧化铍多用在试验堆与空间堆上。

(6) 氢化锆

氢化锆主要是利用氢的慢化作用,氢化锆单位体积内的氢含量比液态氢高一倍。氢化锆主要用在脉冲堆上,它的慢化效果好,热中子吸收截面较小,受辐照影响小,高温下热稳定性较好。可用作航天用反应堆的慢化剂。

表 7-1　四种慢化剂的性质

慢化剂	慢化能力($\xi\Sigma_s/cm^{-1}$)	吸收截面(Σ_a/cm^{-1})	慢化比($\xi\Sigma_s/\Sigma_a$)
轻　水	1.36	0.022	60
反应堆级石墨	0.06	0.000 38	160
铍	0.15	0.001 17	130
重水(纯度 100%)	0.18	0.33×10^{-4}	5 500
重水(纯度 99.75%)	0.18	0.88×10^{-4}	2 047
重水(纯度 99.0%)	0.18	2.53×10^{-4}	712

慢化比:慢化能力与宏观吸收截面之比称为慢化比。作为慢化剂,慢化比是表征其优劣的重要物理参数。

从表中可以看出重水纯度不同慢化比相差很大,即重水慢化性能对所含轻水敏感,因此CANDU 堆中重水的纯度最低许可值为 99.5%,参考值设为 99.75%,典型数值一般在99.9%左右。

7.3　冷却剂材料

冷却剂是在反应堆一回路循环的载热流体。

(1) 冷却剂的功能

它的功能除了将核裂变能带出反应堆外,还有下列功能:

1) 冷却堆内所有部件;

2) 携带流体可燃毒物(如硼酸);

3) 携带除氧剂和调节 pH 值的添加剂;

4) 事故工况下能迅速带走燃料发出的热量,避免堆芯烧毁。

(2) 冷却剂材料的性能要求

冷却剂材料应具备的性能如下:

1)导热好,比热大,黏度小,以便增大载热效率,减小唧送功率;

2)热中子吸收截面小,散射截面大,(n,γ)反应少,不产生长半衰期的核素,以简化屏蔽,方便维修;

3)腐蚀性小,辐照稳定性好,化学稳定性好,与燃料和包壳材料等的相容性好;

4)沸点高、熔点低、容易净化处理;

5)来源方便,成本低廉

(3) 常用的冷却剂

常用的冷却剂有以下几种:

轻水、重水、二氧化碳、氦气、液态钠、钠-钾合金、铅-铋合金等。

(4) 压水堆冷却剂的使用和限制

压水堆和沸水堆采用轻水作冷却剂。由于轻水的沸点比较低,为防止冷却剂沸腾,要加大压力;由于轻水的中子吸收截面比较大,用轻水作冷却剂和慢化剂的压水堆和沸水堆要采用加浓的燃料。

重水堆采用重水作冷却剂。与轻水冷却同样的原因需要加压防止沸腾;由于重水的热中子吸收截面小,可以用天然铀作燃料;快堆采用液态钠作冷却剂。钠的导热性能好,比热大,黏度小,唧送功率小,载热效率高,但钠性质活泼,用钠作冷却剂要注意防水和防火问题以及腐蚀问题和与堆内所用材料的相容性问题。

7.4 屏蔽材料

为了尽可能减少人体所受的照射,防止结构材料和机器设备受射线照射后发热、活化和性能下降,或为了降低测量仪器的本底,我们使用屏蔽材料在辐射源和被照射物之间设置屏障。

对 γ 射线来说,含高原子序数原子的物质,其屏蔽效果就大;对中子来说,因为散射截面随元素种类和中子能量而变化复杂,所以不能像 γ 射线那样一概而论,原子序数小的元素,尤其是含有大量氢的物质,通过弹性散射能使中子能量大幅度减小,屏蔽中子的效果就好。

对屏蔽热量来说可以采用多层不锈钢弧形瓦,拉大间距来解决。常用的屏蔽材料介绍如下。

7.4.1 非金属屏蔽材料

(1) 水

水是有效的中子屏蔽材料,但对于 γ 射线,由于它的电子密度低,不能说是一种良好的屏蔽材料。

用水作屏蔽材料的优点是:容易获得,价格低,不产生微小间隙,化学性能稳定,同时可做冷却剂。

缺点是:必须进行完全的防水施工,长期使用会产生混浊现象,与水接触的其他材料会遭受腐蚀。

(2) 石墨

石墨由于其高温下良好的物理、化学、机械性能,在快堆中作快中子的屏蔽体。为了改善石墨的中子屏蔽性能,有时混合一些硼化合物之类的热中子吸收剂。在石墨作中子屏蔽体的场合,最好密度在 1.6 Mg/m^3 以上。

(3) 硼及含硼物质

硼的热中子吸收截面大,可以直接使用,也可混入石墨和聚乙烯中使用。含硼的矿石可以加入到保温材料中做成屏蔽材料,也可以在混凝土中加入硼,制成含硼混凝土来做屏蔽体。

(4) 其他

根据用途,使用像溴化锌溶液那样的特殊液体,或者像含铅玻璃那样的特殊玻璃来做透明屏蔽材料。也可以用砂石、土、黏土来做屏蔽体。

7.4.2 金属屏蔽材料

(1) 铁

因为铁的比重大(约 7.8 Mg/m^3),机械强度也高,所以广泛用作反应堆结构材料和热屏蔽体材料,但很少单独用铁作中子屏蔽材料,一般用于铁-水多层结构,或混在混凝土中使用。

(2) 不锈钢

不锈钢对 γ 射线及中子的屏蔽性能比铁的优越,尤其是因为非弹性散射截面大,屏蔽快中子更有效。但不锈钢受中子辐照后的活化比铁严重。

在快堆中,不锈钢,尤其是奥氏体不锈钢常用于作热屏蔽体材料。

(3) 加硼钢

为了增加对热中子的屏蔽效果,把硼加入铁中,成为加硼钢。从加工性能考虑,钢中含硼量以 2%为限。

(4) 铅

铅的密度为 11.3 Mg/m^3,在空间有限场所,一般多用它做 γ 射线屏蔽材料。但铅非常软,熔点低,容易被碱侵蚀,在使用上受限制。

(5) 其他

钨和铋的原子序数比较大(74 和 83),对 γ 射线的屏蔽效果大,尤其是钨,熔点高,可以用在高温场合。铀的原子序数也大(92),对 γ 射线的屏蔽能力更大,因此有使用低品位的铀作 γ 射线的屏蔽材料。

7.4.3 混凝土

在空间允许的场合,采用混凝土作屏蔽体是较经济的。混凝土含有适当量的屏蔽中子

和 γ 射线的物质，假如需要的话还可以把某种元素、物质混入其中，而且能按需要做成形状复杂的屏蔽体。

7.4.4 有机屏蔽材料

大部分有机材料都含有较多的氢原子，所以可以作中子屏蔽材料。

(1) 石蜡

常在实验室中作中子屏蔽体用，它的密度小(0.87～0.91)，熔点低(40～60 ℃)，加工容易，价格低。使用时加入硼化物效果更好。

(2) 聚乙烯及其他塑料

聚乙烯是比重为 0.92 的纯碳氢化合物，是较好的中子屏蔽材料。也可以加入硼和锂的化合物以增加中子吸收能力，或与铅粉混合以改善对 γ 射线的屏蔽能力。它易加工，不产生活化，但有容易受到辐照损伤的缺点。其他塑料的情况也相同。

(3) 木材及其制品

因为木材也含有大量氢，所以也能作中子屏蔽材料用。一般人工制作的纤维板比天然木材的使用效果好，因为它吸湿性小，不易变形。

复习题

1. 压水堆的控制棒用什么材料制作？有什么优势？
2. 控制棒材料须具备哪些性能？
3. 加入可燃毒物的目的是什么？哪些材料可作可燃毒物？
4. 常用的慢化材料有哪些？为什么用重水作慢化剂可以采用天然铀为燃料，而用轻水作慢化剂必须用加浓的铀作燃料？
5. 对冷却材料的要求是什么？轻水作为冷却剂有哪些优点和缺点？
6. 常用的屏蔽材料有哪些？选择的基础是什么？

第8章　老化管理和失效分析基础

核电厂能否安全、稳定、可靠、经济地运行是全世界普遍关注的问题。由于核电厂的运行工况严酷，设备在高温、高压、强辐射和腐蚀的条件下会发生降级和老化，甚至失效。设备和部件、结构的失效轻则会导致停产，重则会引发事故。因此失效分析和老化管理、寿命预测是核电厂的一项重要工作。

核电厂老化管理的好坏，直接影响到核电厂的安全和经济效益，对核电的可持续发展有重要意义。因此对核电厂设备、部件、结构(下面简称设备)的老化情况进行定期的监督和监测，及时发现问题、解决问题并积累数据，进一步了解损伤机理、调整管理制度、恢复设备功能等方面的工作已引起核电行业的高度关注，对这方面的技术需求也日益强劲，现已发展成为一项专门的研究课题，并越来越得到重视。

8.1　老化管理

核电厂的老化和寿命管理技术是一项具有强烈工程背景和较强基础性的应用技术研究。进行这项工作，第一要对核电厂的设备进行筛选，根据它们对安全、稳定运行的重要性进行排序，确定影响核电厂安全与寿命的关键设备的清单；第二要对这些关键设备进行监督和定期检查，及时发现问题，如裂纹等失效先兆，并对问题进行分析，对失效模式和失效机理进行研究，了解老化现象、老化效应、老化机理，追究影响老化的关键因素和减缓老化的基本方法；第三要开展老化效应的监督、监测技术研究，不断提高探测概率，减少误报率，还要集中力量进行老化评估方法研究；第四对修复技术进行研究，对可以修复的缺陷要进行修复，修复之后也要进行评估，然后才能再次使用；第五建立核电厂老化管理和寿命评估数据库；第六逐步建立和制定监测、监督制度、大纲、法规和标准，条件成熟的要制定国家的相应法规和大纲(监测、检查、评估，发放执照等)；第七实施正规的老化和寿命管理。

8.1.1　关键设备

国内外核电厂的关键设备清单虽然都不尽相同，但有些设备几乎各国清单上都有。它们是：压力容器、堆内构件、主泵、稳压器、稳压器波动管、冷却系统主管道、主回路管嘴、电缆、安全壳、蒸汽发生器等。因此我国也必须在学习国外经验的基础上，制定符合我国国情的核电厂关键设备清单。

8.1.2　核电厂的老化管理思路

核电厂的工作人员要有设备老化的概念，并且有监督、监管方面的责任心，需要进行以下几方面的工作：

1）了解核电厂设备所用的材料和工艺；

2）了解设备的运行环境：温度、压力、辐射剂量、应力状态等；

3）了解可能的故障类型：辐照脆化、低温脆断、疲劳（机械疲劳、热疲劳）、蠕变（辐照蠕变、热蠕变）等；

4）观察并记录老化现象，进行老化机理的研究、探讨；

5）有制度的要严格按照制度，执行检测、监督有关条例和措施，并详细记录；

6）完整地保存每次的设备运行状况分析记录、维修记录以及故障分析记录；

7）实时采集数据并进行数据分析，数据管理，存入数据库。

核电厂管理人员还需要进行更深入的工作，包括以下几方面的工作：

1）组织进行设备的运行周期认证；

2）组织汇总情况和组织专家评审；

3）建立计算机网络，形成对全厂设备的老化管理系统；

4）重复上述过程并逐步完善，获得对全厂设备、构件、部件的管理经验；

5）总结经验，制定厂级法规、大纲、评估方法和评估标准；

6）与核电厂上级管理机构联系，把本厂的经验、教训送交有关机构，以制定国家级的核电厂老化管理法规、大纲、评估方法和评估标准；

7）实施国家相关法规、大纲、评估方法、评估标准，并及时反馈相关信息。

8.1.3 国外老化管理经验和前期工作

一些核电先进国家的核电厂已逐渐进入设计寿命后期。核电厂能否延寿直接关系到经济效益和社会效益，因此他们在核电厂的设备老化管理和寿命评估方面下了很大工夫，他们走在前列，是我们可以借鉴和学习的样板。

美国核管会（NRC）到2003年已对现役接近寿期的核电厂进行评估，批准19个机组的运行执照由40年延长至60年。

法国从20世纪90年代开始组织科研机构配合核电厂进行设备老化检测和寿命评估研究，规定每十年左右（厂大修周期），由核安全机构组织专家对核电厂设备的运行状态、老化情况、对安全的影响、维修更换等进行全面的评审，并重新发放运营执照。

日本、韩国、俄罗斯也都有相应的管理评估方法。

由于核电环境的特殊性，和核电设备老化问题的复杂性，到目前为止，很多问题还没有明确的认识与理解。因此照搬别人的经验是不可能的，我们要学习别人的经验，并结合自己国家的情况开发具有自主知识产权的核电厂关键设备、部件和构件的老化管理制度和寿命评估体系。

作为核电厂工作人员要有意识地开展核电厂设备、部件和构件的监督、监测工作，认真进行有关核电厂关键设备老化的管理和寿命评估方面的工作，积累经验，为我国核电厂的老化管理和寿命评估打下坚实的基础。

工作的内容大致如下：

1）建立每个关键设备、部件或构件的档案，做到它们的运行历史，维护保养和故障修复记录完整。实现历史的可追溯性；

2）根据监督、检测到的数据和现象进行分析评估，了解它们的老化程度和剩余寿命，为设备、构件、部件的维修或更换提供依据；

3）及时更新和开发监督、监测技术，以符合不断变化的新情况和新环境；

4）及时记录和报告异常情况，并组织专家会审，使故障发生率尽可能降低；

5）保存每次故障的分析报告和修改方案的有关资料，积累经验；

6）与科研单位保持密切的联系，及时反映问题，提供科研单位可靠、完整的信息。以便使机理研究工作能更符合实际情况；

7）与安全单位保持密切的接触，及时反映法规和大纲中的问题，使法规和大纲的可操作性得到提高。

8.2　失效分析基础

在核电厂运行过程中，我们可能遭遇设备故障，也有可能会发生意想不到的灾难事故。在发生故障或事故时怎么把损失降到最低，怎么从事故中吸取教训，得到经验，回避事故，防止类似事故的发生是十分重要的。

通过失效分析，了解故障发生的原因和失效机理，可以对故障进行有目的的避让，如对设备进行有益的改造，进行结构改进，减少应力集中；或重新审视所用的材料，选择更适宜环境的材料；或对介质进行严格控制和环境上下工夫等都有可能达到设备安全运行的目的。因此事故发生后不仅要及时排除故障，对故障和事故发生的原因进行分析也是非常重要的，即必须十分重视失效分析。

材料的失效是指由材料制成的设备、部件或构件在服役过程中发生变形、腐蚀、磨损、断裂等损坏，导致设备或工程结构工作效率降低、无法继续使用不得不提前退役，甚至发生重大故障的现象。

在各类失效现象中，断裂是最危险的，尤其是脆性断裂，往往会引起爆炸这样的恶性事故。断裂失效是由于材料不能满足服役时的力学、化学、热学等外界条件的要求而形成的。

失效分析是一件十分细致的工作，一个故障发生是由很多复杂因素的综合结果造成的，因为一个机件的产生经历了很多的工序，其中任何一个工序出了问题都有可能引起工件的早期失效；另外，使用不当也可能造成工件的早期失效或者偶发事故导致的继发影响也会引起机件的失效。因此要找到真正失效原因是不容易的。

分析起来失效原因大致有以下几种：

1）由于使用不当造成的，如使用应力过大、环境温度过高或有突发事件引发的等；

2）设备制造过程中冷加工、热加工、热处理工艺不当造成的，即材料的本身条件（微观组织结构）与使用要求不符；

3）设计不当，即设计的要求或技术条件与实际的使用条件不符；

4）人为错误所造成的，如原材料用错造成等。

因此在进行失效分析时我们往往要通过观察事故现场，进行推理找到原发失效工件；追溯该工件制造的整个工艺过程和使用经历，检查每一步的工艺过程是否符合要求，有时还要审视设计是否合理等。

由于断口往往记录了发生断裂的过程信息，断口的形貌、性状往往能反映失效机件所处的环境、应力等这些信息；记录了断裂过程的有关信息；这些信息能反映出材料的内在质量，因此断口检查是失效分析的重要环节。发生故障后，保护好断口是很重要的。

下面将简单介绍断裂的种类、断裂机理和几种典型断裂的微观形貌特点等。了解这些特点将有助于学员在将来的工作中对核电厂发生的故障进行初步分析和对事故现场、故障机件的有用信息进行有效的保护。

由于反应堆材料在高温、高压、强辐射和腐蚀条件下工作，因此温度、压力、辐照损伤和环境介质是在进行核电厂部件失效分析中必须要考虑的因素。

8.2.1 断裂的种类

根据材料断裂前的变形状态，可将断裂分为塑性断裂和脆性断裂。凡是断裂前有宏观塑性变形的，称为塑性断裂(延性断裂、韧性断裂)，如图 8-1 a 所示；而在断裂前没有宏观塑性变形的，称为脆性断裂(见图 8-1 b)。

根据断口的宏观断面与最大正应力的方位关系，还可将断裂分为正应力断和切应力断。断口面与最大正应力相垂直的称为正应力断(见图 8-1 c)，断口面与最大正应力呈 45°角的称为切应力断(见图 8-1 d)。

根据裂纹扩展的微观路径可将断裂分为穿晶断裂和晶间断裂。裂纹穿过晶粒内部，裂纹的扩展与晶粒边界无关的，称为穿晶断裂(见图 8-1 e)，裂纹沿晶界扩展，断裂路径与晶粒边界有关的，称为沿晶断裂或晶间断裂(见图 8-1 f)。

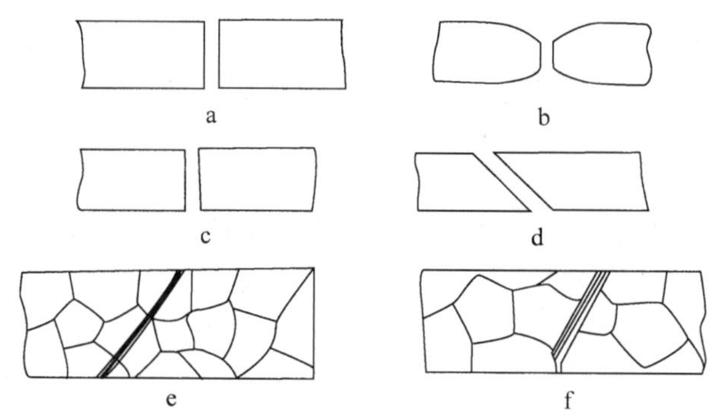

图 8-1 断裂种类

a. 脆性断裂；b. 韧性断裂；c. 正应力断；d. 切应力断；e. 穿晶断裂；f. 沿晶断裂

根据断裂的微观机制还可将断裂分为微孔聚集型断裂、解理断裂、准解理断裂、沿晶界断裂和疲劳断裂。下面简述这些断裂的微观特征。

(1) 微孔聚集型断裂

由于金属受力变形，发生延伸时，在金属中存在着的与金属相物理上不同的夹杂物颗粒，这些颗粒会随着材料的延伸，与金属产生分离，进而形成空洞，随着变形的进展，空洞不断地扩大，使空洞之间的金属材料发生颈缩，最后发生断裂，形成金属薄脊，而留下一个个韧窝(见图 3-6 a)。这种断口也称为韧窝状断口。在韧窝中常常可以看到导致韧窝形成的夹杂物。夹杂物的大小、形状、分布往往会影响韧窝的大小和形状。

韧窝状断口是一种韧性断的标志。韧窝是断口上极易辨认的特征，形成的方式在所有金属中都是一样的。可以分为正断形、撕裂形、剪切形。正断韧窝一般是等轴的；撕裂韧窝和剪切韧窝是拉长，椭圆形的，它们的区别在于其对口面上的韧窝方向，两个对口面上韧窝方向一致的是撕裂韧窝；相反的是剪切韧窝。韧性材料形成深韧窝，而不容易变形的材料则形成浅平的韧窝。

(2) 解理断裂

裂纹沿一定的晶面(解理面)进行[如铁中，解理常发生在(110)面上]，解理面平坦光滑，解理断裂穿越晶界时，由于晶粒间的取向差，裂纹在新晶粒内分成若干个亚解理裂纹，随着裂纹的扩展又继续而汇合起来，因此解理面上会形成扇形或羽毛状花样，这种断裂称为解理断裂。这是脆性断裂的典型特征，而且这种断裂是穿晶的，呈现正断(见图 3-6 b)。

(3) 准解理断裂

在微观尺度上显示出韧性流变特征，但在宏观上却几乎没有变形。这种断口是由许多平坦的或微凹的小平面组成，每个微裂纹以同心的形式，从中心核扩展开来，使表面形成隆起的边缘，这些特征称为“星花”，呈现为穿晶断裂，这种断裂称为准解理断裂(见图 8-2)，也是脆性断口的一种，不锈钢的脆性断口常呈现准解理断特征。

(4) 沿晶界断裂

断口常呈现有晶间刻面(即小平面)的冰糖块形状，因此也称为冰糖状断口(见图 8-3)。这是由于晶界弱化，裂纹沿晶界发展形成的。如晶界被沉淀相或杂质所脆化，或低熔点物质偏聚于晶界，或晶间发生腐蚀，断裂将以沿晶的方式扩展。在许多情况下，使晶界变脆的沉淀相或杂质非常薄，看起来像瓦片或鱼鳞状。有时晶界析出物稍有延性，会在晶界形成一薄层浅韧窝，但宏观没有变形，因此沿晶界的断裂也是一种脆性断裂。

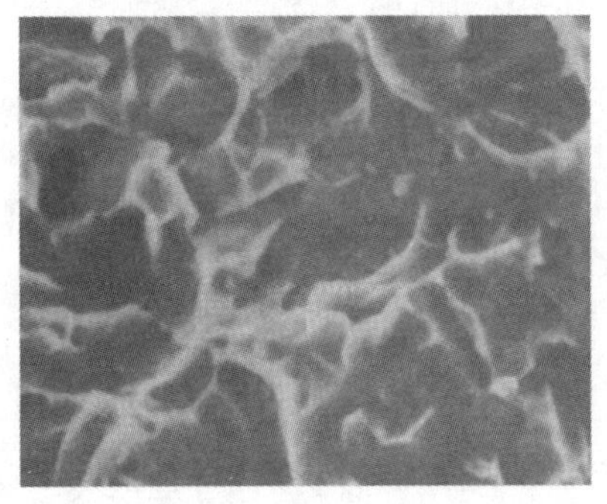

图 8-2　准解理断裂

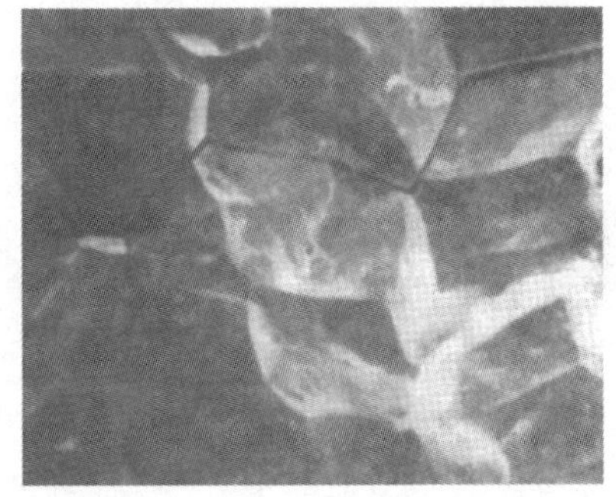

图 8-3　沿晶界断裂

(5) 疲劳断裂

这是一种非常危险的脆性破坏。疲劳发生的过程一般认为在重复或交变应力作用下，材料表面某些晶粒，由于位向或其他原因产生局部变形(挤入挤出带)、或材料表面有杂质、划痕及其他导致应力集中的缺陷，产生应力集中而造成微裂(裂纹成核)。此种微裂随循环次数增加而逐渐扩展(裂纹扩展)以至未裂截面大大减小，不能承受所加的载荷而突然断裂(快速断裂)。

在疲劳断口上可以观察到 3 个区域，裂纹成核区-裂纹扩展区-快速断裂区(见图 3-13)。裂纹成核区比较光滑，没有明显的特征；裂纹扩展区可以观察到围绕疲劳核心的海滩纹，这一区域在电镜下可以观察到疲劳辉纹；快速断裂区可以观察到撕裂岭或其他特征。

大多数的金属及合金、高分子物质在静载荷的作用下，都是在发生明显塑性变形后才发生断裂，由于塑性断裂有一个缓慢的发展过程，其间不断地消耗能量。塑性断裂在工程上并不十分重要，因为它在断裂前的过量变形已构成失效，易被察觉，不至于引起灾难性的后果。而脆性断裂是极危险的破坏方式。由于它在破断前没有明显塑性变形，在低于屈服强度的应力作用下，裂纹失稳，发生迅速扩展，有时扩展速率可达声速，这种没有先兆的突然断裂，往往是灾难性的。

工程上常见的疲劳断裂、冷脆、氢脆以及应力腐蚀断裂等属此类断裂。这是要格外关注并设法避免的。

8.2.2 断裂的过程

断裂是通过裂纹的形成和扩展进行的，无论韧性断裂还是脆性断裂，其裂纹的来源主要有以下两种。

(1) 构件中原有的缺陷

由冶炼和加工过程引入的一些内裂纹，如发裂、气孔、疏松、折叠、夹渣、非金属夹杂等，以及工件表面的缺陷，如深的加工刀痕、擦伤、腐蚀坑等。

(2) 位错运动塞积形成裂纹

在外力作用下，位错在滑移面上运动，它们在晶界或第二相处受阻，形成塞积，同号位错集中处就会形成裂纹核心，如图 8-4 所示。在脆性断裂的情况下，裂纹的形成也是这种模式。

事实上，绝对的脆性断裂是不存在的，通常规定光滑拉伸试样的断面收缩率小于 5%者为脆性断裂，大于 5%为韧性断裂。材料韧脆状态的区分也可通过断口分析来确定。

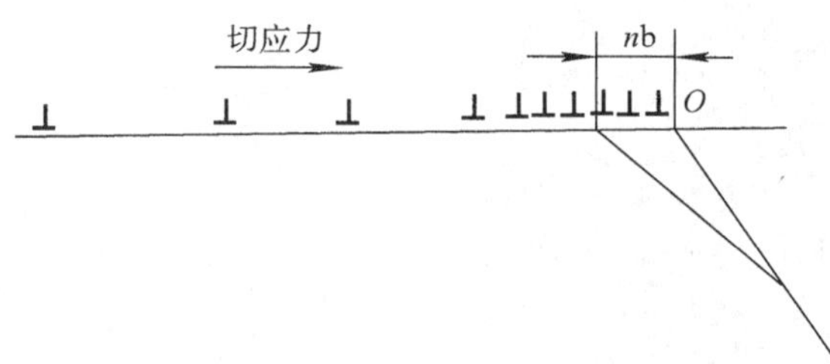

图 8-4 位错运动塞积形成裂纹

裂纹形成后，并不意味着一定断裂。根据断裂力学分析，只有当裂纹前沿应力场强度因子 K_{I} 达到某一临界值 K_{Ic} 时，裂纹才发生失稳扩展而导致断裂。因此断裂条件表达式为：

$$K_{\mathrm{I}} = y\sigma\sqrt{a} \geqslant K_{\mathrm{Ic}} \tag{8-1}$$

式中：

y——裂纹形状系数，是一个无量纲常数，一般 $y=1\sim2$；

σ——外加应力；

a——裂纹的尺寸。

也可用裂纹体的断裂强度 σ_{C} 表达裂纹扩展的力学条件，即：当外加应力 σ 达到 σ_{C} 时，裂纹失稳扩展，一些脆性材料在平面应力条件的断裂应力表达式为：

$$\sigma_{\mathrm{C}} = \left(\frac{2E\gamma_{\mathrm{s}}}{\pi a}\right)^{\frac{1}{2}} \tag{8-2}$$

式中：

E——弹性模量；

γ_s——裂纹面的比表面能。

可见，比表面能低，则 σ_C 低。裂纹萌生后，容易沿 γ_s 低的晶面扩展，这样的晶面称为解理面，沿解理面发生的穿晶断裂称解理断裂。解理断裂以极快速度进行，通常属脆性断裂。一般发生在具有体心立方(bcc)和六方结构的金属中，除非在非常苛刻的环境下，面心立方金属才发生解理断裂。考虑到裂纹前端的塑性变形，式(8-2)修正为：

$$\sigma_C = \left[\frac{E(2\gamma_s + \gamma_p)}{\pi a}\right]^{\frac{1}{2}} \tag{8-3}$$

式中：

γ_p——单位面积裂纹表面所消耗的塑性功。

微孔长大、聚合直至断裂是裂纹扩展的另一种方式。微孔往往出现在基体中靠近脆性的第二相(或夹杂物)处，滑移造成的位错塞积引起的应力集中使基体与第二相脱离，或脆性质点碎裂形成了微孔核心，新的位错继续进入微孔，使微孔逐渐长大，相邻的微孔聚合而形成裂纹，裂纹端部有较大的塑性变形，新的微孔在这里形成，当其与裂纹连接时就使裂纹扩展，这过程反复进行就形成了裂纹扩展的锯齿形区域。

因此，在进行失效分析时，要先进行宏观分析，取得初步印象后，再根据需要，取样进行微观分析。在得出结论后，有条件的情况下还要进行实验验证。

8.2.3　失效分析方法

失效分析一般包括以下三个步骤：

(1) 宏观分析

所谓宏观分析是指十倍以下的分析，即应用放大镜或肉眼进行的，对失效机件的表征、表象进行观察；对失效部件的情况进行调查；了解失效发生的时间、位置、形貌以及它们之间的逻辑关系；了解失效部件的工作环境：温度、压力、介质、机械应力、运行历史等；了解失效机件的材质、冷、热加工工艺、热处理工艺、焊接工艺、表面处理工艺等。在此基础上进行综合归纳、分析，得到失效原因的初步印象，然后确定分析步骤和取样方案。

(2) 微观分析

微观分析是取得相应的试样后，在实验室指借助于各种显微镜、电子探针或其他微观的分析手段对缺陷进行形貌、成分、结构的分析，进行推理，得到失效原因、失效机理的分析方法。微观分析包括金相显微镜分析、扫描电镜分析、微区 X 射线(波谱、能谱)成分分析、透射电子显微镜分析和 X-衍射结构分析等。

(3) 实验验证

验证是对失效分析结果的实践回馈，是用实验方法或实验手段对分析结果进行认可、肯定。实验需要模拟实际环境或采用比实际环境更苛刻条件来取得结果，证实失效分析结果的可靠。验证在大多数情况下是不难进行的，但在反应堆条件下进行验证，尤其是验证辐照所造成的失效就变得非常困难，因为进行这种试验除需要大量资金外，还需要有高通量的实验堆和精细的分析手段，这是我们目前还无法达到的。因此除特殊要求，对反应堆的材料问题进行验证就不太可能再深入进行，改进的措施也会采取比较保守的方法。

下面对微观分析方法进行介绍：

金相分析是最经典的微观分析方法。在这方面有长期积累的宝贵经验，娴熟的操作方法，可以取得很好的效果，因此是很常用的方法。由于光学显微镜的分辨率不高，景深太小，对断口无法进行直接观察，并且制样过程复杂，因此在失效分析中的作用比较有限。但有些情况下（如焊接缺陷的分析、应力腐蚀的分析），金相分析仍然是占据主要地位的分析方法。

扫描电子显微镜分析是断口分析的主要手段。由于在高压电子轰击下，金属材料中二次电子的产额大，因此二次电子像的分辨率高；同时由于它的景深大，对试样制取的要求小，一般样品可以直接进行观察，因此扫描电镜成为失效分析的有力工具。应用扫描电镜进行断口分析时，只要样品导电，不需要对样品进行其他特殊的处理，因此可以避免重要信息的丢失；而且它的样品室比较大，放大倍数可以从几十倍到几十万倍，可以很方便地找到裂纹源，并对感兴趣的部位进行原位放大；扫描电镜还可以和波谱仪、能谱仪安装在同一设备上，进行裂纹源或其他感兴趣部位的微区成分分析，获得形貌与成分相对应的关系，因此它在失效分析时有很好的实用性。

透射电子显微镜的分辨率比扫描电镜大，可以观察更为精细的组织结构，同时可以进行电子衍射来分析物质的晶体结构。

电子探针是用来对微区进行 X 射线（波谱、能谱）成分分析的，能谱仪也可以安装在扫描电镜或透射电镜上进行微区成分分析；波谱仪的分析精度比能谱仪高，因为它是进行波长色散来取得某成分的 X 射线特征谱，从而探测微区成分的，因而受放射线干扰少，是核材料微区成分分析的重要手段，利用它甚至可以探测辐照后燃料中的裂变产物的种类、分布和数量。

X 射线衍射仪主要用于相结构分析。下面我们就对扫描电镜下的断口形貌作一介绍。

8.2.4 扫描电镜下的断口特征

这里介绍几种典型的断口特征，为了更好地了解微观特征，首先要了解断口的宏观特征。然后再分区了解其微观特征。

（1）光滑圆试样的静拉伸断口

实际零件因静载荷而破断的情况并不多，但对静载荷破断断口的了解，有助于我们讨论材料各种断裂方式的基本特征。

塑性好的钢光滑圆试样单向拉断后形成杯锥状断口，此断口可以分成三个区域：纤维区、放射区和剪切唇（见图 8-5）。

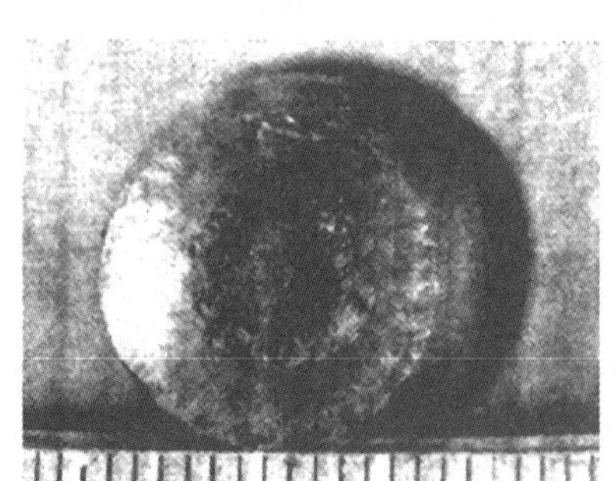

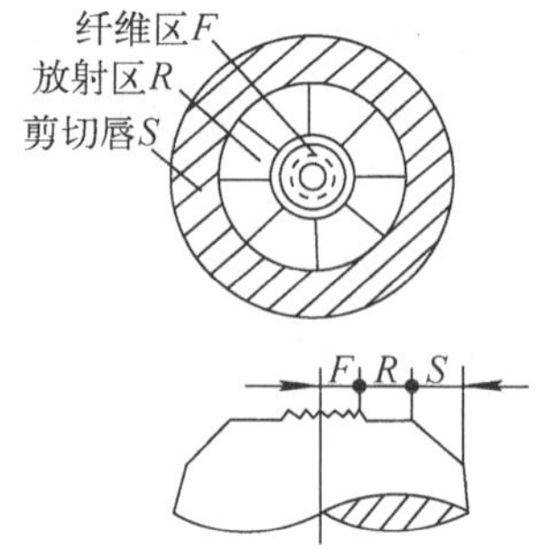

图 8-5　拉伸断口和断口上三个区域的示意

当光滑圆试样受单向拉伸载荷作用，在载荷达到拉伸曲线最高点时，试样局部产生颈缩，这时试样的应力状态由单向变为三向，中心轴向应力最大。在中心三向拉应力作用下，塑性变形难以进行，致使中心部分夹杂物或第二相质点碎裂，或与基体界面脱离，形成微孔。微孔长大、聚合而形成裂纹，这就是断口中心部分纤维区的来历，在扫描电镜下，这部分区域的特征是等轴韧窝，见图 3-6 a。

纤维区中裂纹扩展速率很慢，当它达到临界尺寸后就快速扩展而形成放射区。放射区是裂纹作快速低能量撕裂形成的。放射线平行于裂纹扩展方向，指向裂纹源。对塑性材料，撕裂时有较大塑性变形，放射线较粗大；脆性材料的放射线很细，以致消失，显现为粗细不同的结晶状，其粗细决定于晶粒大小，在扫描电镜下这部分呈现的是解理断裂或沿包含脆性晶界相的晶间断裂的特征，见图 3-6 b 和图 8-3。

拉伸试样断裂过程的最后阶段是形成杯状或锥状的剪切唇。剪切唇表面光滑，与拉伸轴呈 45°，是典型的切断型断裂，其微观特征是拉长了的韧窝。它是在平面应力条件下的快速不稳定断裂。上述断口三区域的形态、大小和相对位置，因试样形状、尺寸和金属材料的性能以及试验温度、加载速率和受力不同而变化。韧性断裂的宏观断口同时具有上述三个区域，而脆性断口纤维区很小，剪切唇几乎没有。

(2) 冲击试样断口

冲击试样被冲断后，典型的冲击试样断口（见图 8-6）也有纤维区、放射区（结晶区）和剪切唇几部分。当试样被冲击时，裂纹首先在缺口处形成，若试样材料有一定的韧性，则在裂纹扩展区形成纤维状形貌的断口，在裂纹扩展达到临界尺寸后，裂纹快速扩展形成放射区。由于冲击试样受到的是弯曲载荷，在缺口背侧有受压区，裂纹进入压缩区后，其扩展减慢再次出现纤维区。最后断裂的剪切唇沿无缺口的三侧边分布。它们的微观特征同上。

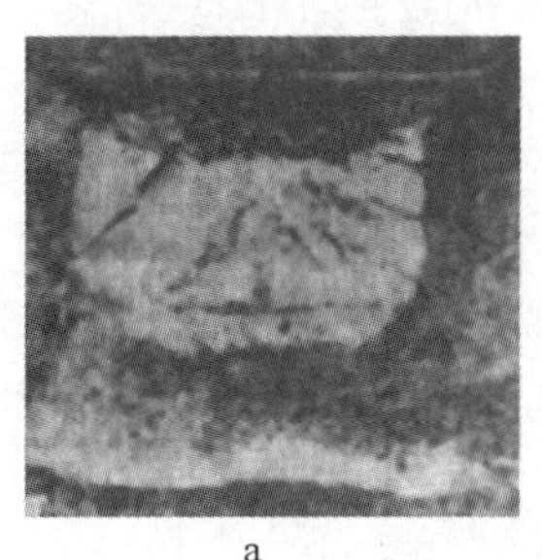

a

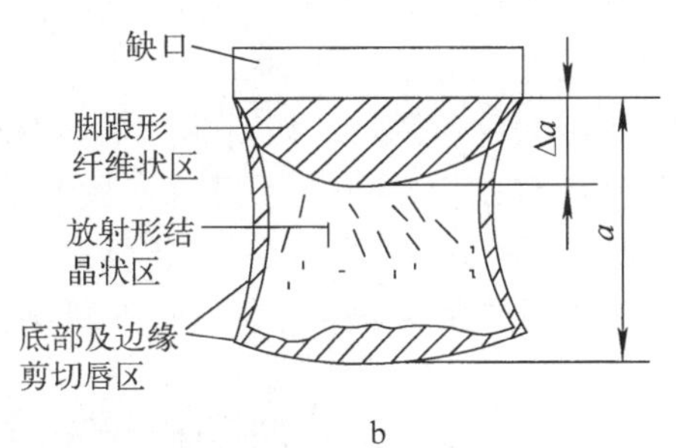

b

图 8-6　冲击试样断口

a. 实际冲击断口；b. 冲击断口形貌分区示意

试验证明，在不同的试验温度下，纤维区、放射区与剪切唇各自所占的相对面积不同。温度下降，冲击功下降，纤维区面积会减小，表明材料由韧变脆，具有体心立方结构的材料，如铁，存在韧脆转变温度，在零塑性温度（NDT）下的断裂，将得到 100％的脆性断口，断口由 100％结晶区（解理区）组成，通常取结晶区面积占整个断口面积 50％时的温度定为韧脆转变温度，记为 $FATT_{50}$。试验结果表明，$FATT_{50}$ 与断裂韧性 K_{Ic} 开始急速增加的温度有较好的对应关系，故得到广泛应用。但此法要测量断口上各区所占面积，受人为因素影响，要求测试者有较丰富的实践经验。

(3) 疲劳断口

如前所述，疲劳断裂是一种非常危险的脆性破坏，在结构零件的破坏事故中，疲劳断裂约占 80%～90%，因此疲劳断口的研究十分重要。

典型的疲劳断口有三个区域：疲劳裂纹成核区、疲劳裂纹扩展区和快速破断区(见图 3-6、图 3-7)。

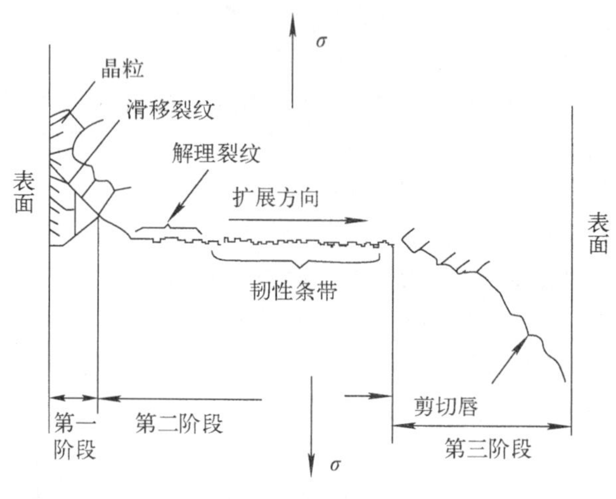

图 8-7 疲劳的三阶段

1) 成核区：由于交变应力的作用而产生挤入挤出带，继而形成微裂，并逐渐扩展，这部分的断口因经过摩擦或多次拉压比较光滑，因而微观形貌特征不明显。疲劳核心(或称疲劳源)是疲劳破坏的起点，它大多是处于构件的表面，以及表面下或内部的脆性夹杂物、裂纹、空洞或成分偏析等缺陷部位。疲劳核心有时不止一个，可能有两个或更多。用肉眼或低倍放大就能大致判断疲劳核心的位置。

2) 扩展区：可观察到以裂纹开始点为中心，逐渐向里扩展的若干弧形曲线(俗称贝壳纹或海滩纹)，微观分析时在扫描电镜下可观察到裂纹前沿受交变应力，断口张开-合拢，材料塑变-硬化-开裂而留下的辉纹，见图 8-8。扩展区的宏观特征是：断口比较光滑，低应力高周期疲劳断口常呈贝纹状或海滩波纹状形貌，其凹侧指向疲劳源，凸侧指向裂纹扩展方向，随

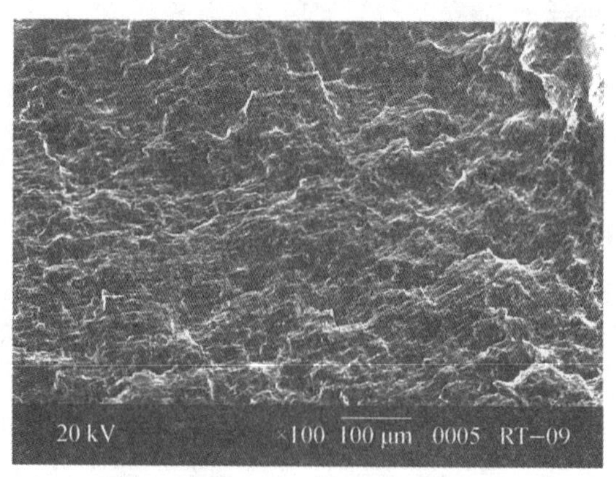

图 8-8 低活性钢 JLF-1 的低周疲劳断口

裂纹扩展，贝壳纹逐渐稀疏，表示裂纹由慢及快地发展。

贝纹状是载荷变动使裂纹间歇式发展留下的痕迹。在实验室作恒定应力幅的疲劳试验时，因载荷平稳渐进变化，很难看到明显的贝纹线，疲劳断口表面由于多次反复拉压摩擦，变得光滑，呈细晶状。

对于低周疲劳，有时也观察不到此类贝纹状的推进线。疲劳裂纹扩展区是疲劳断口上最重要的特征区域。

3）快速断裂区：由于裂纹的扩展，使剩余受力截面不断减小，应力增加，导致失稳，最终发生突然断裂。断裂有时可达声速。突然断裂部分的断口具有晶状脆性断裂的特征有撕裂棱或具有韧窝特征。快速断裂区（或称过载破断区）：是疲劳裂纹达到临界尺寸 a_c 后发生最终的快速破断区域。此时裂纹尖端的应力强度因子 K_I 达到材料的断裂韧度 K_{Ic}，或裂纹尖端的应力集中达到材料的断裂强度 σ_C。典型的最终破断区应包含放射区和剪切唇。有没有和有多少取决于材料和载荷性质，韧性材料可能有两个区或仅有剪切唇，对脆性材料则往往只有结晶状的断口。

疲劳断口中三区域的分布还与构件所处的应力状态、载荷特性有关，表 8-1 列出各类疲劳断口形貌示意图。

表 8-1　各类疲劳断口形貌示意图

	高名义应力			低名义应力		
应力状态	无应力集中	中应力集中	大应力集中	无应力集中	中应力集中	大应力集中
波动拉伸或对称拉压						
脉动弯曲						
平面对称弯曲						
旋转弯曲						
扭　转						

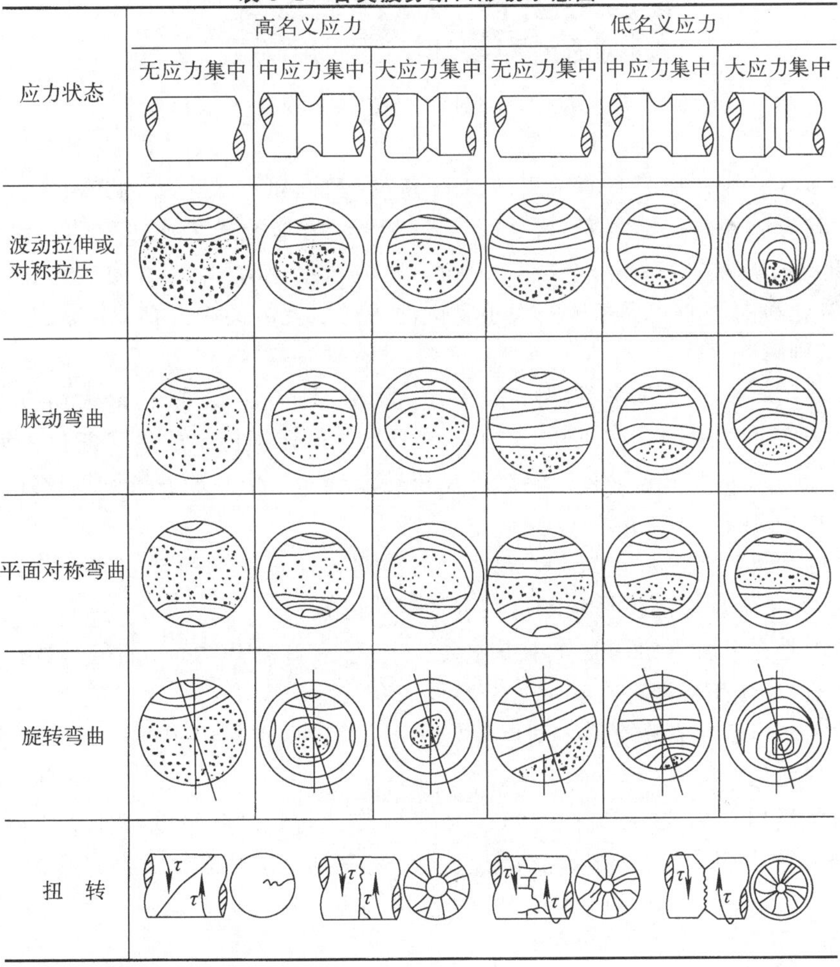

当轴类零件承受拉压变动载荷时，若表面无缺口应力集中，则截面上应力分布均匀，裂纹等速扩展，贝壳纹是一簇平行的半圆弧线。若机件有表面环状缺口应力集中，因表层应力比中部高，裂纹沿表面扩展较快，在高名义应力下，沿表面扩展比中间超前不多；若名义应力小，裂纹沿表面扩展明显超前，则贝壳纹的形状由正向半圆弧到反向半圆弧变化（如图 8-9 失效事件中的螺栓）。若机件受弯曲循环载荷，因表面应力比中间高，其贝壳纹形状的变化和拉压循环的相似。

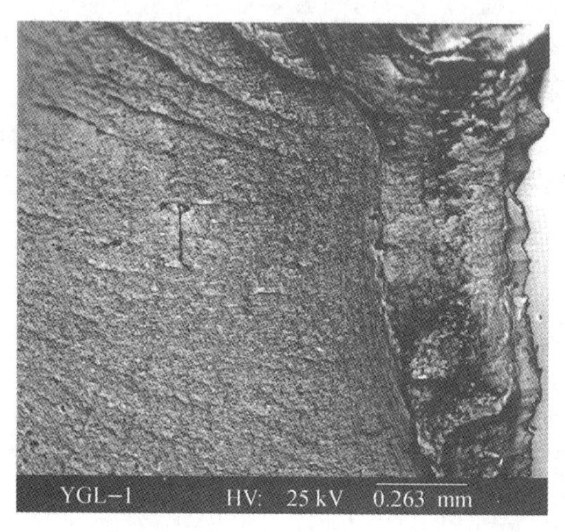

图 8-9 压水堆不锈钢螺栓的疲劳断裂贝壳纹呈反包趋势

快速断裂区一般在疲劳源的对侧，但对于旋转弯曲，低名义应力的光滑机件，其瞬断区的位置逆旋转方向偏转一定角度，这是因为疲劳裂纹沿逆旋转方向扩展快的结果（见图 8-10 曲轴断裂的疲劳断口）；但当名义应力高时，疲劳源往往有多个，裂纹从表面同时向中心扩展，瞬断区就移向中心。瞬断区的大小和机件的材质及名义应力有关，名义应力较高或材料韧性较差，则瞬断区大。

如机件受扭转循环载荷作用，因其最大正应力和轴向成 45°分布，最大切应力垂直于或平行于轴向分布，故正断型疲劳断口和轴向呈 45°，常出现锯齿状或星状断口。切应力引起的疲劳断口断面则平行于或垂直于轴线。在扭转疲劳断口中一般看不到贝纹线。

（4）应力腐蚀断口

应力腐蚀和氢脆都是电化学腐蚀和拉应力共同作用造成的脆性断裂，这两者之间在产生的气氛条件，化学反应的极性和断口特点上有所区别。

应力腐蚀是在三种因素同时作用下才会产生：即存在拉应力、有特定的材料状态、有特定的侵蚀介质，也就是必须存在特定的材料——介质对。

氢致脆断是由于材料中存在的氢在一定情况下聚集，在材料中产生内应力或形成脆性氢化物造成的脆化。

应力腐蚀断口可以是沿晶的，也可以是穿晶的。断裂时几乎没有什么变形，也不产生易于观察到的腐蚀产物。变形从金属的表面产生突变点，从而形成应力腐蚀开裂的萌生位置。

a

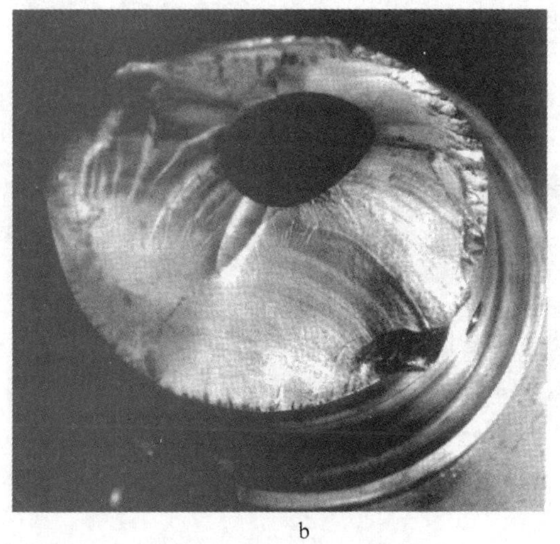

b

图 8-10　曲轴断裂的疲劳断口

a. 曲轴断裂在第六连杆颈处；b. 内燃机车的曲轴疲劳断裂的断口形貌

应力腐蚀断口与疲劳断口相似，也有裂纹扩展区和最后瞬断区。在裂纹的扩展区有时可见到腐蚀产物，故常呈较深的颜色，最后瞬断区是快速撕裂破坏，显示材料的塑性或脆性的本质，其断裂路径可能是晶间的也可能是穿晶的。

在受到应力腐蚀的构件尚未断开时，从垂直于断口面的方向上观察应力腐蚀裂纹可看到图 8-11，图 8-12 所示的形象，应力腐蚀裂纹开始于表面，随后向中心发展，方向与应力基本垂直，裂纹有分叉现象，呈枯树枝状，其间有深色的腐蚀产物。图 8-13 和图 8-14 是应力

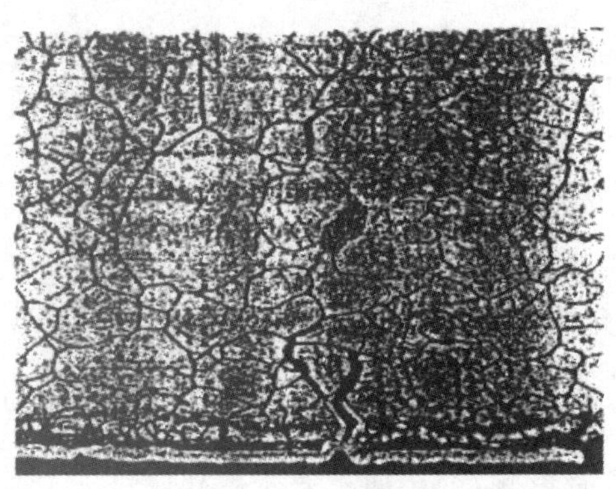

图 8-11　应力腐蚀裂纹沿晶发展(蒸汽发生器管道)

腐蚀的断口特征。图 8-13 是不锈钢 SCC 呈现准解理特征，图 8-14 是锆合金的 SCC 呈现沿晶特征。

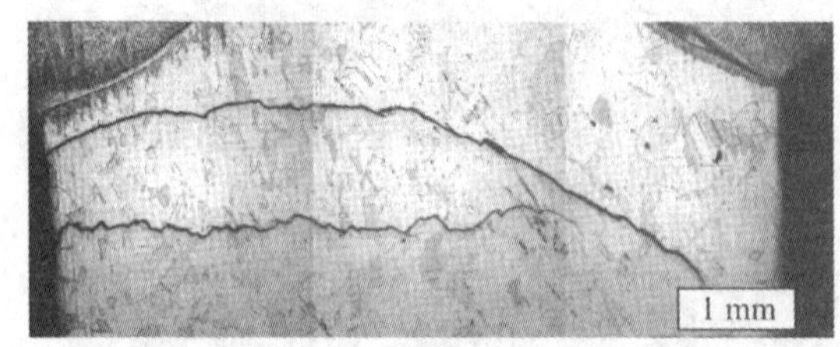

图 8-12 应力腐蚀裂纹穿晶发展(仪表适配器管焊接部位)

图 8-13 应力腐蚀断口呈现准解理断口特征(仪表适配器管焊接部位)

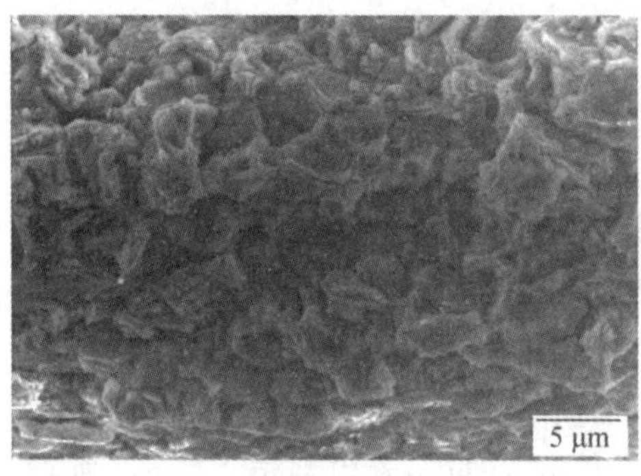

图 8-14 锆合金包壳管的应力腐蚀断口(沿晶)

应力腐蚀开裂(SCC)是核电厂遭遇最多的电化学腐蚀，有以下一些特点：

1) SCC 的发生常常是局部的，个别的，而且在其他部分完好的情况下发生。

2) 特定的材料处于特定的环境中，材料与环境形成特定的 SCC 体系(如 18-8 型钢-氯离子，软钢-氢氧根离子，铜-氨离子等)。对于给定的材料，产生 SCC 的介质是很少的。即材料对介质有选择性，如氯离子对软钢不仅没有腐蚀作用，还有缓蚀作用。

3) 在中性或弱酸性的介质中容易产生，此时表面膜易破，也易长上，即介质的 pH 值对材料的影响很大。如在水介质中(弱腐蚀介质中)，不锈钢表面存在钝化膜的情况下容易产生。

4) 在远低于屈服强度的应力下产生，并且裂纹与主应力垂直。

5) 杂质的存在对 SCC 有影响，纯金属不发生 SCC。

6) 面心立方的奥氏体钢比体心立方的铁素体钢易产生 SCC，分析原因是 FCC 金属易产生大的滑移台阶，导致表面膜破裂，形成活化。

7）提高钢中硅、镍的含量，可以提高抗SCC能力；但镍基合金中，如镍的含量过高，反而对抗SCC不利。

8）冷加工、热处理和焊接都会使材料中产生应力，因此也会影响到材料SCC的行为。

9）材料的表面状态对SCC有影响。表面粗糙，无论从应力角度还是有害离子浓集的角度考虑都是很不利的。

应力腐蚀开裂的鉴别方法如下：

1）裂纹方向与主应力垂直；

2）裂纹有主干，有分支，形如落了叶的枯树；

3）断口是脆性的。扫描电镜下的特征呈：准解理、扇形、河流状、岩石状、冰糖块状、羽毛状、撕裂岭状等；

4）在实际的情况下，SCC多发于点蚀坑的底部。因为蚀坑底部pH值较低，同时还存在缺口应力集中，底部的应力易超过临界应力；

5）裂纹扩展的形式可以是穿晶的、沿晶的或混合型的。一般固溶的材料发生穿晶的比较多；敏化的材料（650 ℃，2 h处理）沿晶的比较多；高镍的钢，沿晶的比较多（如Inconel 600）。

影响SCC的外部因素：

1）有害离子浓度越高，产生SCC的敏感性越高。

2）温度越高，产生SCC的敏感性上升。50～250 ℃（尤其是80～150 ℃）是最易发生SCC的。

3）pH值下降，产生SCC的敏感性升高。

4）氧的浓度升高，SCC的敏感性升高，并且还起决定作用。若氧含量小于0.1 μg/g，氯离子浓度达1 000 μg/g才发生SCC；但若氯离子浓度小于0.1 μg/g，而氧充分，也会发生SCC。

5）干湿交替的地方最易产生SCC。因为这位置易发生蒸发浓缩。

6）点蚀与缝隙的区域是最易发生SCC的区域，如在蒸汽发生器或热交换器的管、板连接处的缝隙最易发生SCC。

（5）锆合金的氢脆断口

氢脆的种类很多，如氢蚀、白点、氢化物致脆等。这里主要介绍锆合金的氢化物致脆。

氢化物引起的裂纹常沿氢化物与基体的界面张开，因此在断口上可以见到氢化物，见图8-15。此断口取自锆合金的拉伸断口，在断口上可以观察到氢化锆的脆性分离。

导致锆合金包壳失效的内氢化缺陷有明显的局部性。在反应堆提升功率后，包壳在长期高温条件下，芯块中的水或包壳破损后进入内部的水与包壳内壁反应，在包壳内壁形成氧化膜，同时形成游离的氢。当包壳内部的气氛变成缺氧富氢时，氧化膜就可能被击穿，这时在缺陷处大量吸氢，导致局部氢的积累，不断形成$ZrH_{1.5}$，体积膨胀，形成贯穿性裂纹。这种局部的内氢化缺陷的形貌如图8-16所示，图8-16是缺陷的横向金相磨面，显示了包壳管内氢化物沿厚度方向的分布。称太阳状缺陷或“日曝”状（Sunburst）缺陷。

由锆合金中所含的氢引起的氢脆与氢化物的含量、尺寸及取向分布有关。这部分的内容在第5章包壳材料的有关章节中有叙述。

（6）晶间腐蚀断口

晶间腐蚀断裂是典型的晶间断裂，它是多晶体沿晶粒界面彼此分离的结果，如果把晶粒

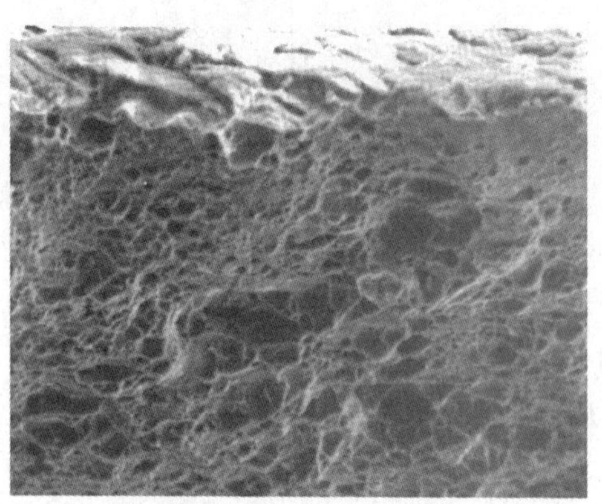

图 8-15 锆合金的断口(1 000×)

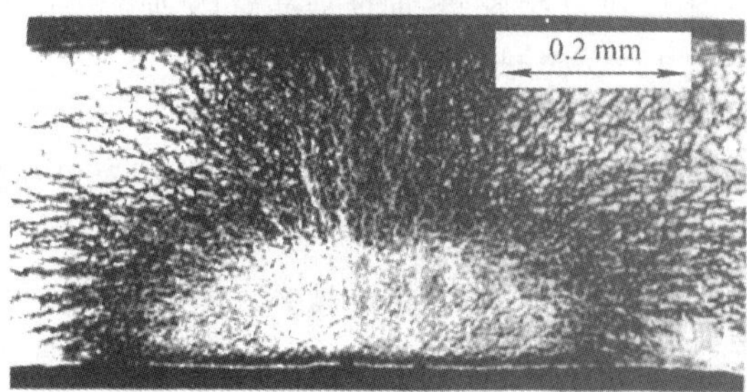

图 8-16 锆合金管的内氢化缺陷(Sunburst)

设想为多面体,则其断口就反映这种多面体的特征。当晶粒粗大或用高倍金相观察,其基本特征是有晶间刻面(即小平面)的冰糖块形状,且附着有腐蚀产物(见图 8-3,图 8-17)。

晶间腐蚀较多地发生在奥氏体不锈钢和焊接热影响区内,在铝合金中也有这种腐蚀,产生的原因是晶界析出某相,使晶界附近元素分布形态发生改变而造成的,它是一种局部的电化学腐蚀。请参考第三章的有关章节。

(7) 冲刷腐蚀和微动腐蚀形貌

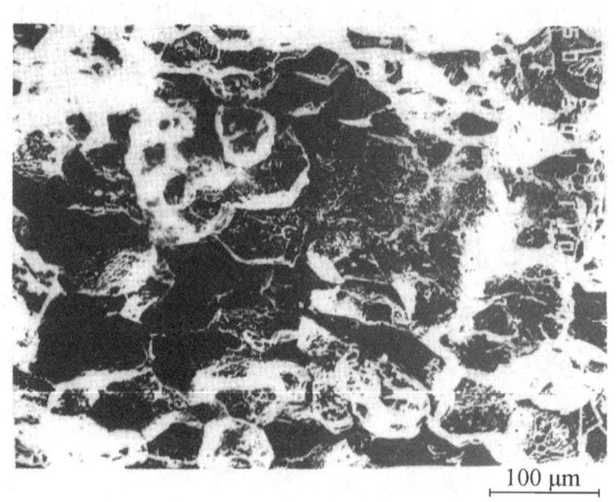

图 8-17 沿晶间断裂

冲刷腐蚀:由于高速运动的流体撞击金属表面,带走了氧化膜,暴露了金属本体,从而加速了腐蚀。这种腐蚀常发生在管道和泵的拐弯处。

微动腐蚀:这种腐蚀常产生在两个表面的接触部分,(如压水堆燃料棒与格架之间)由于摩擦和撞击,使表面氧化膜不断破损,暴露新的金属而加速了腐蚀。

宏观上这两种腐蚀的表面都有麻点,截面上可观察到材料的缺损。微动磨蚀的微观可见摩擦痕和剥落块留下的坑(见图 8-18)。

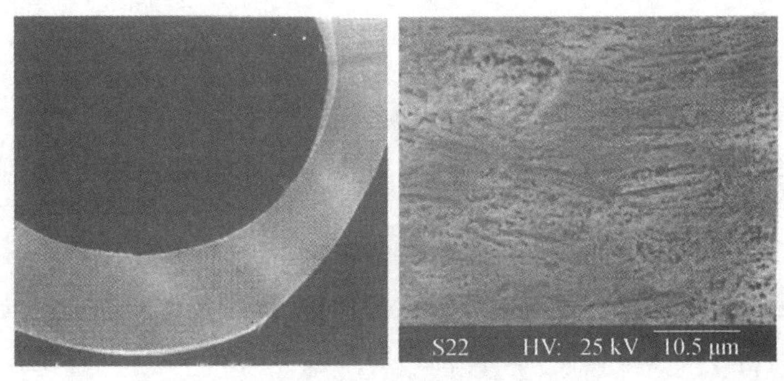

图 8-18 微动腐蚀

a. 截面上观察到微动磨损造成的材料缺损;b. 微观可见摩擦痕和材料剥落后留下的坑

(8) 蠕变断口

蠕变断裂是常见的晶间断裂,它是通过晶界上形成空洞并不断长大、聚集、联结而进行的。从一些钢高温下蠕变断口的研究表明:在蠕变第一阶段的初期,空洞就连续地在晶界上形核,并相互联结形成裂纹;在蠕变第二阶段的后期,裂纹长度达到一个晶界小平面的尺度;最后当这些裂纹达到临界尺寸,便突然断裂。

这类断口的附近可观察到塑性变形,在变形区域有很多裂纹,即在断裂机件表面出现较大面积的龟裂现象;其微观形貌为由许多晶界小平面构成的冰糖状花样,显示为晶间断裂。另外由于高温,断口表面被一层氧化膜覆盖,往往掩盖了断口形貌的细节。

8.3 失效分析时的注意事项

失效分析时,进行实地调查一般需了解以下几方面的情况:

1) 材料的材质,包括原始成分清单、炉号、批次及随材料所带的化验单;

2) 热加工、冷加工、焊接、热处理的工艺数据和检验合格证件;

3) 部件的运行历史、现场检测、维修记录清单;

4) 现场观察到的失效的类型、失效部位、宏观特征(缺损、麻坑、腐蚀还是断裂)、缺陷发生部位的特点(应力集中区、摩擦面、打击面、表面加工缺陷、冶金缺陷或焊接缺陷区),断口的宏观特征(脆性、韧性、疲劳、蠕变或其他)。

根据所了解的情况,进行初步的推理,确定取样方案。

进行实地取样(一般要取成分分析的样品、机械性能试验的样品、断口分析的样品)的注意事项主要有以下几方面。

(1) 所取样品要有代表性

1) 化学成分分析样品:要避开失效部件材料可能由种种原因造成的污染区域;

2) 金相分析样品:要防止微观组织的改变,尽可能用冷加工方法切取试样,防止取样过程对材料组织的干扰;如用火焰切割等的热切割方法,切割面须离开所要取的金相试验面至少 200 mm,等热切割后再用冷加工方法切割成金相样品;

3) 机械性能复验试样:要取靠近裂纹源或取相同条件处;

4) 断口分析试样:要防止取样和清洗过程对断口原貌的破坏,在清洗和取样过程中要采取手段保护好断口。

(2) 取样时要多取一些试样,即要留有余地,因为取样时失效的真正原因并不知道,只是根据对失效情况的初步判断决定的取样方案,因此随着分析的深入完全有可能得出另外一种结果;或者经分析后,还需要进行验证,这时再一次取样就会有很大的麻烦,因此取样时应留有取二次试验样品的余地。

保护好断口和关键的部位是十分重要的,就像刑侦工作中保护好现场一样。在失效分析中,断口分析是取得失效机理分析重要证据的关键,断口的起伏记录着失效的经过,而这种起伏是很容易被破坏的,撞击、腐蚀、超声清洗都有可能破坏断口的信息。因此,对断口的切取和转运中一定要进行必要的保护。

在切取试样和清洗试样的过程中,可以用醋酸纤维和丙酮溶液或液态橡胶的灌注来保护断口。因为这种溶液挥发后留下的膜,可以在一般的水剂溶液清洗中起保护作用,而在断口观察前又可以方便地去除。另外这种方法用于对放射性剂量高的断口分析也有一定的实用价值,因为可以用复型的方法取得相关信息,避免超剂量操作。

失效分析具有显著的经济意义,能促进科学技术的发展;也是质量管理的重要环节。做好这项工作是很有意义的。我们曾在秦山核电厂燃料元件棒表面岛型麻点的缺陷分析中成功地分析了缺陷并验证了分析结果,避免了重大经济损失。

8.4 失效分析的一些实例

8.4.1 实例 1 燃料元件锆包壳管表面“岛形麻点”分析

有一年燃料元件棒表面发现有岛形麻点。麻点直径约 1 mm,肉眼分不清是凹还是凸,分布有的集中,有的分散,并没有规律。这样的燃料棒能否使用?如不能使用将造成很大的经济损失;如要使用,就必须对缺陷形成的原因进行分析,并预期这种缺陷对堆内安全使用的影响。

接受任务后,经金相、扫描电镜、电子探针微区成分分析得到信息如下:麻点是凸点,凸点成分与包壳管的成分一致,而且凸点与基体没有分界(见图 8-19,图 8-21),因此怀疑缺陷形成于酸洗过程中,可能是某种原因造成的酸洗不均匀所为。

在验证时模拟试验的包壳管上涂上一些污点,所用的沾污剂为轧制过程中所用的二硫化钼润滑剂,然后进行酸洗。果然,在包壳管壁沾污的部位出现了与缺陷相似的麻点(见图 8-20,图 8-22)。

经过模拟试验,获得了相同类型的缺陷,对缺陷形成的原因有了较充分的了解,也可以为这批燃料棒是否能安全使用得到了信心。最后的结论是此类缺陷不会在使用中扩大，燃料棒不必报废。这项分析为燃料厂和核电厂节约了大量资金，取得了很好的经济效益和社会效益。

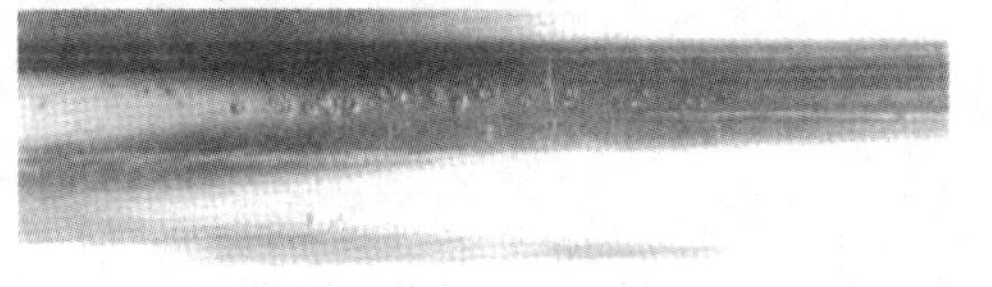

图 8-19　燃料棒的外观
呈现有岛型麻点

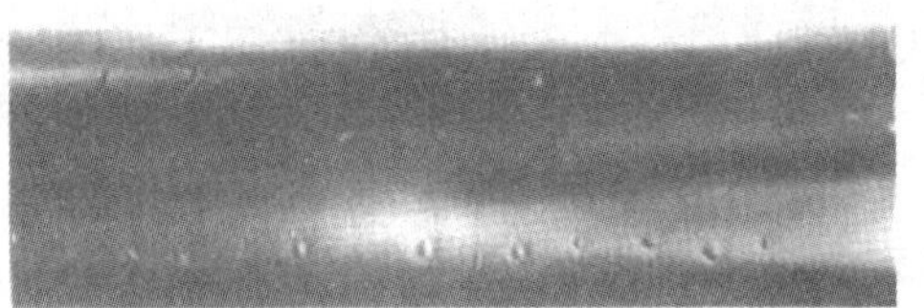

图 8-20　模拟试验的包壳管外观

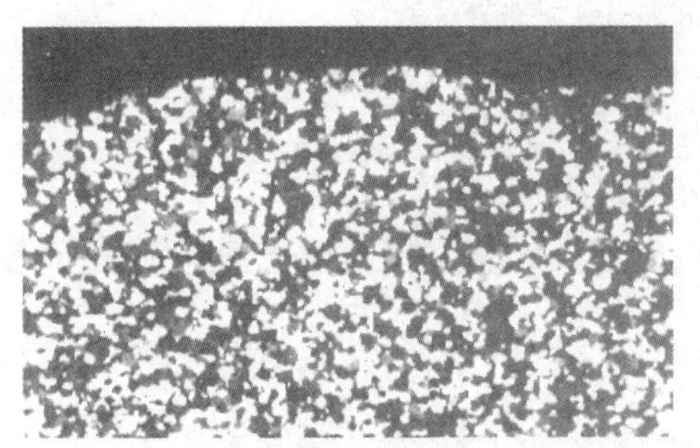

图 8-21　岛形麻点的金相剖面
呈现“麻点”高于基体，并与基体没有分界

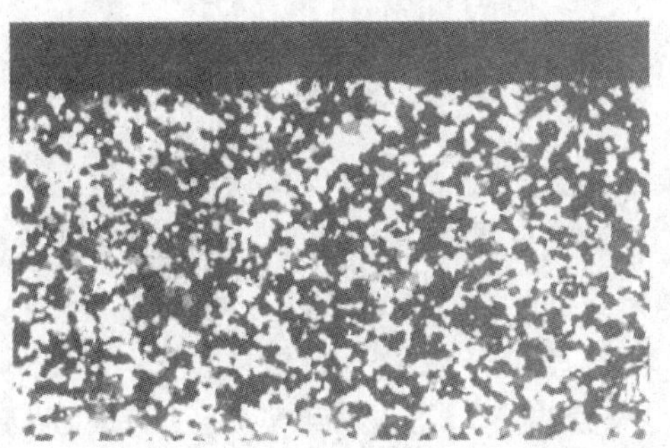

图 8-22　模拟岛形麻点的金相剖面
呈现“麻点”高于基体，与基体没有分界

8.4.2　实例 2　碘应力腐蚀试件的早期破损

燃料包壳的碘应力腐蚀试验是包壳堆内行为(PCCI)机理研究的一项重要试验。碘应力腐蚀试件是用来试验锆合金包壳管在可挥发性裂变产物作用下，发生应力腐蚀情况的试验样品。即在锆包壳管内密封一定量的碘，于不同的温度、压力下观察包壳管的破损时间和破口情况，进行包壳管在裂变产物和应力条件下所造成应力腐蚀开裂的机理研究。不幸的是不少样品试件的焊口处发生早期破损，有的仅仅使用 20 h，包壳就破裂，而破裂原因不是应力腐蚀。

经扫描电镜和电子探针分析，裂纹有沿晶特征（图 8-23），并且晶粒长大明显（图 8-24），为焊接工艺不当所致。经工艺试验，调整了焊接工艺，使此问题得到解决。

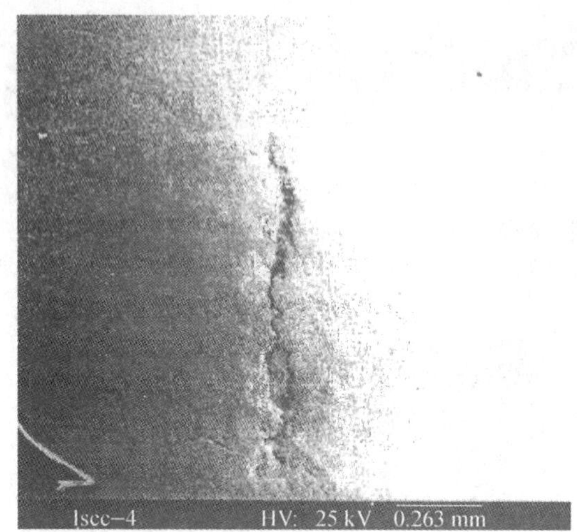

图 8-23　焊口部位的裂缝有沿晶特征（40×）

图 8-24　裂纹尾端的沿晶特征（1 000×）

8.4.3　实例 3　钠回路管道的缺陷分析

钠回路在安装时发现回路管道内壁有飞鸟状的裂口（见图 8-25），裂口宽可进入指甲，疑为钠介质腐蚀造成。该管道曾经过 8 000 h 运行，安装前的焊接工艺试验发现该管路有严重的晶间腐蚀敏感性。经成分分析，确认该管路材质为 316 不锈钢，管道内的缺陷为折叠缺陷，是一种冶金缺陷，缺陷的金相和扫描电子显微镜分析见图 8-26～图 8-28，运行时在钠介质冲刷作用下，氧化层脱落扩大而形成。鉴于以上分析，建议该段管路报废。

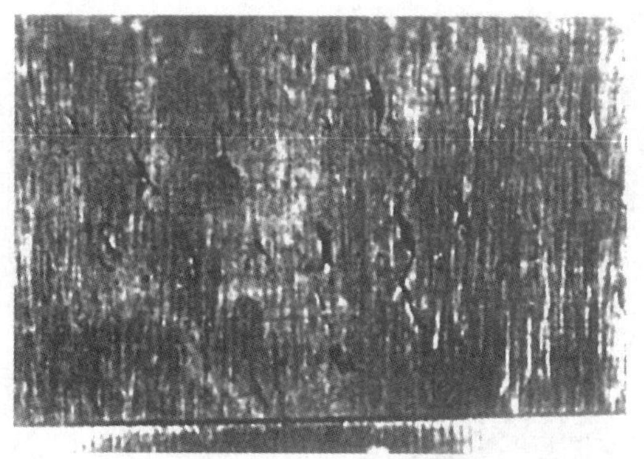

图 8-25　钠回路管道内壁缺陷外观

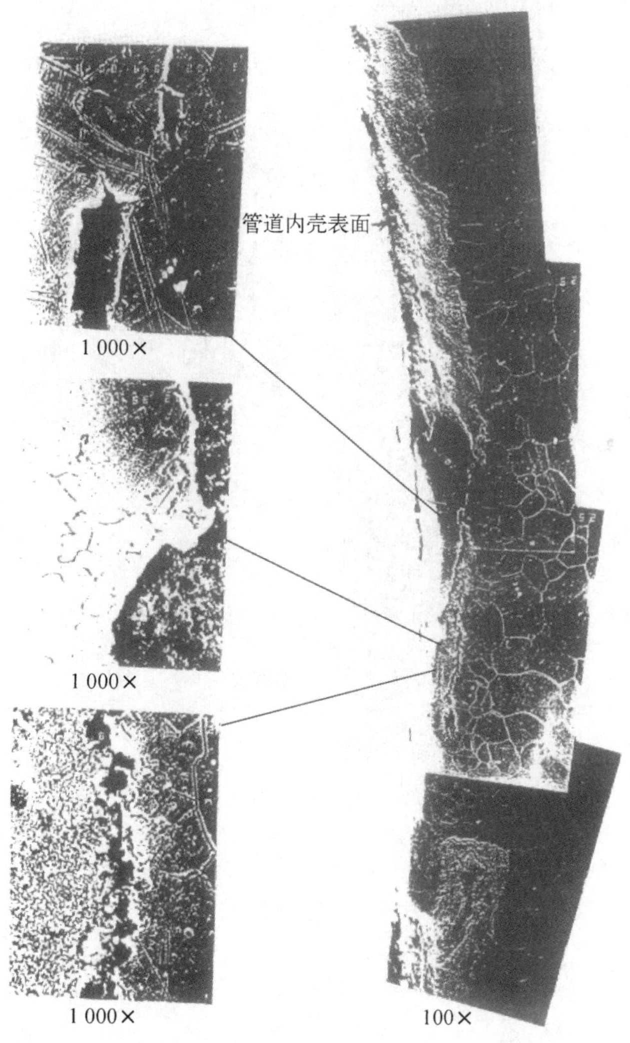

图 8-26　扫描电子显微镜分析，缺陷剖面扫描电子像

缺陷发生在管道内壁，有开放的，有的还有不少充填物

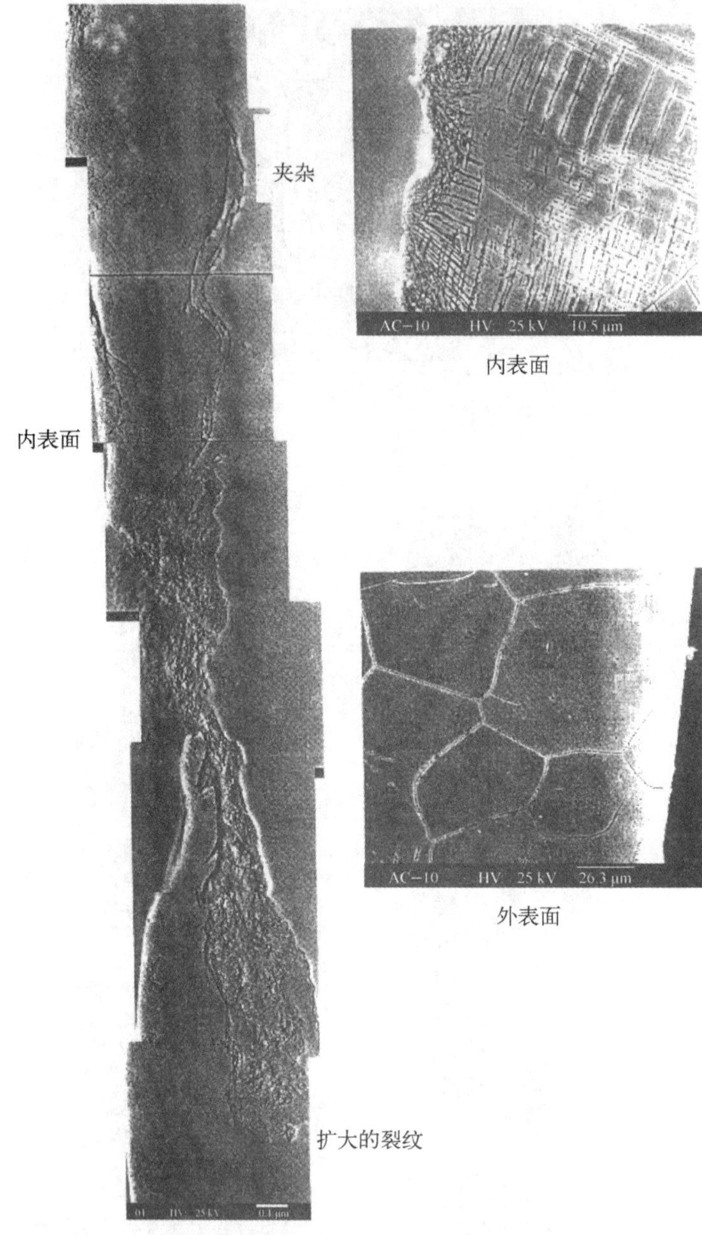

图 8-27 缺陷剖面金相

内壁有缺陷，外壁情况良好

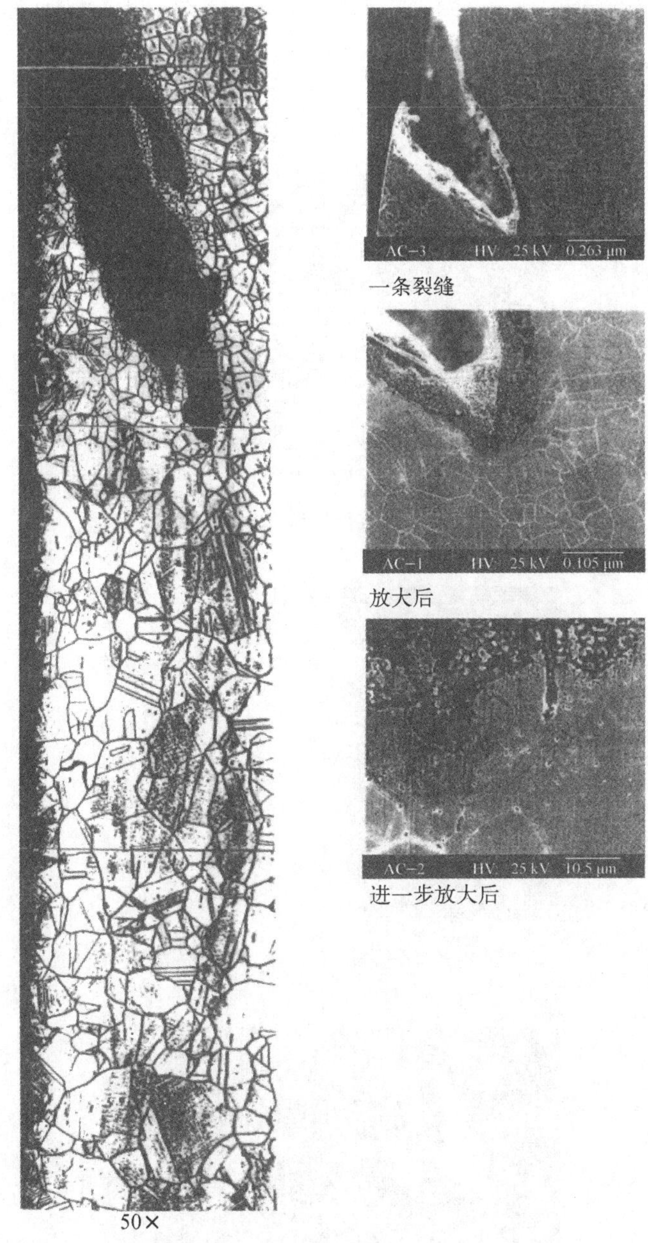

图 8-28　缺陷的开口处剖面形貌

裂口深部的腐蚀有沿晶特征，为钠介质所致

8.4.4　实例 4　微堆工艺管腐蚀分析

此反应堆从 1984 年建成到 1993 年工艺管蚀穿，历经九年时间。由于工艺管与堆本体的材质一样，使用环境相同（pH 为 6.5 的常温水介质）。从工艺管的分析可以推断堆本体的情况，因此要求进行这项工作。

工艺管腐蚀外观为脓疮样，有大量腐蚀产物。剖面分析（见图 8-29）揭示表面膜的缺失，是腐蚀发生的基本原因。正常的氧化膜见图 8-30，图 8-31 显示腐蚀与氧化膜确实有关。腐蚀坑呈隧道状连接，由于腐蚀产物体积比基体增大 18%，因此内部应力造成坑底应力裂纹（见图 8-32 和图 8-33），使腐蚀加剧。腐蚀呈隧道状发展（见图 8-34）。

图 8-29 铝工艺管的腐蚀情况外观（20×）

图 8-30 正常的氧化膜（1 000×）

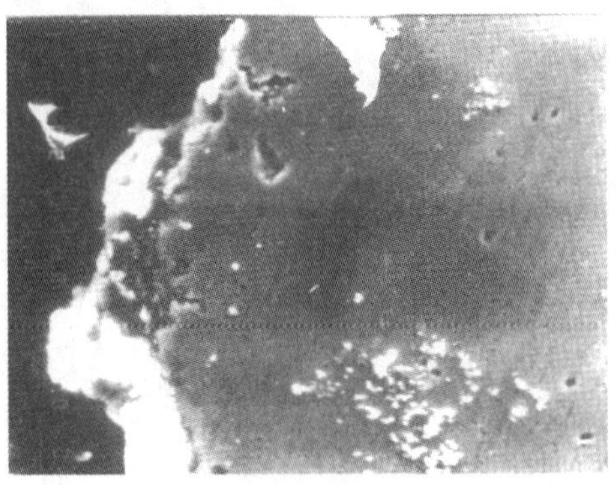

图 8-31 氧化膜破裂处发生腐蚀（1 000×）

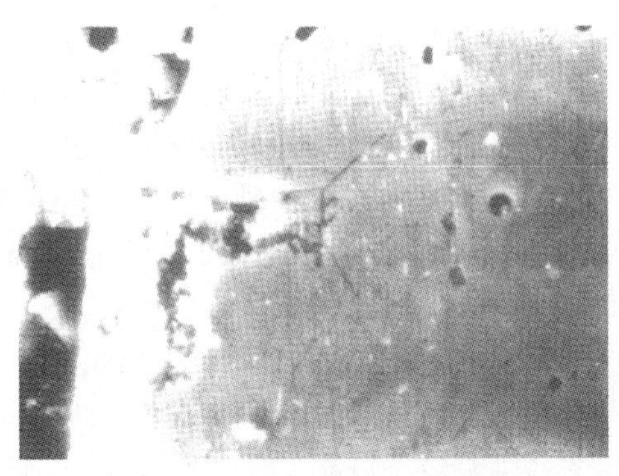

图 8-32　腐蚀坑底部应力导致产生裂纹(2 000×)

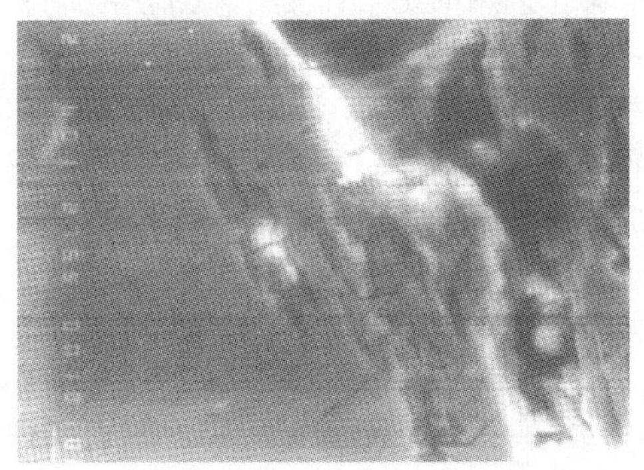

图 8-33　腐蚀坑底部应力导致产生裂纹(500×)

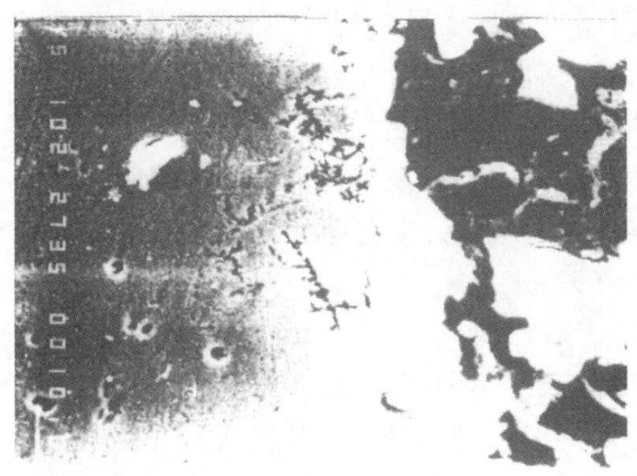

图 8-34　腐蚀隧道孔洞相连形成脓疮样外观(1 000×)

8.4.5　实例 5　机车曲轴断裂

由于核电厂很少见到单纯的疲劳断裂,用机车的疲劳断裂作为实例来说明。此例发生在北京型 6000 马力机车的曲轴上。机车动力是来自 12 缸 V 型排列的柴油机,曲轴采用合金钢 34CrMo 制作,表面进行渗氮工艺处理。该曲轴于 1978 年底发生的第六位连杆颈断裂。查记录得知该曲轴是 1977 年 2 月 15 日出厂,配属天津段,仅使用 81 270 km。

查该曲轴的历史，发现该工件是第二次装车，由于装入第一台车，出厂2个月即出现了飞车事故，曲轴弯曲严重。卸下后，经调直，二次氮化，氮化后又发现变形，再次矫直后装入第二台车。于1978年5月20日出厂，10月10日运行到京山线昌黎站发现油线，到山海关发现曲轴6位断裂(见图8-10a)。解体后发现曲轴断口呈现疲劳特征图8-10b。

该曲轴断裂后进行了一系列分析。化学成分、机械性能、表面组织、晶粒度、宏观、微观断口分析、表面残余应力测量、硫印试验等。

成分和机械性能复验分析样品是从连杆颈上，断口的相对面上取的。化学成分符合原材料的要求，机械性能指标较差。分析认为由于锻造工艺采用的是自由锻，锻件庞大约3 t，心部组织未淬透，而加工后的曲轴只有900 kg，不仅流线切断，调质后的索氏体组织也所剩不多，因此该曲轴的断裂韧性值仅为96～290 $kg/mm^{3/2}$。

工艺记录显示：第一次氮化采用的是气体氮化，氮化温度为525～523 ℃，37.5 h，氮化深度为0.44～0.50 mm；第二次氮化为离子氮化，525 ℃，20 h，0.38～0.41 mm深。氮化后整体变形为0.25 mm，连杆颈第六位变形为0.205～1.03 mm。经矫直后装车出厂。

因此，发生疲劳断裂的原因是：

1) 调质处理不到位，心部组织未淬透，机械性能较差；

2) 自由锻件，经加工后流线被切断；

3) 经历多次热处理、矫直，尤其是氮化后矫直量大，在矫直中连杆颈部应力集中区可能已产生微裂纹，成为疲劳核心，导致短周期运行后裂纹扩张，达到临界值，发生断裂。

建议采用模锻，离子氮化等新工艺。

8.4.6 实例6 控制棒驱动机构处导向管漏水事件

某核电厂的控制棒驱动机构处的导向管示意图(见图8-35)如下：上部和下部有一个变径部位，原设计考虑控制棒驱动机构的安装需要较大的空间，而控制棒运动空间的直径就没必要这么大了，因此设计成上下不同的直径。而堆运行不久，发现一次回路的水损失很大，需要不断补水。停堆检查，发现控制棒导向管的变径处有穿透裂缝，水从这里流失。

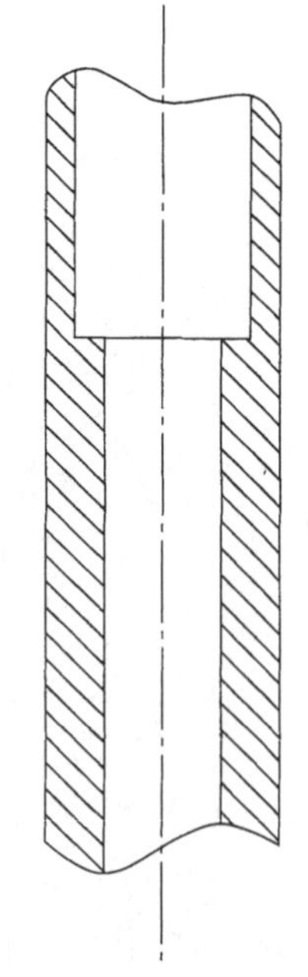

图8-35 控制棒导向管示意图

取样后经扫描电镜检查，该处断口形貌为脆性准解理断(见图8-36)。该导向管由奥氏体不锈钢制成，奥氏体不锈钢是塑性很好的材料，不太可能发生脆性断裂；但奥氏体不锈钢的应力腐蚀开裂敏感性比较大，尤其在存在氯离子和游离氧的情况下，因此发生这种脆性断裂的原因可能是应力腐蚀。查调试、运行记录得知该电厂在调试中曾有过海水倒灌现象，虽然进行了清洗，但变径处的几何形状使该处不易清洗干净，并且该处处于应力集中区，因而存在发生应力腐蚀开裂的条件。如果是应力腐蚀造成的，应该不是个别现象。

经解体发现所有的控制棒导向管在该处都有裂缝。因此必须从设计上进行改进，建议去除变径处，即去除容易积累有害介质的部位。修改后管子内径上下一致，管子内部容

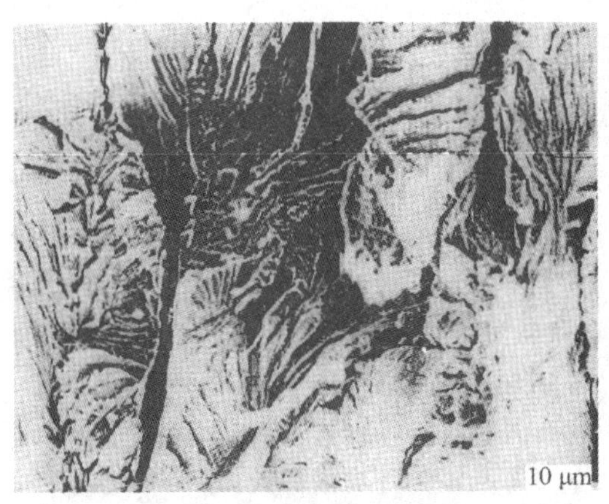

图 8-36　控制棒导向管断口形貌显示脆性准解理特征

易清洗，同时也除去了应力集中的区域。

8.4.7　实例 7　吊篮下部支撑件的压盖螺栓断裂

某核电厂发生吊兰下部支撑失效故障，其中较为关键的一个部件是压盖螺栓断裂。该螺栓为 M8X45，断裂后的残端见图 8-37，断口呈现疲劳特征（图 8-38）。由于该螺栓的 γ 射线照射剂量太高（3 000 μrad/s），该断口在热室中采用覆形技术，取覆膜进行分析，有一部分区域显现得不是很清楚。

图 8-37　断裂的螺栓残端

从现象分析，该螺栓的使用应力是超过了它的疲劳极限。产生疲劳应力的原因是堆内该区域的应力状态所决定的，该处不仅有机械应力还有冷却水引起的振动，即机械振动加上流致振动，而设计应力明显不足，螺纹根部是应力集中区，因此造成疲劳损伤。建议加粗螺栓的直径，最后采取的改进措施是：把螺栓的直径从 8 mm 增加为 18 mm。

8.4.8　实例 8　导套管磨损

该部件与上述部件失效是出现在同一事件中，有相互影响。原始尺寸为：ϕ56 mm×

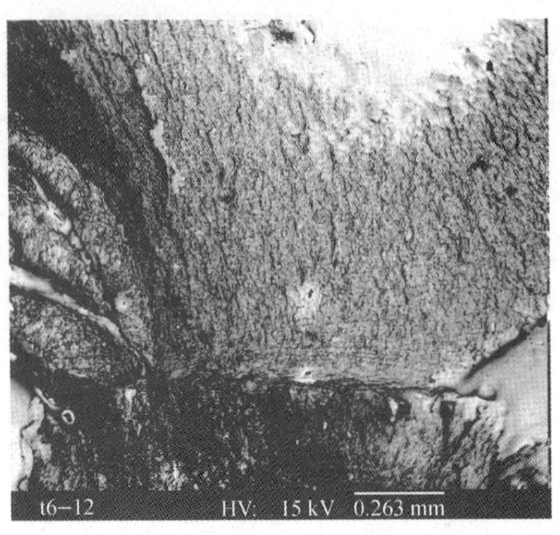

图 8-38 螺栓的断口覆形呈现疲劳特征

100 mm，材料为：0Cr18Ni9Ti，在堆内运行七年。从外观来看好像弯曲，厂方要求分析发生弯曲的原因。而检查结果该部件并没有弯曲，而是偏磨，是由偏磨造成的视觉偏差而疑似弯曲。由于导套管与下栅板连接的紧固螺母松脱，在水流的冲刷下，紧固螺母围绕导套管旋转，在相对运动中，一边的磨损已达 26 mm，接近管子中心（见图 8-39），而另一边磨损较少，约 10 mm；最小部位离管子中心只剩约 20 mm。磨损处表面光亮，无可见裂纹。

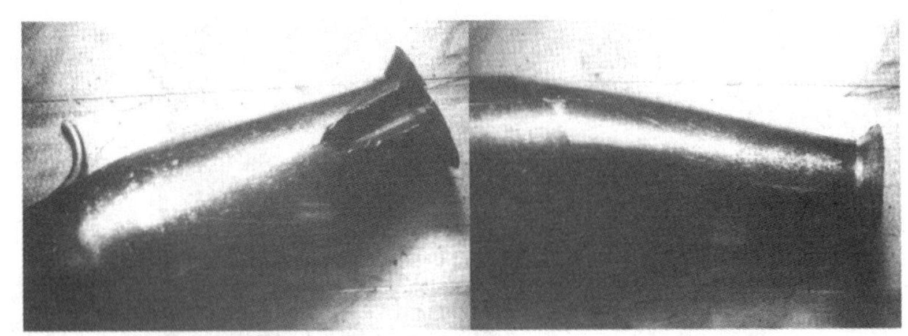

图 8-39 发生偏磨的导套管从左图看已暴露中心空腔，转一角度从右图看好像弯曲

8.4.9 实例 9 主泵失效事件

某核电厂大修中发现一主泵叶轮缺损，缺损部位已运行到堆内，找到后已面目全非。经宏观分析，断裂与焊接有关，解剖该叶轮的其他叶片，发现多处有裂纹，该叶轮经多次焊接。金相分析发现近断裂处存在焊接热裂纹，断裂是由焊接热裂纹起源的，断裂过程有疲劳迹象，见图 8-40 和图 8-41。查该工件的制造历史，得知该叶轮的生产存在与其他叶轮不一样的特殊原因，它是在紧急情况下赶制的，而其他主泵叶轮是采用严格的传统工艺制作的，因此仅进行了这台泵的更换。

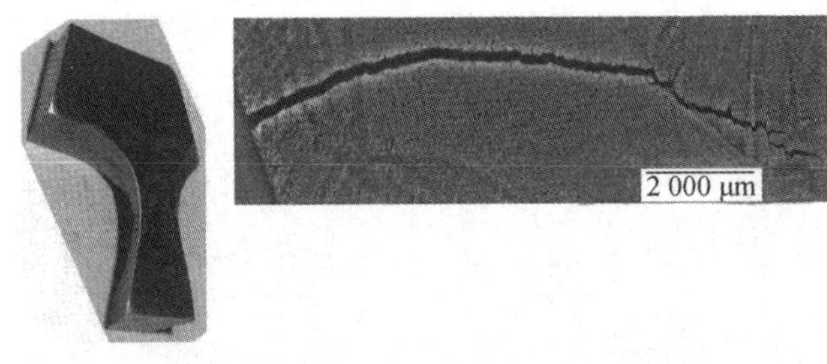

图 8-40　左图是该叶轮的断面显现多次焊接，右图显现裂纹走向

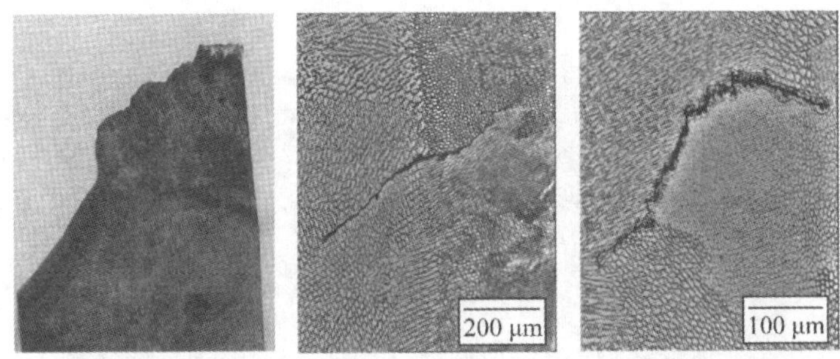

图 8-41　左图是断口形貌，中图和右图是断口附近的金相，显现沿晶的热裂纹

8.4.10　实例 10　仪表管线漏水事件

某核电厂发现仪表管线有渗漏水现象，经检查缺陷位置在靠近主系统侧的取样管线适配器和管座的焊接接头处。该仪表管端无支架呈悬浮状，管内介质为重水，运行压力 11.15 MPa，运行温度约 260 ℃。

此接头为异种金属连接，一端为奥氏体不锈钢 304L，另一端为铁素体钢 SA105N，焊丝为镍基合金（ERNiCr-3）采用手工钨极氩弧焊。焊接在工厂里，采用 45°固定，由车间预制，在现场进行的是同种金属焊接。

金相检查发现裂纹沿管内壁多处发生，几乎都是起源于焊接根部不锈钢处，向外发展。裂纹呈混合型，有穿晶，有沿晶并有分支，呈现应力腐蚀特征，见图 8-42～图 8-49。图 8-50 为断口扫描电镜像，呈现准解理特征。

图 8-42　裂纹起始于适配器内表面焊缝根部，通过热影响区，沿径向向外表面发展

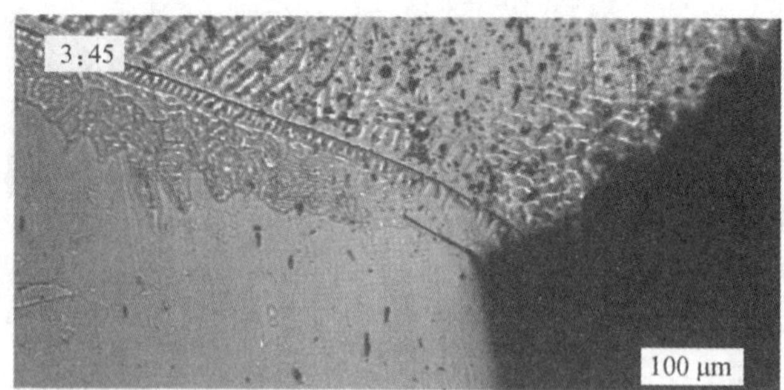

图 8-43　3:45 处裂纹最短，为 50 μm

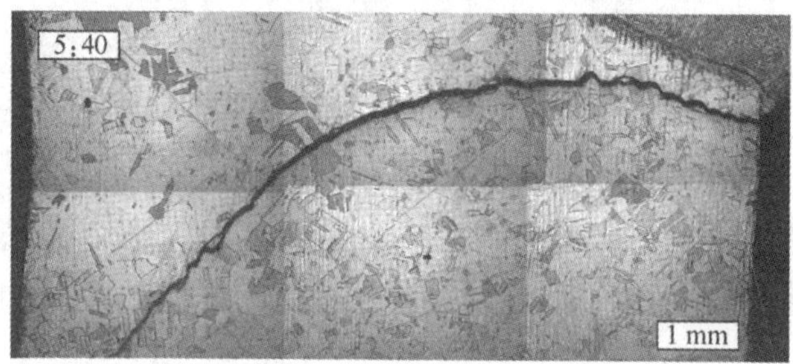

图 8-44　裂纹贯穿壁厚从内表面到外表面
长约 16 mm，占外周长的 19%

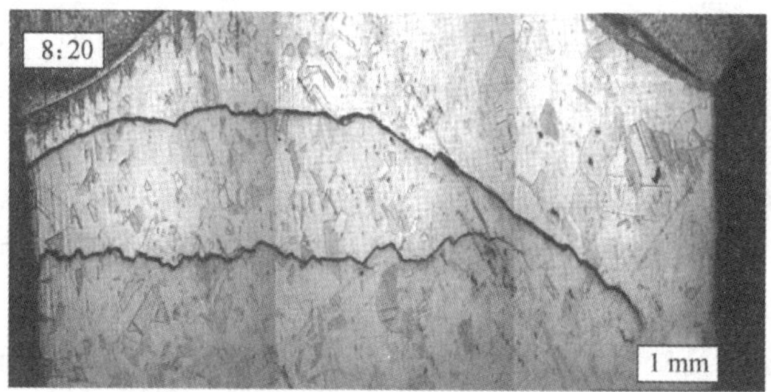

图 8-45　主-副两根裂纹

图 8-46　裂纹起源内表面贯穿壁厚到达外表面

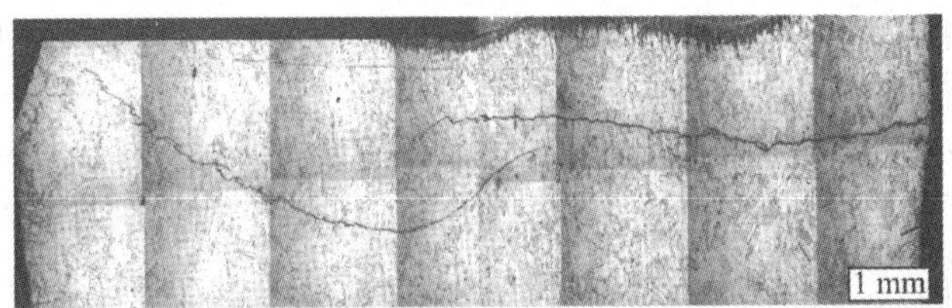

图 8-47　在 9:45～0:00 的切向纵剖面，裂纹沿周向穿晶发展和连接
在起始、扩展区和尖端均有分支

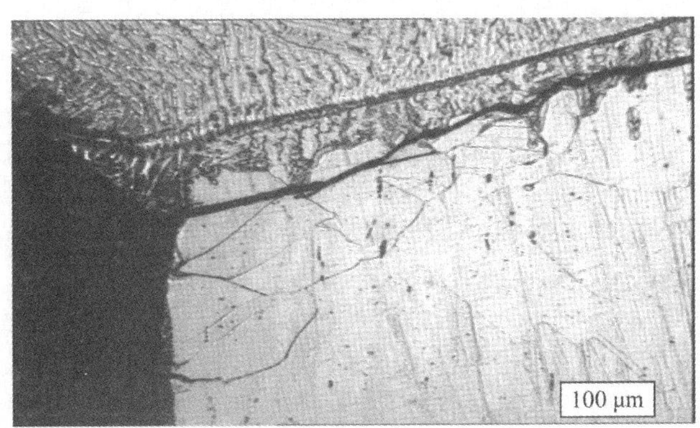

图 8-48　根部的裂纹

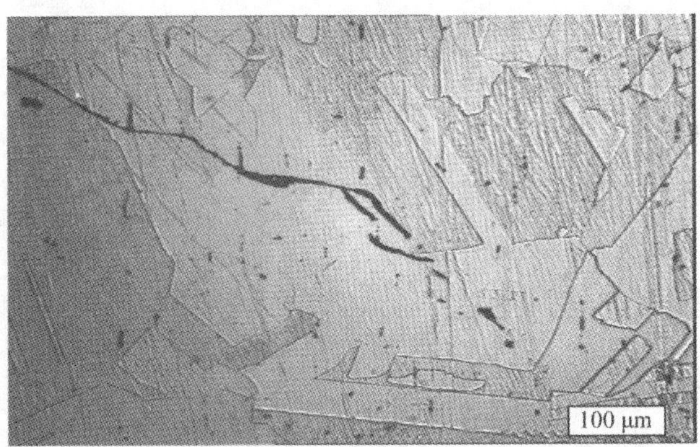

图 8-49　尖端枝状裂纹

图 8-50　适配器内表面多处裂纹起源呈准解理特征

304L不锈钢属于应力腐蚀敏感材质，焊接时采用立焊，由于焊缝下塌，错边较严重，在焊缝根部形成介质易积累的死角区域，核电厂地处海湾沿岸，空气湿度大，且 Cl^- 含量较高，受大气环境影响，在焊缝死角区域容易发生有害离子的浓集，从而构成应力腐蚀开裂的条件。失效的主要形式为穿晶应力腐蚀开裂，原因为奥氏体不锈钢对所处环境的敏感加上焊接工艺不当所引起的。

失效分析是一项十分细致的工作，必须从大量信息中分离出有用的蛛丝马迹，顺藤摸瓜，逐步深入才能找到真正的失效原因。只有找到真正的原因才能避免类似事故的再次发生。进行失效分析的工作人员要有较广泛的知识面，要有探索精神，要下到基层，了解最基层的情况才能真正打开一些死结找到事故发生的根源。

复习题

1. 老化管理的目的是什么？谈谈你对如何进行老化管理的见解。
2. 失效分析的目的及基本方法是什么？

索　引

（本索引按汉语拼音排序，每个词条后面的数字，是它在本书中首次出现地方的页码）

R

S

T

W

X

Y

Z

参考文献

[1] S Glasstone, A Sesonske. Nuclear Reactor Engineering. Van Nostrand Reinhond Co. , 1981.

[2] Henry Bailly, Denise Menessier. The Nuclear Fuel of Pressurized Water Reactor and Fast Neutron Reactor. Lavoisier Publishing Inc. , 1999.

[3] 杨文斗. 反应堆材料学. 北京:原子能出版社,2001.

[4] 连培生. 原子能工业. 北京:原子能出版社,2002.

[5] 束德林. 金属力学性能. 北京:机械工业出版社,1987.

[6] 胡赓祥,钱苗根. 金属学. 上海:上海科学技术出版社,1980.

[7] 朱张校. 工程材料. 北京:清华大学出版社,2002.

[8] 肖纪美,曹楚南. 材料腐蚀学原理. 第3版. 北京:化学工业出版社,2002.

[9] 陈清. 材料科学技术百科全书. 北京:中国大百科全书出版社, 1995.